本書内容に関するお問い合わせについて

本書に関するご質問、正誤表については、下記のWebサイトをご参照ください。
　　正誤表　　　http://www.shoeisha.co.jp/book/errata/
　　刊行物Q&A　 http://www.shoeisha.co.jp/book/qa/

インターネットをご利用でない場合は、FAXまたは郵便で、下記にお問い合わせください。
〒160-0006　東京都新宿区舟町5
（株）翔泳社　愛読者サービスセンター
FAX番号：03-5362-3818

電話でのご質問は、お受けしておりません。

※本書に記載されたURL等は予告なく変更される場合があります。
※本書の出版にあたっては正確な記述につとめましたが、著者や出版社などのいずれも、本書の内容に対してなんらかの保証をするものではなく、内容やサンプルに基づくいかなる運用結果に関してもいっさいの責任を負いません。
※本書に掲載されているサンプルプログラムやスクリプト、および実行結果を記した画面イメージなどは、特定の設定に基づいた環境にて再現される一例です。
※カバーのAndroid Robotは、Googleが作成、提供しているコンテンツをベースに複製したもので、クリエイティブ・コモンズの表示3.0ライセンスに記載の条件に従って使用しています。
※Android、Google Playおよびその他のマークは、Google Inc.の商標です。
※Javaは、Oracle Corporationおよびその子会社、関連会社の米国およびその他の国における登録商標です。
※Microsoft、Windowsは米Microsoft Corporationの米国およびその他の国における登録商標です。
※そのほか本書に記載されている会社名、製品名はそれぞれ各社の商標および登録商標です。
※本書の内容は、2016年9月執筆時点のものです。

はじめに

「はじめてのAndroid開発だけど自分でもできるのかな？」

「過去にAndroid開発にチャレンジしたけど、もう一度やってみようかな？」

「以前Androidの開発をしたけど最新はどうなっているのだろう？」

様々な思いを胸に、本書を手に取られたのではないでしょうか。

2008年にAndroidが誕生してからAndroidを取り巻く環境は、大きく変化し続けてきました。

毎年のように新バージョンのOSが発表され、新たな機能が追加されたり非推奨になる技術が出てきます。

昔は正しかった情報が、今は間違った情報になっているかもしれません。

そのような中で、どのようにしてAndroid開発の第一線に追いつけば良いのでしょうか？

その答えの1つとして本書は執筆されました。

本書の目的は、
- 効率良くAndroid開発の基礎知識を身につけ、
- UI設計から開発、アプリ公開までひととおりのスキルを学び、
- トレンドにキャッチアップすること

です。

本書は、実際にプログラムを入力する「実習」と、その内容を解説する「講義」に分かれています。

CHAPTER 01から05は、Android開発の基礎知識を解説しています。「講義」を読み進めるだけでも知識が得られるよう工夫しています。

CHAPTER 06から09は、手を動かすことで、アプリ開発の流れとAndroidの主要クラスを楽しみながら学習することができます。

CHAPTER 10は、Androidアプリを世界に向けて公開する方法を解説しています。

アプリ開発は、人々の生活に劇的な変化をもたらす可能性を秘めています。

これってすごいことだと思いませんか？

ぜひ本書を活用し、Androidアプリ開発を身につけていただければと思います。

そして多くの方に使ってもらえるアプリがリリースされることを著者として心より願っています。

2016年11月吉日
株式会社 Re:Kayo-System

CONTENTS

はじめに ……………………………………………………………………………… 003
本書の特徴 …………………………………………………………………………… 007
サンプルファイルについて …………………………………………………………… 008
サンプルプログラムのバージョン対応 ……………………………………………… 009
ORIENTATION ……………………………………………………………………… 010

CHAPTER 01　Androidアプリ開発をはじめる前に　013

LESSON 01　Androidアプリをスマートフォンにインストールする ……………… 014
LESSON 02　サンプルコードをダウンロードする ………………………………… 016
LESSON 03　Android Developersサイトについて知る …………………………… 019
LESSON 04　プロジェクトの読み込みエラーを修正する ………………………… 021
練習問題 ……………………………………………………………………………… 024

CHAPTER 02　Androidアプリ開発の準備をしよう　025

LESSON 05　JDKをインストールする ……………………………………………… 026
LESSON 06　Android Studioをインストールする ………………………………… 029
LESSON 07　プロジェクトを作成する ……………………………………………… 034
LESSON 08　エミュレータを作成する ……………………………………………… 038
LESSON 09　プロジェクトを実行する ……………………………………………… 043
LESSON 10　実機でプロジェクトを実行する ……………………………………… 046
練習問題 ……………………………………………………………………………… 050

CHAPTER 03　Androidアプリ開発の基本を学ぼう　051

LESSON 11　Android Studioの機能を使う ………………………………………… 052
LESSON 12　アプリの設定を変更する ……………………………………………… 060
LESSON 13　アプリの画面を変更する ……………………………………………… 067
LESSON 14　Android Studioのログを確認する …………………………………… 077
LESSON 15　Androidアプリのデバッグを行う …………………………………… 084
練習問題 ……………………………………………………………………………… 090

CHAPTER 04 Androidアプリのウィジェットに慣れよう　091
- LESSON 16　標準のウィジェットを使う　092
- LESSON 17　レイアウトを変更する　102
- LESSON 18　コンテナを使う　113
- LESSON 19　動的にレイアウトを読み込む　130
- 練習問題　136

CHAPTER 05 Androidのシステムを学ぼう　137
- LESSON 20　Activityを利用する　138
- LESSON 21　Serviceを利用する　159
- LESSON 22　Broadcast Receiverを利用する　172
- LESSON 23　Fragmentを利用する　181
- LESSON 24　HandlerThreadで逐次処理をする　193
- 練習問題　202

CHAPTER 06 Androidアプリを作ってみよう　203
- LESSON 25　メモ帳アプリを作る　204
- LESSON 26　電卓アプリを作る　214
- LESSON 27　TODOリストアプリを作る　222
- LESSON 28　壁紙チェンジャーを作る　233
- 練習問題　246

CHAPTER 07 Material Designを使ってみよう　247
- LESSON 29　Material Designのコンポーネントを使う　248
- LESSON 30　Themeの色を変更するアプリを作る　266
- LESSON 31　RecyclerViewを利用したアプリを作る　278
- LESSON 32　ToolbarとScrollViewが連動する画像一覧アプリを作る　293
- 練習問題　302

CONTENTS

CHAPTER 08 | データを使いこなそう　303
- LESSON 33　ストレージを使う　304
- LESSON 34　Realmを使ってデータベースアプリを作る　312
- LESSON 35　OkHttpを使ってインターネット上のデータを処理する　329
- LESSON 36　Firebaseを使う　338
- 練習問題　352

CHAPTER 09 | Androidの新機能を使ってみよう　353
- LESSON 37　マルチウィンドウ機能を使う　354
- LESSON 38　ダイレクトリプライを使う　368
- LESSON 39　バンドル通知を使う　377
- LESSON 40　ランタイムパーミッションを使う　383
- 練習問題　396

CHAPTER 10 | アプリを公開しよう　397
- LESSON 41　アプリ公開の準備をする　398
- LESSON 42　アプリを公開する　403
- LESSON 43　アプリをベータ版で公開する　413
- 練習問題　419

INDEX　420

本書の特徴

　本書は、JavaプログラマーがはじめてAndroidアプリ開発を始めようとした時に、手に取ってもらえる本として構成しています。そのため、Javaの基本知識がすでにあるという前提で、Androidアプリの開発環境の構築から「基本」が学べるミニアプリの作成、そしてアプリのデバッグからGoogle Playストアに配布する方法までを解説しています。

　本書では、各CHAPTERのテーマに沿い、各LESSONでサンプルの作成を通じて、Androidアプリの作成手法を学べるようになっています。

　サンプルの作成のあるCHAPTER 06からCHAPTER 09では、1つのテーマに沿ってAndroidアプリを作り上げていく形をとっていますので、アプリを作る楽しみも実感できることと思います。

　さらにLESSONの終了を書き込めるようにしていますので、自分の都合に合わせて学習できるようになっています。「スクールに通って学習したいけど、時間もないし無理だな」と諦めていた方でも、じっくり学習することができます。

≫ LESSONの構成

①サンプルの説明
LESSONで作成するサンプルプログラムの概要および目的を説明します。

②実習のポイント
実際にサンプルプログラムを作る手順を解説します。手で入力する、もしくはサンプルファイルからコードをコピーしてくるなどして、実際にサンプルプログラムを作成して、実行します。プログラムの実際の振る舞いを知ることで、入力したコードへの理解を深めることができます。なお、コード内に出てくる折り返しマークは、紙面の都合上折り返していることを示しており、実際のサンプルコードでは1行で記述しています。

③講義のポイント
実習で入力したコードの説明を、手順ごとに丁寧に解説していきます。プログラムの振る舞いをしっかりと理解できるようになります。

④練習問題
各章の最後に練習問題を用意しています。解答はサンプルプログラムのダウンロードサイト（P.008参照）からダウンロードできます。

サンプルファイルについて

本書で使用するサンプルプログラムは、下記のサイトからダウンロードできます（具体的な手順はCHAPTER 01で解説）。適時必要なファイルをご使用のパソコンのハードディスクにコピーしてお使いください。各LESSONのサンプルプログラムの完成版や一部のLESSONで使用するテキストなども用意しています。なお、Androidアプリの開発環境の設定については、CHAPTER 02を参照してください。

サンプルプログラムのダウンロードサイト
URL http://www.shoeisha.co.jp/book/download/

免責事項について

サンプルファイルは、通常の運用において何ら問題ないことを編集部および著者は認識していますが、運用の結果、万一いかなる損害が発生したとしても、著者および株式会社翔泳社はいかなる責任も負いません。すべて自己責任においてお使いください。

サンプルプログラムのテスト環境

サンプルプログラムは、以下の環境で正常に動作することを確認しています。

- Windows 10
- Java SE Development Kit 8
- Android 7.0（API24）
  エミュレータ
- Android 6.0.1（API23）
  実機：Nexus 5
- Android 5.1.1（API22）
  実機：Nexus 5
- Android 4.4.4（API19）
  実機：Nexus 5
- Android 4.0.4（API15）
  実機：Galaxy Nexus
- Android Studio 2.2
  （Build #AI-145.3276617）

Android Studio 2.2（Build #AI-145.3276617）の環境

Android Platforms		
Name	API Level	Revision
Android 7.0	24	2

SDK Tools	
Name	Version
Android SDK Tools	25.2.2
Android SDK Platform-tools	24.0.3
Android Support Repository	38
Android Support Library	23.2.1
Google Repository	36
Google USB Driver	11.0.0
Intel x86 Emulator Accelerator (HAXM installer)	6.0.4

著作権等について

本書に収録したソースコードの著作権は、著者および株式会社翔泳社が所有しています。個人で使用する以外に利用することはできません。許可なくネットワークを通じて配布を行うこともできません。個人的に使用する場合は、ソースコードの改変や流用は自由です。商用利用に関しては、株式会社翔泳社へご一報ください。

株式会社翔泳社　編集部

サンプルプログラムのバージョン対応

本書で扱うサンプルプログラムのターゲット、必要となる設定、エミュレータ、実機での検証結果です。各アプリのバージョンを確認する際にもお役立てください。

CHAPTER	LESSON	ターゲット	エミュレータ (7.0)	Android6.0.1 端末 (Nexus 5)	Android5.1.1 端末 (Nexus 5)	Android4.4.4 端末 (Nexus 5)	Android4.0.4 端末 (Galaxy Nexus)
CHAPTER 03	LESSON 11	4.0.3 以降対応	○	○	○	○	○
	LESSON 12	4.0.3 以降対応	○	○	○	○	○
	LESSON 13	4.0.3 以降対応	○	○	○	○	○
	LESSON 14	4.0.3 以降対応	○	○	○	○	○
CHAPTER 04	LESSON 16	4.0.3 以降対応	○	○	○	○	○
	LESSON 17	4.0.3 以降対応	○	○	○	○	○
	LESSON 18	4.0.3 以降対応	○	○	○	○	○
	LESSON 19	4.0.3 以降対応	○	○	○	○	○
CHAPTER 05	LESSON 20	4.0.3 以降対応	○	○	○	○	○
	LESSON 21	4.0.3 以降対応	○	○	○	○	○
	LESSON 22	4.0.3 以降対応	○	○	○	○	○
	LESSON 23	4.0.3 以降対応	○	○	○	○	○
	LESSON 24	4.0.3 以降対応	○	○	○	○	○
CHAPTER 06	LESSON 25	4.0.3 以降対応	○	○	○	○	○
	LESSON 26	4.0.3 以降対応	○	○	○	○	○
	LESSON 27	4.0.3 以降対応	○	○	○	○	○
	LESSON 28	4.0.3 以降対応	○	○	○	○	○
CHAPTER 07	LESSON 29	4.0.3 以降対応	○	○	○	○	○
	LESSON 30	4.0.3 以降対応	○	○	○	○	○
	LESSON 31	4.0.3 以降対応	○	○	○	○	○
	LESSON 32	4.0.3 以降対応	○	○	○	○	○
CHAPTER 08	LESSON 33	4.0.3 以降対応	○	○	○	○	○
	LESSON 34	4.0.3 以降対応	○	○	○	○	○
	LESSON 35	4.0.3 以降対応	○	○	○	○	○
	LESSON 36	4.0.3 以降対応	○	○	○	○	○
CHAPTER 09	LESSON 37	4.0.3 以降対応	○	▲	▲	▲	▲
	LESSON 38	4.0.3 以降対応	○	▲	▲	▲	▲
	LESSON 39	4.0.3 以降対応	○	▲	▲	▲	▲
	LESSON 40	4.0.3 以降対応	○	○	△	△	△

備考　▲：7.0より前のバージョンでは動作しない　△：6.0より前のバージョンでは動作しない

読者質問について

本書ではAndroid StudioやAndroid SDkのバージョンアップなどに対応するため、著者のほうで読者質問サイトを開設しています。本書に関するお問い合わせはまず、下記のサイトでお問い合わせください。

ほんきで学ぶAndroidアプリ開発入門 第2版の読者質問サイト
URL http://kayosystem.com/books/honki_android_ni

ORIENTATION

Androidとは

　Androidは、スマートフォンなどの小型デバイス向けに開発されたプラットフォームです。ここであえて「プラットフォーム」と表現したのは、Androidは、アプリを開発するツールから、作成したアプリ、それを動かすOS、ハードを含めたすべてを指しているからです。

　そのため、わかりやすいようにOSはAndroid OS、SDKについてはAndroid SDKと呼びます。

≫ Androidのはじまり

　Androidは、一般消費者や一般企業向けの携帯端末OSを無償で提供することを目的として活動していたAndroid社をGoogle社が2005年に買収し、製品として2007年に発表しました。

　GoogleはAndroidによって自社のサービスをもっと多くのユーザーに使ってもらうために、サービスの利用コストを下げたいという思惑があります。そのため多額の資金を投じてAndroidを開発し、いろいろな戦略を立てています。

　まず、アプリを開発する技術者を取り込むために、世界で最も利用されているJava言語を採用しています。また、統合開発環境として当初はEclipseを採用していました（現在はAndroid Studioを提供）が、現在ではハードウェアメーカーがデバイスドライバを開発しやすいようにLinuxを採用しています。そして、年に数回開催されるソフトウェアコンテストやカンファレンスでAndroidを強く打ち出しています。

　そうした効果もあり、世界の携帯電話市場の78.9%をAndroidが占めています（2015年Q1、米国Gartner社調べ）。Androidを市場に浸透させるという意味では大成功と言えるでしょう。

≫ これからのAndroid

　Androidが市場に浸透した今、次にGoogleが考えているのは本来の目的である自社サービスの利用機会の増加と見られています。実際、ここ数年のAndroidの進化は、デバイスの進化よりもサービスを重視しています。例えば、Google Playストアの改善やソーシャルサービス「Google+」との親和性、決済に関わるNFCの追加といった点が目につきます。

　また、2015年にはIoT（Internet of Things）向けのプラットフォーム「Project Brillo」を発表するなど、デバイスとの連携を見据えたソフトウェアの開発にも力を入れ始めてきています。

ORIENTATION

大きく変化したAndroidの開発環境

　近年のAndroidアプリ開発に関する変化で一番大きい出来事は開発ツールがEclipse with ADTからIntelliJ IDEA（Jet BRAINS社）をベースにしたAndroid Studioに移行したことです。

　GoogleがなぜAndroid Studioに移行したのか気になる方もいると思います。この理由については公式では明らかにされていませんが、いくつかの情報から次のような理由が考えられます。

理由1：Eclipseのビルドシステムの管理の限界

　アプリケーションが肥大化しいろいろなライブラリやプロジェクトがからみ合ってきたため、それぞれのバージョン管理やビルドの管理が現在のEclipseのビルドシステムでは難しくなってきていました。

　Eclipseのビルドシステムは基本はAntですが、Eclise上でのビルドは内部で独自に行っています。そのため、しばしばコマンドラインのビルドとEclipseのビルドで同じことができないということがありました。

理由2：Eclipseの更新スケジュールの問題

　Eclipseの更新がGoogleにとって満足のいくスケジュールで行われていないことが挙げられます。あるバグフィックスをGoogleの開発チームが修正依頼を出していたそうですが、2年近く放置されているものもあるらしく、そのような出来事がGoogleにとって今後のAndroidの発展には好ましくないと感じていたようです。

理由3：Google独自の開発ツールの登場

　Google社内の開発チームにおいても、開発ツールはEclipseだけではなくいろいろなツールを使っているという状況であったことも大きいようです。ある人はテキストエディタで直接コマンドラインでビルドしていたり、IntelliJ IDEAを使っている人もいたり、そもそもJavaを使っていなかったりと、さまざまな開発環境であったため、Eclipseにこだわる必要もなかったのかもしれません。

ORIENTATION

Androidプログラミング

　Androidは多くのアプリ開発者を獲得するために、開発言語にJava言語、開発ツールをEclipseからAndroid Studioに切り替えて提供しています。

　しかしながら、それだけを知っていればAndroidアプリ開発ができるわけではありません。敷居が低くなったことにより、より鮮明にスマートフォンアプリ開発の難しさが浮き彫りになりました。

　例えば、スマートフォンはバッテリで駆動することを前提としています。そのため、プログラムを開発する上で最も気を使わなければならないのは、最適なプログラミングを行うことです。

　「動くからよい」という考えでは、非常に動作が遅い、あるいは使うとすぐに電池が消耗するといった実用性の低いものができあがってしまいます。そのため、アプリ開発者は1つの実装方法だけではなく、より最適な実装方法を模索することを常に考えなければなりません。

　それから、スマートフォンはさまざまなサービスの起点でもあるので、スマートフォン以外のテクノロジー、例えばWebサービスやハードウェアなどの知識も必要になってきます。

　そしてもう1つ、年に2回程度Androidはバージョンアップしますので、その都度新しい情報を収集して、学習することも必要になってきます。

　このようにAndroidアプリ開発は非常に多くのことを学習しなければならないのですが、これはAndroidが特別というわけではありません。おそらくAndroid以外のスマートフォン開発も同じであり、一般ユーザー向けのアプリ開発はそれだけ「おぼえることが多く難しい」と言えます。しかし、それでも自分が作成したアプリを多くの人に使ってもらえる機会が得られるAndroidアプリの開発は、非常にエキサイティングで、やりがいのあることだと言えます。

CHAPTER 01

Androidアプリ開発をはじめる前に

本章ではAndroidアプリ開発をはじめる前に、本書のサンプルアプリのインストールとサンプルコードをダウンロードします。また、サンプルプロジェクトを開いた時にエラーが出た場合の対処方法も学びます。さらに本書を読み進めてもらうために手助けとなるAndroid開発者向けサイトについても紹介します。こうした知識を身につけておくことで、スムーズにAndroidアプリ開発を進めることができます。

CHAPTER 01　Androidアプリ開発をはじめる前に

LESSON 01 Androidアプリをスマートフォンにインストールする

☐ レッスン終了　　**サンプルアプリ**　ほんきで学ぶサンプル集2

学習をはじめる前に、読者のみなさんがAndroidスマートフォンを利用しているのであれば、本書のサンプルアプリをインストールしましょう。このサンプルアプリは、本書で学習するプログラムの動作確認を行うための重要なアプリです。

実習　サンプルアプリをインストールする

1　Playストアアプリを起動する
お手持ちのAndroid端末のPlayストアアプリを起動します（図1）。

図1 Playストアアプリを起動

2　Playストアから本書サンプルアプリをインストールする
検索ウィンドウに「ほんきで学ぶサンプル集2」と入力し❶、本書サンプルアプリを検索してタップします❷。アプリの画面が表示されたら[インストール]ボタンをタップします❸。

図2 本書サンプルアプリの検索およびインストール

3 アプリを実行する

インストール終了後、アプリを実行すると図3のような画面が表示されます。このサンプルアプリは本書で学習するすべてのLESSONのサンプルアプリをひとまとめにしたものです。学習中にプログラムの動作確認をしたい時などに活用してください。

図3 本書サンプルアプリの起動画面

講義 Androidアプリについて

≫ Androidアプリの概要

　AndroidではさまざまなAppleがAndroidアプリとして提供されています。電卓・メモ帳といった単純なツールにはじまり、SNS・フィットネスなど生活と密接したアプリ、シンプルなものから世界中の人がプレイしているゲーム、電話帳やメール、ホーム画面といったAndroidのシステムの一部に至るまで、Androidアプリが提供する機能範囲は多岐にわたります。

　これらAndroidアプリはGoogleが運営している「Google Playストア」を通して、全世界のAndroidユーザーへ配信されています。PlayストアアプリはGoogleから認可を受けたAndroid端末であれば初めからインストールされていますので、ほとんどのAndroidユーザーはこのPlayストアアプリを通してAndroidアプリをインストールすることになります。

　そして、2016年執筆時、Google Playストアで公開されているアプリの数は実に200万を超えています。Androidアプリ開発者はその巨大なマーケット上にアプリを公開する権利を平等に与えられ、ダウンロード数やレビューを通して全世界の人から反響を得ることができます。それは喜ばしい声であったり、不満であったり、叱咤であったりと、嬉しく感じるものから落ち込むものまでさまざまです。

まとめ

- 誰でもGoogle Playストアからアプリをダウンロードしインストールできます。
- Google Playストアなら使いたいアプリを検索することができます。
- 「ほんきで学ぶサンプル集2」では本書で解説する主要なサンプルアプリの動作を確認できます。どんなアプリがあるのか確かめてみましょう。

CHAPTER 01　Androidアプリ開発をはじめる前に

LESSON 02　サンプルコードをダウンロードする

☐ レッスン終了　　サンプルファイル　honki-android2.zip

本書の各LESSONで利用しているサンプルコードは、翔泳社のサイトからダウンロードできます。学習をはじめる前にダウンロードしておきましょう。

実習　サンプルコードをダウンロードする

1　サンプルコードをダウンロードする

サンプルコードのダウンロードサイト(URL http://www.shoeisha.co.jp/book/download)をブラウザで開きます(図1)。検索欄に「ほんきで学ぶAndroidアプリ開発入門 第2版」と入力し❶、本書の[ダウンロード]ボタンをクリックします❷。

次に翔泳社のメルマガに登録する画面が表示されます(図2)。登録する場合は、メールアドレスを入力し❸、[SEBMメルマガに登録してダウンロード]ボタンをクリックします❹。もしくは[≫ SEBMメルマガに登録せずダウンロード]をクリックします。最後に、ダウンロードリンク(図3)が表示されますので、クリックしてファイルをダウンロードします❺。

図1　ダウンロードサイト

図2　SEBMメルマガの登録画面

図3　ダウンロード画面

2 サンプルコードを展開する

「honki-android2.zip」というファイルがダウンロード先に保存されます（図4）。それを右クリックして❶、[すべて展開]を選択します❷。ダイアログが表示されるので、任意の展開先フォルダを指定するとファイルが展開されます（図5 ❸）。

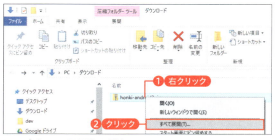

図4 [すべて展開]を選択

図5 展開後の状態

講義　サンプルコードについて

» サンプルコードの内容について

サンプルコードを展開すると、Chapter03〜Chapter09までのディレクトリが存在します。これらが、各章の一覧です。例えば「Chapter05」フォルダを開くと図6のようなディレクトリ階層になっています。

beforeはLESSON開始時にAndroid Studioで開き、実際にプログラムしていくためのプロジェクトです。afterは、beforeプロジェクトを実習の手順通りに最後まで進めたプロジェクトです*。

プロジェクトを開く詳しい手順は各LESSONで解説します。

```
Chapter05
├─ Lesson20
│    ├─ after/…省略
│    └─ before/…省略
├─ …省略
└─ Lesson24
     ├─ after/…省略
     └─ before/…省略
```

図6 CHAPTER 05のディレクトリ階層

*
プログラムが動かない場合は、Diffツールなどを使ってafterとbeforeの差分を比較してみてください。Windowsで代表的なツールとしてWinMergeがあります。
URL http://winmerge.org/?lang=ja

» 最新のサンプルコードの取得

本書のサンプルコードは、「GitHub*」でも公開しています。Androidの開発環境が新しくなるなどの理由でプログラムに修正が発生した場合、GitHubのサイトで随時公開します。まず翔泳社のダウンロードサイトでサンプルプログラムを確認した上で、必要があればこちらのサンプルコードも活用してください。

*
Git（ギット）はバージョン管理システムの1つです。GitHub（ギットハブ）はGitのホスティングをするサービスで、コラボレーションのために便利な機能が提供されています。

以下のURLをブラウザで開き、[Clone or download]ボタンをクリックし（図7❶）、[Download ZIP]をクリックすると❷、ダウンロードできます。また、変更履歴は[commits]タブで確認できます❸。

GitHubのサイト
🔗 https://github.com/yokmama/honki_android2

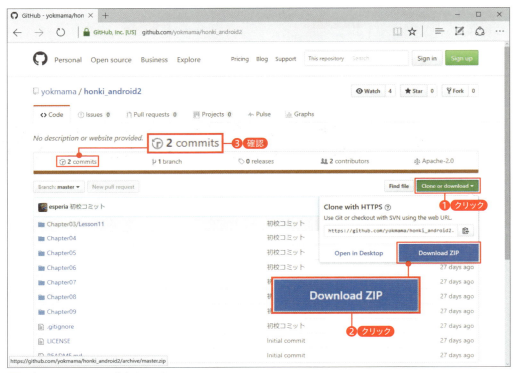

図7　[Download ZIP]をクリック

まとめ

- サンプルコードには事前に必要なファイル等も含まれています。本書の学習をはじめる前にダウンロードしておいてください。
- サンプルコードには間違いなどを修正した新しいバージョンがあるかもしれません。[commits]タブから変更履歴を確認してみましょう。

CHAPTER 01　Androidアプリ開発をはじめる前に

LESSON 03 Android Developersサイトについて知る

☐ レッスン終了

ここではAndroidアプリの開発ツールであるAndroid SDKや詳しいAPIの情報などを確認できるAndroid Developersサイトについて解説します。定期的にアップデートされるので、随時チェックしておきましょう。

実習　Android Developersサイトを表示する

1 Android Developersサイトを表示する

Android Developersサイト（URL https://developer.android.com/）をブラウザで開きます（図1）。言語を日本語に切り替えるには、サイトの一番下にある言語設定で［日本語］を選択します。

図1 Android Developersサイト

2 APIリファレンスを表示する

ページ左上部にある［開発］をクリックしてメニューを開きます（図2 ❶）。［リファレンス］をクリックすると❷、APIリファレンスのページへ遷移します（図3）。

図2 ［開発］→［リファレンス］をクリック

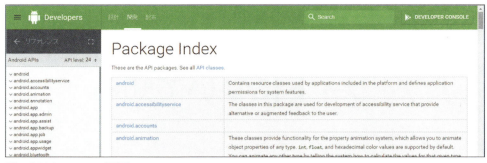

図3 APIリファレンス画面

講義　Android Developersサイトについて

　Android Developersとは、Googleが運営するAndroid開発者向けの公式サイトです。Androidに関する情報と使用できるすべての機能はここにまとめられています。

　日本語のコンテンツが増えてきていますが、基本的には英語です。非公式になりますが、日本のAndroid開発者の方々がさまざまな形で情報を発信しているため、検索すれば多くの日本語での情報に出会うことができます。

　APIリファレンスの参照については、Android StudioのQuick Documentation機能が便利です。調べたいメソッドやクラスにフォーカスして、[Ctrl]+[Q]キーでドキュメントがポップアップします。

　Android Developersのコンテンツは普段は更新されませんが、Androidの新しいバージョンが登場した時などに大きく更新されます。

　筆者がよくアクセスするページを紹介します（表1）。

表1 よくアクセスするページ

項目	手順	説明
トレーニング	サイトの上部にある［開発］→サイトの左にある［トレーニング］をクリック	Androidで使用できる機能を学べるページ。さまざまな機能の概要を知りたい場合はこのページが便利

まとめ

- Googleが運営するAndroid公式サイト「Android Developers」は、Androidに関する情報と使用できるすべての機能についてまとめられています。
- Android Developersサイトは英語のみですが、詳しいクラスの解説を読んだり機能を検索できるため、本書と併せて使用してください。

CHAPTER 01　Androidアプリ開発をはじめる前に

LESSON 04 プロジェクトの読み込みエラーを修正する

☐ レッスン終了

ここではAndroid Studioでプロジェクトを読み込んだ時にエラーが起きた場合の対処法について解説します。Android Studioのインストール方法はCHAPTER 02を参照してください。

実習　サンプルプロジェクトのエラーを修正する

1 プロジェクトのエラーを確認する

サンプルプロジェクトの読み込み*でエラーが発生し手順通りに進まない時は、画面下部の[0:Messages]タブをクリックしてください❶。図1のようにエラーメッセージが表示されている場合は、プロジェクトの設定で何か問題があります。表示されているエラーメッセージのリンクをクリックします❷。

> *
> Android Studioではプロジェクトを開く場合、「Open an existing Android Studio project」で開く方法と、「Import project(Eclipse ADT, Gradle, etc.)」でインポートする方法の2通りがあります。
> 基本的にはOpenの方法で問題はありませんが、Android StudioまたはGradleのバージョンがプロジェクトに設定されているものと異なる場合、エラーになることがあります。そのため本書では、Importの方法を用いています。

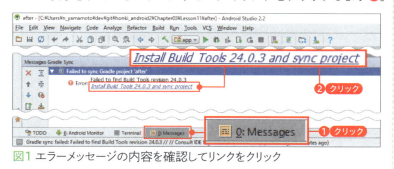

図1 エラーメッセージの内容を確認してリンクをクリック

2 必要なソフトウェアをダウンロードする

必要なソフトウェアのライセンス確認ダイアログが表示されます（図2）。[Accept]を選択して❶、[Next]ボタンをクリックすると❷、ソフトウェアのインストールが開始されます。インストールが完了し、[Finish]ボタンをクリックすると自動でビルドがはじまります。ビルドに成功すると図3のように成功した旨のメッセージが表示されます。
問題が解消されない場合は、他にも必要なソフトウェアがある可能性があります。その場合は手順1から繰り返してください。

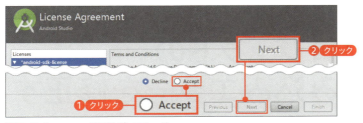

図2 ライセンスの確認ダイアログ

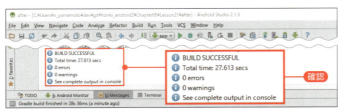

図3 ビルドに成功した旨のメッセージ

講義　プロジェクトの読み込みエラーについて

≫プロジェクトの読み込みエラーについて

　Android SDKは頻繁にアップデートされています。そのため、本書のサンプルは原稿執筆時点では最新のAndroid SDK、Android Studioにて動作チェックをしていますが、アップデートされたことによりエラーがでる場合があります。

　この手順で発生したエラーは、開発をしようとしているPCに原稿執筆時点で使用していたAndroid SDKのバージョンがインストールされていない場合に発生するエラーです。

　このような場合、手順通りにインストールされていないソフトウェアをインストールすることで問題は解消されますが、まれにソフトウェアの配布が終了している場合があります。インストールをしたくてもインストールできないため問題を解決できません。

　このような場合は、インストールに必要なAndroid SDKやBuild Toolsのバージョンを最新のものを使うように変更することで問題を解決できます。

　リスト1の<モジュール>/build.gradleを開いてください（図4）。

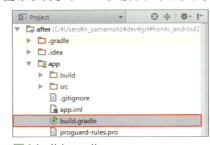

図4 build.gradle

リスト1　<モジュール>/build.gradle

```
apply plugin: 'com.android.application'

android {
    compileSdkVersion 24                                            ②
```

```
        buildToolsVersion "24.0.3"                                          ①

        defaultConfig {
            applicationId "com.kayosystem.honki.chapter05.lesson21"
            minSdkVersion 15
            targetSdkVersion 24                                             ③
            versionCode 1
            versionName "1.0"
        }
(中略)
}

dependencies {
    compile fileTree(dir: 'libs', include: ['*.jar'])
    compile 'com.android.support:appcompat-v7:24.+'
}
```

　メッセージが「buildToolのバージョンがインストールされていない」という内容の場合は、「buildToolsVersion」のバージョンをインストールされているバージョンのものに変更してください（リスト1①）。

　また、「Android SDKがインストールされていない」というメッセージの場合は、「compileSdkVersion」の項目のバージョンをインストールされているバージョンのものに変更してください（リスト1②）。その場合、「targetSdkVersionも変更したほうがよい」とメッセージがでるので、その時はこちらも修正してください（リスト1③）。

　現在インストールされているバージョンがわからない場合は、一度新規でプロジェクトを作成し、作成されたプロジェクトのbuild.gradleファイルを確認してバージョンを確認すると良いでしょう。

　基本的に本書のサンプルは、執筆時点（2016年9月）における新しいバージョンのSDKでもコンパイルできるように作成していますので、古いバージョンのAndroid SDKをインストールするより、最新のバージョンでコンパイルされるよう設定をし直した方がPCのディスク容量を節約できるのでおすすめです。

まとめ

- アプリ開発に使用するソフトウェアは頻繁にアップデートされるため、サンプルを読み込むとエラーになる場合があります。エラーの種類を確認して、このLESSONを参考に修正してみてください。
- 最新の情報は、翔泳社のサイトおよび、最新のサンプルコードのダウンロードサイト（GitHub）に情報が公開されています。

練習問題を通じてこのCHAPTERで学んだ内容の確認をしましょう。解答は「kaitou.pdf」（Webからダウンロード）を参照してください。

「Android」の説明として正しいのはどれか？

① GoogleがガラケーやPCなどの情報端末を主なターゲットとして開発したプラットフォームである。
② 2016年現在、スマートフォン用のOSとして、世界シェア第1位である。
③ ロゴには「ドロイド君」と呼ばれる赤色のクマのキャラクターが使われている。
④ 開発にはMac OS Xが動作するPCが必要である。

「Google Playストア」について間違っているのはどれか？

① 世界中の個人や企業の開発者が開発し公開しているアプリを入手できる。
② 公開されているアプリには、無料、有料、アプリ内課金機能付のものなどがある。
③ すべてのAndroid端末がマーケットにアクセスできる。
④ 一部の国では、支払いにGoogle Playギフトカードが利用できる。

「Android Developersサイト」について間違っているのはどれか？

① Androidの公式サイトである。
② Androidに関する情報と使用できる機能についてまとめられている。
③ 最新のAndroid開発キットをダウンロードすることができる。
④ Android Developersサイトにアクセスするには、有料会員登録が必要である。

CHAPTER 02

Androidアプリ開発の準備をしよう

CHAPTER 02では、Androidアプリの開発に必要な環境の準備を行います。新規で「Hello! World」のアプリを作成し、実行するまでを解説します。なお本章ではWindowsで開発する際の設定を行います。

CHAPTER 02　Androidアプリ開発の準備をしよう

LESSON 05 JDKをインストールする

Androidアプリは Java で開発するため、Java の開発環境「JDK」をインストールする必要があります。ここでは JDK のインストール方法を紹介します。

実習　JDKをインストールしよう

1 JDKをダウンロードする

Webブラウザを立ち上げ、Java SE Development Kit 8のダウンロードサイト（URL http://www.oracle.com/technetwork/java/javase/downloads/index.html）からJDKをダウンロードします。

Webサイトにアクセスすると図1の画面が表示されます。ダウンロードは「JDK」「Server JRE」「JRE」の3種類から選択できますが、ここでは「JDK」の[DOWNLOAD]ボタンをクリックします❶。本稿執筆時（2016年9月時点）の最新版は「Java SE 8u101」です。

プラットフォームの一覧が表示されるので（図2）、[Accept License Agreement]にチェックを入れ❷、利用しているPCの環境に合ったバージョンをダウンロードしてください❸*。

図1 JDKのダウンロード

＊
本書ではWindows 10 64bitを例にしていますので、「jdk-8u101-windows-x64.exe」をダウンロードします。

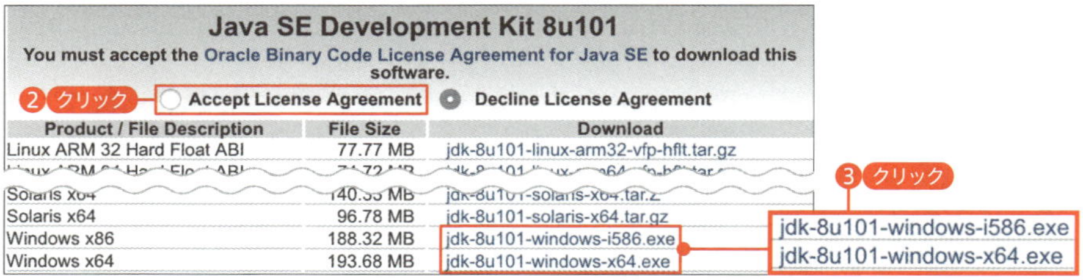

図2 Java SE Development Kit

2 JDKをインストールする

ダウンロードしたJDKをインストールします。「jdk-8u101-windows-x64.exe」をダブルクリックすると、図3のセットアップ画面が表示されるので、[次]ボタンをクリックして画面の指示にしたがってJDKをインストールしてください。

なお、JDKのインストール時にJRE＊のインストールも促されます。こちらもアプリ開発に必要となるので、そのままインストールしてください。

図3 JDKとJREのインストール

＊
JRE（Java Runtime Environment）は名前の意味通りJava実行環境のことでJavaで作られたアプリを動かすために必要な環境ファイル一式を指します。

3 JAVA_HOMEを設定する（Windowsの場合）

JDKのインストールが完了したら、JDKのインストールフォルダへのパスを環境変数のPathに設定します＊。[コントロールパネル]→[システムとセキュリティ]→[システム]→[システムの詳細設定]を選択して、[システムのプロパティ]ダイアログを開きます（図4）。[環境変数]ボタンをクリックして❶、ユーザー環境変数の[新規]ボタンをクリックし、「変数名」に「JAVA_HOME」、「変数値」に「C:¥Program Files¥Java¥jdk1.8.0_101」を追加します❷〜❺。

＊
JDKのパスを追加する際、古いJDKが設定されていないか確認してください。環境変数Pathは最初に設定されている内容が優先されます。追加した位置よりも前に古いJDKあるいはJREのパスが設定されていると、誤動作の原因になります。

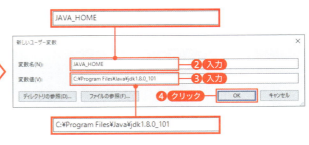

図4 環境変数の設定

講義　JDKの解説

» JDKのインストールについて

　Android StudioはJavaで作られたアプリケーションであり、実行するためにはJavaの実行環境が必要になります。また、Android StudioでAndroidアプリを開発するためには、Javaの開発環境としてJDK(Java SE Development Kit)が必要になります。

　なお、Android Studioを実行するにはJava SE 6以上のバージョンが必要ですが、特に問題がない限り最新バージョンにしておいた方が良いでしょう。

　ちなみに、すでにJavaの開発環境がインストールされている場合は、新しくインストールする必要はありませんが、バージョンを確認しておきましょう。Javaのバージョンを調べるには、コマンドプロンプトから図5❶のコマンドを打ち込みます。

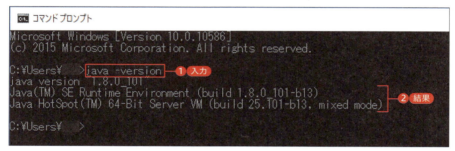

図5　Java SEのバージョンを確認

　JDKがインストールされていれば❷のような結果が表示されます。画面からはJava SE 8のビルド101がインストールされていることが読み取れます。

まとめ

- Android Studioを動かすためにはJDKが必要です。
- JDKのバージョンは6以上である必要があります。

CHAPTER 02　Androidアプリ開発の準備をしよう

LESSON 06 Android Studioを インストールする

☐ レッスン終了

Androidアプリを開発するための統合開発環境ツールである「Android Studio」をダウンロードしインストールするまでを解説します。過去のバージョンのAndroid Studioは URL http://tools.android.com/download/studio/stable からダウンロードできます。本書の刊行時期にはバージョンアップが考えられますので、2.2はこのサイトからダウンロードしてください。

実習　Android Studioをインストールしよう

1 Android Studioをダウンロードする

Webブラウザを立ち上げ、Android Studioのダウンロードサイト（URL https://developer.android.com/studio/index.html）からAndroid Studioをダウンロードします。

Webサイトにアクセスすると図1の画面が表示されるので、[ANDROID STUDIO]ボタンをクリックします❶。ダウンロードファイルはお使いのPCの種類に応じて自動で選択されます。画面の指示にしたがってライセンス条項等を確認していくと❷❸、ダウンロードが開始されます。

図1 Android Studioのダウンロードサイト

2 Android Studioをインストールする

ダウンロードした「android-studio-bundle-145.3330264-windows.exe」をダブルクリックしてインストールします*。図2のセットアップ画面が表示されるので、[Next]ボタンをクリックして❶、ウィザードを進めます。インストールするコンポーネントの選択、ライセンスへの同意、Android StudioとAndroid SDKのインストール先の指定、エミュレータに利用するハードディスクの容量、最後にショート

＊
Android Studioのインストールには約4GBのディスク容量が必要です。インストール先のディスクに十分な空き容量があるかを確認し、必要であればインストール先を変更してください。

カットの作成の有無について確認したら[Install]ボタンをクリックします❷。インストールが無事完了するとインストール完了画面が表示されます。[Finish]ボタンをクリックして完了です❸。

図2 [Android Studio Setup]画面

3 Android Studioを起動する

はじめて起動した場合、図3のようにAndroid Studioの設定ファイルを確認する画面が表示されます。新規にAndroid Studioを利用する場合は、[I do not have a previous version of Studio……]を選択して❶、[OK]ボタンをクリックします❷。なお、以前Android Studioを利用したことがある場合は、[I want to import my settings……]を選択することで設定を引き継いで起動できます。

図3 UI選択画面

講義 Androidの開発環境について

≫ Android Studioに必要なPCのスペックについて

Androidアプリ開発を行うには、スペックの高いPCを準備するしかないというのが現状です。Android Studioで快適なアプリ開発をするには、公式サイト(URL https://developer.android.com/studio/index.html)の「システム要件」に条件が提案されています。

» Android Platforms/Android Toolsのバージョンについて

　Android Platformsのバージョンは、メニューから[Tools]（図4❶）→[Android]❷→[SDK Manager]❸を選択して確認できます。[SDK Platforms]タブをクリックして❹、[Show Package Details]にチェックを入れます❺。本書では[Android 7.0（Nougat）]に設定しています❻。[SDK Tools]タブ❼をクリックします。[Show Package Details]にチェックを入れます❽。本書では[Android SDK Tools 25.2.2]❾に設定しています。

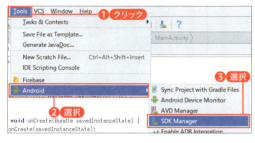

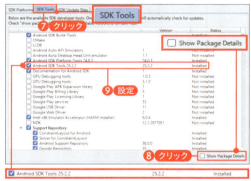

図4 Android Platforms/Android Toolsのバージョン

» Android SDKのバージョンアップ

　Android SDKのバージョンアップはAndroid StudioのAndroid SDK画面（図4）内で実施します。画面右下の[Show Package Details]にチェックを入れ、インストールしたいAPIレベルの[Android SDK Platform XX]（XXはAPIレベル）にチェックを入れて（図5❶）、[Apply]あるいは[OK]ボタンをクリックします❷。

　またもう1つの方法としてスタンドアローンのSDK Managerを使用するやり方もあります。同画面の左下にある[Launch Standalone SDK Manager]をクリックすると（図6❶）スタンドアローンのSDK Managerが起動します。バージョンアップしたいAPIレベルの[Android SDK Platform-tools]にチェックを入れ❷、[Install（数字）packages]ボタンをクリックすることでバージョンアップできます❸。少し前のAndroid開発環境ではスタンドアローンのSDK Managerを使ったバージョンアップが主流だったので、昔からAndroid開発に携わっている開発者にはこちらの方が馴染みがある方法かもしれません。

図5 Android SDKのバージョンアップ①

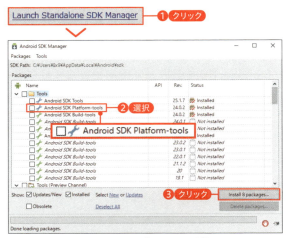

図6 Android SDKのバージョンアップ②

» Android Studioのバージョンアップについて

　Android Studioは、一度インストールすればメニューからアップデートを行うことができます*。そのため、新しいバージョンが出るたびにインストールし直す必要はありません。

＊
メニューから[Help]→[Check for Update]と選択すると実行できます。

　また、アップデート情報があるとAndroid Studioの画面右上にアップデート情報が表示されるので、それをクリックするとアップデート画面に移動できます（図7）。

　Android Studioは頻繁にバージョンアップされています。また、原稿執筆時点（2016年9月時点）においても、開発に支障をきたすアップデートがまれに発生しています。そういったことを防ぐために、アップデート情報はこまめにチェックし、必要であればアップデートに備えておく必要もあります。Android Studioの最新情報については「Android Tools Project Site（URL http://tools.android.com/recent）」（英語）が参考になるでしょう（図8）。このサイトでは、最新版Android Studioのリリースノートや現在の開発状況等が詳しく書かれています。

図7 Android Studioのアップデート情報

図8 Android Tools Project Site

これらの最新情報を見ると、Android Studioにはリリース版やベータ版といったバージョンがあることに気づきます。しかし、デフォルトではAndroid Studioのリリース版しかアップデートできないようになっています。ベータ版も使ってみたいという場合は、設定を変更すれば試すことができます。本書では「Stable channel」のAndroid Studio 2.2を利用しています。

　Android Studioのメニューから（図9）、[File]❶→[Settings]❷を選択して[Settings]ダイアログを開きます。左のペインで[Appearance & Behavior]❸→[System Settings]❹→[Updates]❺をクリックして、[Automatically check updates for]にチェックを入れてください❻。図9のコンボボックスでアップデートのチャンネルを変更できます❼。

図9 アップデートのチャンネルを変更

　各チャンネルの違いは表1の通りです。

表1 チャンネルの種類

項目	説明
Canary channel（Canaryチャンネル）	毎週更新され、最先端のリリースが提供される。ただし検証は十分と言えず、バグが多く含まれている場合がある。あくまで新機能をいち早く確認したい人のためのもので、開発には適さない
Dev channel（Devチャンネル）	古いCanaryのバージョンでバグフィックスされたものが提供される。隔週か毎月1回程度で更新される
Beta channel（ベータチャンネル）	本番リリース前のベータ版が提供される＊
Stable channel（安定版チャンネル）	本番リリースのためのチャンネル。デフォルトではこのチャンネルが選択されている＊

＊本書では「Stable channel」のAndroid Studio 2.2で開発しています。

> まとめ
> - Android Studioを快適に使うためにはメモリは4GB以上、ハードディスクは4GB以上の空き容量があるPCが理想的です。
> - Android Studioのアップデートはアップデートの種類ごとにチャンネルが準備されており、デフォルトでは安定版のStable Channelが選択されています。

CHAPTER 02　Androidアプリ開発の準備をしよう

LESSON 07 プロジェクトを作成する

☐ レッスン終了

Android Studioで新規のプロジェクトを作成します。

実習　プロジェクトを作成しよう

1 プロジェクトの作成を開始する

Android Studioを起動すると、図1の[Welcome to Android Studio]画面が表示されます。メニューから[Start a new Android Studio project]を選択してください*。

2 プロジェクトの保存場所を設定する

図2の[New Project]画面が表示されます。「Application name」にアプリケーションの名前を❶、「Company Domain」にドメイン名を❷、「Project location」にプロジェクトの保存先を指定して❸*、[Next]ボタンをクリックしてください❹。

＊
Windowsでは、一度でもプロジェクトを作成してしまうとAndroid Studioの起動時に図1の画面がスキップされます。画面を再度表示したい場合は、Android Studioのメニューから[File]→[Close Project]を選択します。

＊
ここで設定する項目内容は後からでも変更できるので、デフォルト設定のまま進めても問題はありません。

図1 [Welcome to Android Studio]画面

図2 [New Project]画面

3 Android SDKのバージョンを設定する

続いて、図3の[Target Android Devices]画面が表示されます。ここでは、「Minimum SDK」に設定されているAndroid SDKのバージョンを確認し(ここではAPI15)❶、[Next]ボタンをクリックしてください❷。

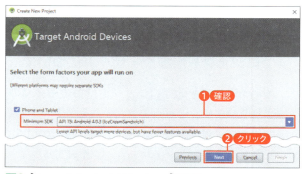

図3 [Target Android Devices]画面

4 アプリのテンプレートを選択する

図4の[Add an Activity to Mobile]画面が表示されます。[Empty Activity]を選択して❶、[Next]ボタンをクリックしてください❷。

図4 [Add an Activity to Mobile]画面

5 プログラムファイルの名前を設定する

図5の[Customize the Activity]画面が表示されます。ここでは作成されるプログラムのファイルを設定します。「Activity Name」に名前を入力し❶、[Finish]ボタンをクリックします❷。これで新規プロジェクトが作成されます❸❹。

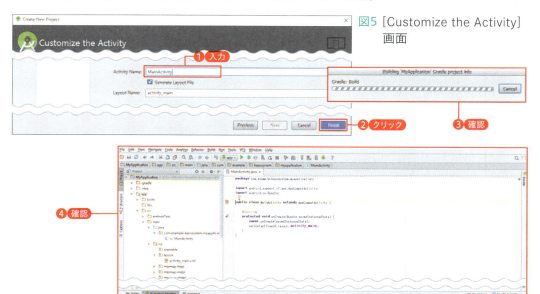

図5 [Customize the Activity]画面

| 講義 | プロジェクト作成の解説 |

» プロジェクト作成ウィザードについて

　Androidアプリのプロジェクトはとても多くのファイルで構成されています。これらのファイルを1つ1つ理解し、自前で作成するのは至難の業です。そのため、Android Studioにはプロジェクトに必要なファイルを自動で作成するウィザードが用意されています。

　初心者に限らず、多くの開発者がこのウィザードを使用してプロジェクト作成を行っています。ここでは、ウィザード各画面の詳細を説明します*1。

*1
本書では本稿執筆時点(2016年9月)での最新バージョンである2.2をベースに解説しています。メニューなどの画面は2.2となっています。今後、Android Studioのバージョンアップによりウィザードで選択できる項目が増えたりなくなったりする場合がありますので、わからない項目がある場合は公式サイトなどで調べてください。

[Welcome to Android Studio]画面(図1)

　このLESSONでは一番上にある[Start a new Android Studio project]を選択しましたが、その他の項目についても簡単に説明します(表1)。

表1　[Welcome to Android Studio]画面の項目

項目	説明
Start a new Android Studio project	新規でAndroidプロジェクトを作成する際に選択
Open an existing Android Studio project	すでに作成されているAndroidプロジェクトを開く際に選択
Check out project from Version Control	利用しているVCS(gitやsubversion)*からプロジェクトをインポートする際に選択
Import project (Eclipse ADT, Gradle, etc.)	Android Studioで作成されていないAndroidのプロジェクトをインポートする際に選択(Eclipseのプロジェクトなど)
Import an Android code sample	Googleが提供するAndroid用のサンプルプロジェクトをインポートする際に選択
Configure	Android Studioの設定画面を開く
Get Help	Android Studioのマニュアルを表示

＊ VCS(Version Control System)とは「バージョン管理システム」と言い、コンピュータ上で作成・編集したファイルの更新履歴を管理するシステムで、特にソフトウェア開発ではソースコードの管理に用いられることが多く、ネットワークを介して複数人でファイルの更新履歴を共有したり、各々の作業履歴の管理が容易に行えるような仕組みが提供されています。

[New Project]画面(図2)

表2　[New Project]画面の項目

項目	説明
Application name	作成するAndroidアプリの名前を入力する。ここで入力した名前は[Welcome to Android Studio]画面やタイトルにも表示される。ただし、アプリ名として日本語は利用できない。日本語のアプリ名は、別途日本語用のリソースファイル*1を設定する必要がある
Company Domain	アプリに設定されるユニークなIDを表すApplicationIdの元になる。また、このIDは初回に作成されるJavaプログラムのルートとなるパッケージ名*2にもなる

（続き）

項目	説明
Project location	プロジェクトが保存されるフォルダ。デフォルトでは開発PCのユーザーのホームディレクトリに保存しようとするので、別途開発用のフォルダを準備するのであれば変更しておいた方が良い

＊1 プログラムから利用される外部ファイルのことです。ここで言うリソースファイルは、「TextView」や「Button」などに表示させるテキストを別途に設定するもので、各言語（英語や日本語、その他外国語）に対応したものを作成できます。

＊2 アプリを識別するためのものです。Androidアプリには似たようなものが複数あることが多いが、それらが重複しないように、開発者の所有するドメイン名を「.」区切りで逆順に並べたものを先頭に付けています。

[Target Android Devices]画面（図3）

プロジェクトに設定するターゲットとなるデバイスとサポートするOSの最低レベルのバージョンを設定します。

[Add an Activity to Mobile]画面（図4）

多くの場合で「Empty Activity」＊2を使用します。「Fullscreen Activity」や「Google Maps Activity」は、あくまで開発の参考として作ってみるというケースがほとんどでしょう。

> ＊2
> Android Studioで画面のあるプロジェクトを作る際に最も基本となるテンプレートです。

[Customize the Activity]画面（図5）

最終的に作成されるプログラムのファイル名を設定します。ここで設定する項目は手順4で選択したテンプレートによって変わります。本書では[Empty Activity]を選択しているので、表3を参考に、各項目の内容を確認してください。

表3 [Customize the Activity]画面の項目

項目	説明
Activity Name	作成される画面に関連するActivityクラスのファイル名。「src/パッケージ名/ファイル名.java」で保存される
Layout Name	作成される画面をデザインするレイアウトファイルのファイル名。「res/layout/ファイル名.xml」で保存される

まとめ

- Androidのプロジェクトはプロジェクト作成ウィザードを使って作成します。
- プロジェクト作成ウィザードには、いくつかの雛形になるプロジェクトがあります。

CHAPTER 02　Androidアプリ開発の準備をしよう

LESSON 08 エミュレータを作成する

□ レッスン終了

Android Studioで新規のプロジェクトを作成したらエミュレータを作成します。

実習　エミュレータを作成しよう

1 AVD Managerを起動する

Android Studioのメニューから（図1左）、[Tools]❶→[Android]❷→[AVD Manager]❸を選択してください。初めてエミュレータを作成する場合は図1右のような画面[*1]になるので、[Create Virtual Device]ボタンをクリックします❹。

*1
すでに作成されている場合にはこの画面はスキップされ、手順5の一覧画面（図5）が表示されます。

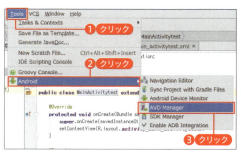

図1 メニューから選択する方法（左）と[Your Virtual Devices]画面（右）

2 エミュレータの画面サイズを選択する

エミュレータの作成が開始されます。図2の[Select Hardware]画面で「Category」から[Phone]を選択すると❶、機種名が表示されるので、「Name」から[Nexus 5X]を選択して❷、[Next]ボタンをクリックしてください❸[*2]。

*2
ここでは[Nexus 5X]を選択していますが、お使いのPCのスペックによっては動きが重くなるかもしれません。その場合は[Nexus 4]など解像度が低めの機種を選択するとメモリ使用量が減り、動きが改善されます。

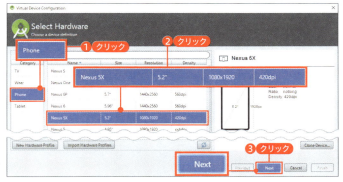

図2 [Select Hardware]画面

3 システムのイメージを選択する

続いてエミュレータで使用するシステムイメージを選択します（図3）。本LESSONでは最新のAndroid 7.0 Nougatを選んでみましょう。「Release Name」から[Nougat]を選択し（もし見当たらない場合は[x86 Images]タブ、[Other Images]タブに切り替えてください）❶❷、「ABI」から[x86_64]を選択します❸。[License Agreement]画面から[Accept]を選択して❹、[Next]ボタンをクリックします❺。[Component Installer]画面が表示されコンポーネントが解凍されるので、[Finish]ボタンをクリックします❻。[Next]ボタンをクリックしてください❼*。

> ＊
> ここではABIにx86_64を指定していますが、PC環境によっては動作しない場合があります。その際は[armeabi-v7a]を使うと動作することがありますので、一度試してみてください。

図3 システムイメージの選択

4 エミュレータの名前を設定し保存する

図4の[Android Virtual Device（AVD）]画面が表示されます。「AVD Name」にエミュレータの名前（デフォルトはデバイス名＋APIレベル）を入力して❶、[Finish]ボタンをクリックしてください❷。

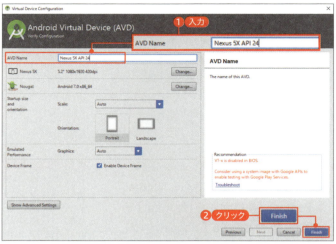

図4 [Android Virtual Device（AVD）]画面

5 エミュレータの動作を確認する

ここまで設定してきた内容でエミュレータが作成され、図5の画面のように一覧にエミュレータが表示されます。ここで、起動したいエミュレータ（Nexus 5X API 24）の「Actions」にある▶ボタンをクリックしてエミュレータを実行してみましょう。図6のようなエミュレータ画面が表示されます。

図6 エミュレータが起動

図5 作成したエミュレータを実行

講義　**エミュレータの解説**

≫エミュレータの再設定と詳細設定

デフォルトではエミュレータのRAMや外部ストレージは最小限のものが設定され、カメラは無効になっています。これらを変更したい場合は、エミュレータ作成時に図4の左下にある[Show Advanced Settings]ボタンをクリックするか(図7)、作成後であればエミュレーター覧画面(図5)の「Actions」にある🖉ボタンをクリックするとエミュレータの詳細設定画面(図8)を呼び出すことができます。詳細設定画面を開くと、デフォルトでは設定できなかったメモリ容量やカメラの有効／無効、ネットワークスピード等を設定できます。

図7 [Show Advanced Settings]ボタンをクリック

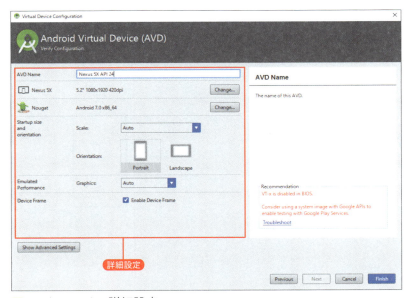

図8 エミュレータの詳細設定

≫エミュレータの削除

必要がなくなったエミュレータを削除したい場合は、エミュレーターの一覧画面(図5)の「Actions」にある▼ボタンをクリックして(図9❶)、表示されるメニューから[Delete]を選択します❷。

図9 エミュレータの削除

≫エミュレータを利用するケース

　実は、エミュレータは必ずしも作らないといけないものではありません。もし実機を持っていて、開発に必要なスペックを有しているのであれば、それを使うのが一番効率よくトラブルも起きにくいです。エミュレータは起動も遅く、動きもあまり速くありません。実機を使って開発を進める段階になれば、エミュレータの出番はほとんどなくなると思います。

　しかし、開発を進めていくと複数の端末でテストをしたいケースも出てくるでしょう。特にAndroid SDKのバージョンや画面解像度の違い等で異なる動きをしないかチェックしたい場合、プログラムのコードやプレビュー画面を見るだけでは十分な検証ができません。エミュレータが必要となるのは、このような場合です。

　また、デフォルトではエミュレータのテンプレートとしてNexus 6PやNexus 5Xといったデバイスのスキンやハードウェア構成が準備されていますが、必要であれば解像度やサポートするセンサーも再定義できます。

　図10は、エミュレータの画面解像度を選択する画面(図2)で、[New Hardware Profile]ボタンをクリックした際に表示される詳細設定画面です。この画面では、さらに詳しいデバイス情報を入力してエミュレータを作成できます。

図10 デバイス情報の詳細設定

まとめ

- エミュレータはAVD Managerで作成・編集・削除できます。
- エミュレータのシステムイメージにx86またはx86_64を選択するとハードウェアを使うので速くなります。

CHAPTER 02　Androidアプリ開発の準備をしよう

LESSON 09 プロジェクトを実行する

☐ レッスン終了

LESSON 08で作成したプロジェクトをエミュレータ上で実行します。

実習　エミュレータでプロジェクトを実行してみよう

1 エミュレータを実行する

Android Studioのメニューから[Tool]→[Android]→[AVD Manager]を選択して「AVD Manager」を開き、エミュレータを起動します（LESSON 08参照）。

2 エミュレータが利用できる状態にあるか確認する

Android Studioの画面下部にあるタブから[6:Android Monitor]をクリックし（図1 ❶）、「Android Monitor」に表示されるエミュレータの状態を確認してください ❷。正常であれば、ここに実行中のエミュレータ名が表示されます。もし表示されない場合はまだエミュレータが起動していないか、あるいは起動に失敗している可能性があります。失敗している場合はエミュレータを起動し直してください。

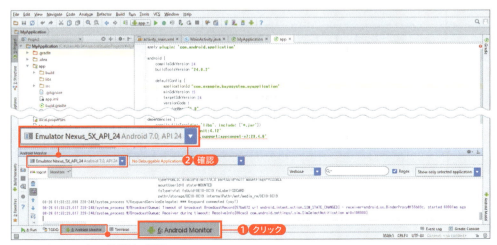

図1 エミュレータの状態を確認

3 アプリを実行する

Android Studioのメニューから[Run]→[Run 'app']を選択するか、画面上部に表示されているツールバー(図2)の▶ボタンをクリックするとアプリを実行します。

図2 Android Studioのツールバー

4 実行するデバイスを選択する

アプリを実行すると、実行するデバイスを選択する[Select Deployment Target]ダイアログ(図3)が表示されます。接続されているエミュレータを選択して❶、[OK]ボタンをクリックすると❷、エミュレータ上にアプリの実行結果が表示されます(図4)。

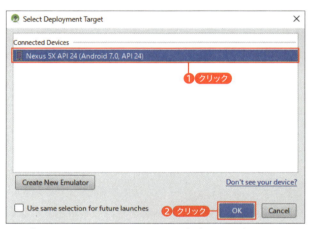

図3 [Select Deployment Target]ダイアログ

図4 エミュレータにアプリの実行結果が表示される

| 講義 | 実行環境の解説 |

≫実行環境の構成について

　LESSON 08のようにAndroid Studioのウィザードを使用してプロジェクトを作成すると、自動でプロジェクトの雛形とデフォルトの実行環境も作成されます。このLESSONでも、その自動で作成された実行環境によってアプリを実行しましたが、ここでは自動で作成された実行環境の編集、または新規で作成する方法を解説します。

　Android Studioのメニューから[Run]→[Edit Configurations]を選択すると図5の[Run/Debug Configurations]画面が表示されます。

この画面では、すでにデフォルトの実行環境が設定されているため、[app]（デフォルトの環境設定名）を選択すると右側に実行時の設定項目が表示されます。このうち、使用する機会の多い項目を抜き出して説明します（表1）。

図5 [Run/Debug Configurations]画面

表1 実行時の設定項目（抜粋）

項目		説明
Name		実行環境の設定名。実行するモジュールの名前を設定しておくとわかりやすくなる
[General]タブ		アプリのインストールと起動に関して設定できる
	Module	アプリを実行する時に選択するAndroidアプリのモジュール。基本は1つだけだが、プロジェクトが大きくなると複数のアプリのモジュールを管理するようになるので、その場合はここで選択する
	Target	アプリを実行するデバイスを自動で選択するか、毎回ダイアログで選択するかを設定できる。デフォルトではダイアログで選択するように設定されている（本書でもダイアログで選択）
[Miscellaneous]タブ		「Logcat」という実行中アプリのログを表示する機能に関して設定できる
	Show logcat automatically	アプリ実行時にLogcatを自動で表示する
	Clear log before launch	アプリ実行時にLogcatをクリアする

　また、実行環境の設定を新規作成する場合は、図5左上のリストから＋を選択すると雛形を追加できます。削除する場合は、削除したい設定を選択して－を選択します。

まとめ

- プロジェクトを実行する際には、エミュレータが起動、あるいは実機が接続されていなければなりません。
- プロジェクトの実行は「実行環境の構成」による設定にしたがって実行されます。
- 「実行環境の構成」の設定では、エミュレータのデータの初期化や、ログの初期化等ができます。

CHAPTER 02　Androidアプリ開発の準備をしよう

LESSON 10　実機でプロジェクトを実行する

☐ レッスン終了

Android デバイスを PC に接続してプロジェクトを実行する方法を解説します。

実習　実機でプロジェクトを実行してみよう

1　実機の開発者向けオプションを有効にする

実機＊を操作して[設定]画面を開き、[端末情報]に表示されている「ビルド番号」を連続で 7 回タップしてください。タップするごとに「デベロッパーになるまであと○ステップです」とメッセージが表示され、最終的に開発者向けオプションが有効になった旨のメッセージ「これでデベロッパーになりました！」が表示されます。

＊
実機とは、「実際に使用できる機器」のことです。Android OS 搭載のスマートフォンすべてを指します。

2　USBデバッグを有効にする

続いて実機の[設定]画面から[開発者向けオプション]を開き（図1）、[USBデバッグ]の項目をチェックしてください（図2）＊。

＊
端末によっては[USBデバッグ]の項目のある場所が異なるケースもあります。

図1　開発者向けオプション

図2　[USBデバッグ]の項目をチェック

3 Androidデバイスのドライバをインストールする *1

Android Studioに戻り、実機のドライバ*2をインストールします。Android Studioのメニューから[Tools]→[Android]→[SDK Manager]を選択して、左下の[Launch Standalone SDK Manager]をクリックすると、図3の画面が表示されるので、[Google USB Driver]*3にチェックを入れて、次の画面で[Accept License]にチェックを入れ、[Install]ボタンをクリックしてしてください。インストールされたドライバは、「C:¥Users¥(ユーザー名)¥AppData¥Local¥Android¥sdk¥extras¥google¥usb_driver」に保存されています。

*1
Mac OSの場合はこの手順は不要ですのでスキップしてください。

*2
ドライバとは、USBケーブル等によって接続されたハードウェアをOSが操作するためのソフトウェアです。

*3
Google USB DriverはNexus端末用の汎用的なドライバです。もしお使いの実機がメーカー製で、正しく認識されない場合は、製品のサポートページからその実機専用のドライバをダウンロードしてインストールしてみてください。

図3 実機のドライバをダウンロードする

4 USBケーブルで実機とPCを接続

USBケーブル*を使用して実機とPCを接続します。USBケーブルを接続するとインストール画面が表示され、実機のドライバがある場所を聞いてくるので、手順 3 のドライバファイルを選択してください。

実機とPCを初めて接続すると図4のような確認画面が表示されるので、[OK]ボタンをタップします。

*
USBケーブルとは、Android端末とPCを接続する際に使用するケーブルのことです。このケーブルはAndroid端末を充電する際に使用しているケーブルと同じもので構いません。しかし、たまに充電専用のUSBケーブルもあるので注意してください。また、本書では単にUSBケーブルと書いていますが、正確にはマイクロUSBケーブルです。同じUSB規格のケーブルでも端子の形状によって呼称が違うので注意してください。

図4 USBデバッグの許可

5 実機とPCとの接続を確認する

Android Studio下部の[6:Android Monitor]タブをクリックし❶、実機の名前を確認します❷。図5のように実機が認識されていれば成功です。

図5 実機とPCとの接続を確認

6 実機でアプリを実行する

Android Studioのメニューから[Run]→[Run 'app']を選択するか、画面上部に表示されているツールバーの[実行]ボタン(▶)をクリックしてアプリを実行します。アプリを実行すると、実行するデバイスを選択する[Select Deployment Target]ダイアログが表示されます(図6)。接続されているデバイスを選択して❶、[OK]ボタンをクリックすると❷、デバイス上にアプリの実行結果が表示されます❸。

図6 実機上のアプリ実行結果

講義　実機のOSバージョンについて

≫ 実機に搭載されているOSを確認する

　実機に搭載されているOSのバージョンは、メーカーのWebサイトや実機に付属されているカタログを見ればわかりますが、Androidの場合はOSが自動でアップデートされる仕組みを採用しているため、メーカーのWebサイトよりも端末の設定から確認する方が正しい情報を得ることができます。

OSのバージョンの調べ方は、端末によって若干方法が違います。ここではLollipopが搭載されたNexus 5を例に説明します。Androidデバイスの[設定]から[端末情報]を選択すると、図7のような画面が表示されます。

この画面のうち、「Androidバージョン」に表示されているのがAndroid OSのバージョンです。この例では「5.0.1」になります。また、バージョンに対応するAndroidの名称については下記のサイトを参考にすると良いでしょう(図8)。5.0.1の場合を調べてみると「Android 5.0」が該当するため、名称が「Lollipop」であることを確認できます。

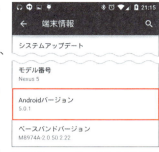

図7 Nexus 5の[端末情報]画面

バージョンに対応するAndroidの名称

URL https://developer.android.com/guide/topics/manifest/uses-sdk-element.html#ApiLevels

Platform Version	API Level	VERSION_CODE	Notes
Android 7.0	24	N	Platform Highlights
Android 6.0	23	M	Platform Highlights
Android 5.1	22	LOLLIPOP_MR1	Platform Highlights
Android 5.0	21	LOLLIPOP	
Android 4.4W	20	KITKAT_WATCH	KitKat for Wearables Only
Android 4.4	19	KITKAT	Platform Highlights
Android 4.3	18	JELLY_BEAN_MR2	Platform Highlights
Android 4.2, 4.2.2	17	JELLY_BEAN_MR1	Platform Highlights
Android 4.1, 4.1.1	16	JELLY_BEAN	Platform Highlights
Android 4.0.3, 4.0.4	15	ICE_CREAM_SANDWICH_MR1	Platform Highlights
Android 4.0, 4.0.1, 4.0.2	14	ICE_CREAM_SANDWICH	
Android 3.2	13	HONEYCOMB_MR2	
Android 3.1.x	12	HONEYCOMB_MR1	Platform Highlights
Android 3.0.x	11	HONEYCOMB	Platform Highlights
Android 2.3.4 Android 2.3.3	10	GINGERBREAD_MR1	Platform Highlights
Android 2.3.2 Android 2.3.1 Android 2.3	9	GINGERBREAD	
Android 2.2.x	8	FROYO	Platform Highlights
Android 2.1.x	7	ECLAIR_MR1	Platform Highlights
Android 2.0.1	6	ECLAIR_0_1	
Android 2.0	5	ECLAIR	
Android 1.6	4	DONUT	Platform Highlights
Android 1.5	3	CUPCAKE	Platform Highlights

図8 Android OSのバージョン名称

まとめ

- 実機で実行するには、開発者向けオプションを有効にしなければなりません。
- 実機にUSB経由でアプリをインストールするには、USBデバッグを有効にしなければなりません。
- Windows PCで実機を使うには、事前にUSBドライバをインストールしなければなりません。

練習問題

練習問題を通じてこのCHAPTERで学んだ内容の確認をしましょう。解答は「kaitou.pdf」（Webからダウンロード）を参照してください。

Android StudioとJavaの関係について正しいのはどれか？

① Android StudioはJavaで作られたアプリケーションである。
② Android Studioを実行するには、Java SE 8以上のバージョンが必要である。
③ Android StudioでAndroidアプリ開発をするには、Java開発環境としてJREが必要である。

エミュレータについて間違っているのはどれか？

① アプリの動作確認のために使用する。
② 複数の異なる環境の動作確認に適切である。
③ 起動が速く、動きもスムーズである。
④ Android StudioのAVD Managerで作成、編集、削除できる。

次のAndroid OSのバージョンと名称を正しい組み合せになるように線で結びなさい。

Android 4.4 ・　　　　　・ Lolipop
Android 5.0 ・　　　　　・ Nougat
Android 6.0 ・　　　　　・ KitKat
Android 7.0 ・　　　　　・ Marshmallow

CHAPTER 03

Androidアプリ開発の基本を学ぼう

Android Studioの基本的な画面構成や、その機能と使い方について説明します。

CHAPTER 03　Androidアプリ開発の基本を学ぼう

LESSON 11 Android Studioの機能を使う

☐ レッスン終了

ここではAndroidアプリ開発で利用するAndroid Studioの基本画面構成について解説します。

実習　Android Studioの画面構成を確認しよう

1 Android Studioの基本的な画面構成を確認する

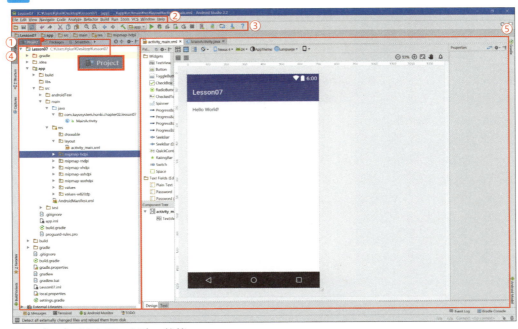

図1 プロジェクトを開いた時の状態

　図1は、CHAPTER 02のLESSON 07で作成したプロジェクトをAndroid Studioで開いた時の画面です。通常、プロジェクトを新規作成すると、図1①は「Android」が選択された状態になっています。開発に必要なファイルだけが表示されるので開発の際には役に立つのですが、本書では理解を深めるために、**必ず「Project」を選択する**ようにし

てください（図1はすでに「Project」を選択している状態）。

メニューバー（図1②）
Android Studioの豊富な機能が分類されています。すべて使う必要はありません。主要な機能に関しては後述します。

ツールバー（図1③）
Android Studioの機能の中でも、特によく使うものがアイコンとして表示されています。一般的なエディタと同様の「Copy（コピー）」「Paste（貼り付け）」や、「Run（プロジェクトの実行）」などがあります。各アイコンの上にしばらくマウスカーソルを置いておくとアイコンの説明（ツールチップ）が表示されるので、アイコンの内容が不明な場合に活用してください（図2）。

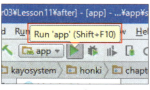

図2 ツールチップの例

プロジェクトペイン（図1④）
ここには、編集する対象のファイルやディレクトリが表示されています。「Project」が選択されている状態では、プロジェクトディレクトリから下の階層が表示されていることを確認してください。

編集ペイン（図1⑤）
ここでAndroidアプリ開発のさまざまな操作を行います。多くの場合、このエリアでJavaプログラムを書くことになります。

2 プロジェクトペインを使う

プロジェクトペイン内の一番左上のディレクトリをクリックしてください（図3❶）。そしてキーボードの左右キーを使用してディレクトリの開閉ができることを確認します。続けてキーボードの上下キーを使用して、選択している項目が変更できることも確認しましょう。キーボードだけでなく、マウスで項目を選択したり、ディレクトリの左側に付いている右もしくは下向き▲印をクリックしてディレクトリの開閉をしたりすることもできます。

試しに app/build.gradle を選択してみましょう※。キーボードで選択して[Enter]キーを押すか、マウスでダブルクリックすると❷、ファイルの内容が編集ペインに表示されます❸。

※
本書では、「appディレクトリの下の build.gradle を選択」といった場合、「app/build.gradleを選択」と記述します。

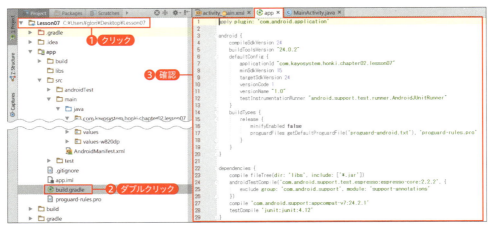

図3 build.gradleを選択する

3 クラスファイルを作成する

アプリを開発することを想定して、Javaクラスファイルを作成してみましょう。
プロジェクトペイン内のパッケージ名（ここでは「com.kayosystem.honki.chapter02.lesson07」）を右クリックして（図4❶）、[New]❷→[Java Class]❸を選択します。

図4 Javaクラスファイルを作成する

すでに「Name」欄に名前を入力できる状態になっていることを確認しましょう。この欄にここでは仮に「User」と入力します（図5❹）。「Kind」欄は[Class]になっていることを確認してください❺。入力が済んだら[Enter]キーを押すか、[OK]ボタンをクリックします❻。

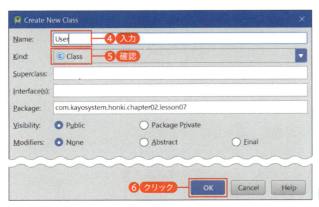

図5 User.javaを作成する

クラスファイルが作成され、編集ペインにすでに必要最低限のコードが書かれています。ここに、フィールド変数を2つ追加しましょう（リスト1）。

リスト1 フィールド変数を2つ追加する

```
package com.kayosystem.honki.chapter02.lesson07;

/**
 * Created by Re:Kayo-System on 2016/09/29.
 */
public class User {
    long id;
    String name;
}
```

4 コード生成機能を使う

手順3で作成したクラスにSetter/Getterメソッド*を追加しましょう。Userクラス内のどこかにテキストカーソルを当ててください（例えばセミコロンの後など）。メニューから[Code]❶→[Generate]❷を選択し、[Getter and Setter]を選択してください❸。

> *
> Javaの書き方の一般的な決まり事の1つに、「フィールド変数を外部から変更する際は、直接変更させないようにprivateとし、フィールド変数の頭にsetやgetと付けたメソッドを通して変更すること」というルールがあります。この手順の機能を用いると、決まり事に沿ったメソッドの作成をサポートしてくれます。

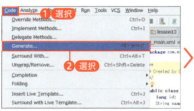

図6 [Getter and Setter]を選択

[Select Fields to Generate Getters and Setters]ダイアログが表示されます（図7）。すでに1件だけ選択されていると思いますが、[Shift]キーを押しながら、選択されていない方をクリックし、両方の変数が選択されている状態にしてください❹。[OK]ボタンをクリックします❺。

図7 フィールド変数を両方選択する

すると、リスト2のように一瞬でコードを生成できます。

リスト2 メソッド生成後

```
package com.kayosystem.honki.chapter02.lesson07;


/**
 * Created by Re:Kayo-System on 2016/09/29.
 */
public class User {
    long id;
    String name;

    public long getId() {
        return id;
    }

    public void setId(long id) {
        this.id = id;
    }

    public String getName() {
        return name;
    }

    public void setName(String name) {
        this.name = name;
    }
}
```

講義　AndroidStudioをより使いやすくする

　実習では、開発する上でよく使う基本操作を学習しました。講義ではもう少し便利な機能について解説します。

≫メニューバーからアクセスできる機能

　Android Studioを起動してびっくりされた方も多いと思いますが、このIDE（Integrated Development Environment：統合開発環境）にはとても多くの機能があり、その分多くのメニューがあります。この中で筆者がよく利用するものを取り上げました。表1は利用するタイミング別に分類しています。

表1 Android Studioのよく利用する機能

利用	グループ	項目	説明
準備	File	Settings	Android Studioの設定を行う
準備	File	Project Structure...	プロジェクトの設定を変更する。この設定は、一部Gradleの設定とリンクしている
プログラミング	Edit	Undo	直前の操作を元に戻す
プログラミング	Edit	Redo	Undoを取り消す
プログラミング	Edit	Copy Path	選択しているファイルやディレクトリのパスを、クリップボードにコピーする
プログラミング	Edit	Duplicate Line	編集ペイン内にて、テキストカーソルのある行を複製する。範囲選択している場合はその範囲を複製する
プログラミング	Edit	Find→*	さまざまな条件でファイルやディレクトリ、ファイル内のテキストを検索する
プログラミング	View	Tool Windows	さまざまなペインの表示切り替えを行う。隠れているペインも表示できる
プログラミング	View	Compare With...	ファイルを選択すると、そのファイルと現在開いているファイルの差分を表示できる
プログラミング	Navigate	Line	指定した行番号に瞬時に移動できる
リファクタリング	Code	Reformat Code	インデントが崩れていたりしても、設定に基づきフォーマットし直してくれる機能
リファクタリング	Code	Optimize Import	現在開いているクラスの不要なimport文を自動的に削除する
リファクタリング	Refactor	Rename...	変更可能な名前（クラス名や変数名など）にマウスカーソルを当ててからこのメニューを選択すると、名前を変更できる
デバッグ	Build	Clean Project	プロジェクトのクリーンを行う
デバッグ	Run	Run 'app'	アプリを実行する
デバッグ	Run	Debug 'app'	アプリをデバッグモードで起動する。ブレークポイントで処理を止めたりすることが可能
リリース	Build	Generate Signed APK...	Google Playストアへリリースするためのビルドを行う

» Android Studioの設定を変更する

　Android Studioは普通にインストールした状態でも便利に使うことができますが、設定を変更することでもっと使いやすくなります。ここでは、おすすめの設定をいくつか紹介します。まずは設定画面を開きましょう。メニューより、[File]→[Settings]を選択します（図8）。

図8 設定画面を開く

行番号と空白文字を表示する設定

[Editor]→[General]→[Appearance]にある、[Show line numbers]と[Show whitespaces]にチェックを入れます（図9）。

Android Studioは、デフォルトでは編集ペインの左側に行番号が表示されていません。行番号は、LogCatなどに出力されたスタックトレースという情報より、エラーを追いかける際に使用したりするので必ず表示しましょう。

プログラムでは、タブ文字や半角空白文字が混在していると、タブ文字のインデント幅の設定によってプログラムが崩れて見えたりします。他にも、半角空白文字と全角空白文字が打ち間違いで混在し、プログラムのビルドがうまく通らないことなどが起こりえます。必須ではありませんが、この設定も有効にしておきましょう。 ちなみに、筆者は半角空白文字に統一しています。

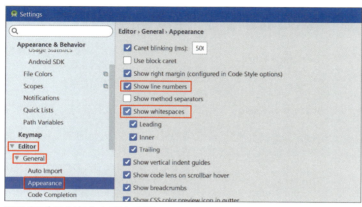

図9 行番号と空白文字を表示

起動時に最後に使ったプロジェクトを開かないようにする設定

[Appearance & Behavior] →[System Settings] にある、[Reopen last project on startup]のチェックを外します（図10）。

Android Studioを起動した際に、デフォルトでは最後に開いていたプロジェクトが自動的に開きます。便利なように見えますが、複数のプロジェクトを切り替えながら作業をする場合や、[Welcome to Android Studio]画面上にある機能（Import projectやConfigure等）を使う場合には煩わしくなります。そのため、この設定を行っておくことをおすすめします。

図10 起動時に[Welcome to Android Studio]画面を常に表示させる

自動インポートの設定

[Editor]→[General]→[Auto Import]にある、[Optimize imports on the fly]と[Add unambiguous imports on the fly]にチェックを入れます（図11）。

設定するとインポートの整理を自動的に行い、常にクラス内で必要なimport文だけに保ってくれます。チームで開発する時は、この方法を使用するようにします。

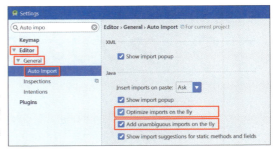

図11 自動インポートの設定

プレフィックスの設定

フィールドのGetとSetメソッドを自動生成する際に、変数名のプレフィックスを取り除いてメソッド名を設定したい場合に設定します*。

＊
例えば、int mCount変数の場合はgetCount()とsetCount(int)というメソッドが生成されます。

左側の設定名ペインから[Editor]→[Code Style]→[Java]を選択し、右側の設定ペインで[Code Generation]タブを選択してください（図12）。「Name prefix」の入力エリアに任意のプレフィックスを設定します。本書では「Field」に「m」、「Static field」に「s」を設定しています。

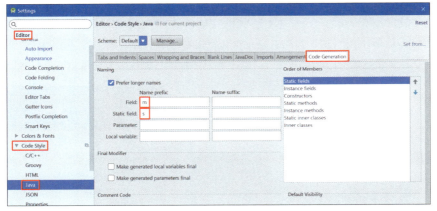

図12 プレフィックスの設定

まとめ

- Android Studioの機能はかなり多いですが、アプリ開発でよく利用するものは限られています。利用頻度の多いものから覚えるようにしましょう。
- Android Studioの設定は自分好みにカスタマイズするとより使いやすくなります。

CHAPTER 03　Androidアプリ開発の基本を学ぼう

LESSON 12 アプリの設定を変更する

☐ レッスン終了

アプリにはさまざまな設定があります。本LESSONではそのうちのいくつかを実際に修正してみましょう。

実習　アイコンとアプリ名を変更してみよう

1 アプリのアイコンを変更する

LESSON 07の実習を参考にプロジェクトを作成します。プロジェクトペインにある[res]ディレクトリを右クリックして（図1❶）、コンテキストメニューから[New]❷→[Image Asset]❸を選択してください。[Asset Studio]ダイアログ（図1）が表示されるので自由に設定してみましょう。本LESSONでは、表1のように設定にしています❹。設定が完了したら[Next]ボタンをクリックした後❺、その後の画面で[Finish]ボタンをクリックします。すでにあるアイコンは上書きされてしまうので注意してください。

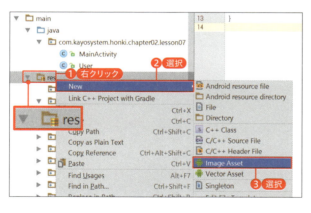

図1 アイコンの変更

表1 設定内容

グループ	項目
Icon Type	Launcher Icons
Name	ic_launcher
Asset Type	Clip Art
Clip Art	(アンドロイドのアイコン)
Trim	No
Padding	20%
Foreground	#FFFFFF
Background	#2962FF
Scaling	Shrink to Fit
Shape	Circle
Effect	None

2 AndroidManifest.xmlを開く

［Shift］キーを2回連続で押して［Search Everywhere］ダイアログを表示します。ここに「AndroidMani」と入力し（図2❶）、表示された［AndroidManifest.xml（app¥src¥main）］を上下キーで選択して❷、［Enter］キーで決定します。編集ペインにAndroidManifest.xmlの中身が表示されたことを確認してください。

図2 ［Search Everywhere］ダイアログの表示

併せてこのファイルの保存場所を確認しておきましょう。プロジェクトペインの上側にある ⚙ ボタンをクリックすると（図3❸）、ファイルの場所を確認できます❹。

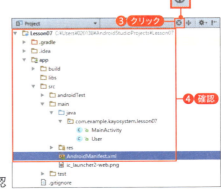

図3 AndroidManifest.xmlの位置確認

3 文字列リソースファイルを開く

AndroidManifest.xmlの中から「android:label」と書かれたところを探してください（図4）。その右辺をクリックして、元の値「@string/app_name」を表示させましょう（図5）。その後[Ctrl]キーを押しながら元の値をクリックすると、「strings.xml」の内容が編集ペインに表示されます。

```
android:label="Lesson12"
```
図4 省略された状態

```
android:label="@string/app_name"
```
図5 元の値

4 アプリの名前を変更する

表示された strings.xml ファイルにある「app_name」の値を「Hello, Android!」に変更してください（図6）。プロジェクトを実行して（LESSON 09、LESSON 10を参照）、アプリのアイコンを確認すると名前が「Hello, Android!」に変更されています（図7）＊。

＊
アプリの名前は任意で構いませんが、設定ファイル（strings.xml）は英語用のファイルなので、本来は英語名が望ましいです。日本語のリソースファイルについてはこの後の講義で説明します。

```
Edit translations for all locales in the translations editor.
1    <resources>
2        <string name="app_name">Hello, Android!</string>
3    </resources>
```
図6 アプリ名変更

図7 アプリ名変更後の表示

5 Application Idを変更する

メニューから[File]→[Project Structure]を選択します。[Project Structure]ダイアログが表示されるので、左ペインから[app]を選択し（図8❶）、右ペインの[Flavors]タブをクリックします❷。「Application Id」に任意のApplication Id（ここでは「com.kayosystem.honki.chapter03.leson12plus」に変更）を設定し❸、[OK]ボタンをクリックします❹。

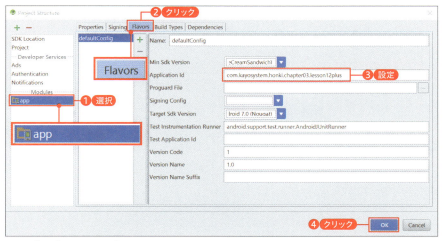

図8 プロジェクトの設定

講義　アプリのいろいろな設定項目の変更

» strings.xmlによる文字列の国際化対応について

　strings.xmlファイルは文字列を定義するリソースファイルです。このファイルはapp/src/res/valuesディレクトリ内に置かれ、リスト1のようにXML形式で書かれています。

リスト1 文字列リソースの書き方

```
<string name="文字列のキー">文字列</string>
```

　このリソースファイルを使うと、簡単に複数の言語に対応できます。これを「国際化対応」と呼びます。ここでは日本語と英語に対応した文字列を準備する例を説明します。

　プロジェクトペインでstrings.xmlファイルを選択し、右クリックでコンテキストメニューを表示して、[Open Translation Editor]を選択します。すると、図9のような設定画面が表示されます。

図9 Translations Editor

画面上部にある◉ボタンをクリックすると（図10❶）、追加したい言語のリストが表示されるので、試しに日本語（[Japanese（Ja）]）を選択してみてください❷。図11❸のように日本語のリソースが編集できるようになります。

図10 日本語のリソースを選択

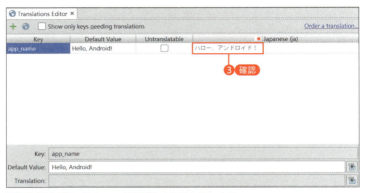

図11 日本語のリソースが編集できるようになる

この状態でアプリを起動すると、端末の言語設定が日本語の場合は日本語表示に、それ以外だと英語表示になります。

≫ アプリで使う画像について

実習で使用した[Asset Studio]ダイアログでは、複数の大きさの画像を自動で生成してくれます。これらの画像は、mipmap-＊/ic_launcher.png（「＊」にはhdpi等の名前が入る）のディレクトリの中に作成されます。

複数枚の画像を準備する理由は、解像度とメモリや速度を両立させることにあります。解像度だけを考えると「大きな画像を1枚用意すれば良いのでは」と思われるかもしれません。しかしこれでは、読み込みに時間がかかる上にメモリ上には必要以上に大きい解像度の画像を用意することになります。さらに瞬時に画像の縮小は行えないので、アイコンのアンチエイリアスが効いていない状態になります。これらの理由から、ある程度の解像度ごとに画像を生成しておく必要があるのです。

[Asset Studio]ダイアログで作成できるのは表2の3種類の画像です。Androidの画像の大きさはデザインガイドラインによって決まっており、それに沿って様々な解像度を作る場合に使うのが便利です。これ以外の用途の画像を作成する場合は、「Vector Asset」＊もしくはPhotoshop等の外部ツールを使いましょう。

＊
プロジェクトペインから[app]→[res]を右クリックし、コンテキストメニューから[New]→[Vector Asset]を選択すると表示できます。
Vector Assetを利用すると簡単にVectorDrawableを作成できます。VectorDrawableはAndroid 5.0以降で利用できる解像度に左右されない画像リソースで、プロジェクトのリソース管理がすっきりするなどの利点があります。

表2 画像の種類

項目	説明
Launcher Icons	ランチャーに表示されるアイコン
Action Bar and Tab Icons	ツールバーやタブに表示されるアイコン。ボタンにも使用可
Notification Icons	Androidの通知領域に表示されるアイコン

≫ 解像度について（mdpi - xxxhdpi）

前述した「mipmap-＊」ディレクトリの「＊」の部分は、mdpi/hdpi/xhdpi/xxhdpi/xxxhdpiといった名称になります。これらは表3のように一般的な画面密度（Screen density）の分類を表しています。

dpi（dot per inch）は画面密度を表す単位です。この値は、1インチあたりに何個のドットが並ぶのかを表す単位です。調べたい対象の端末がどの解像度に分類されるのかは、ディスプレイの縦横のドット数と画面の実測からおおよそ計算できます。しかし、実際には端末ごとに基本dpi値が定められているので、単純な計算では求められません。レイアウトを作る上では、数あるAndroidデバイスごとの固有のdpiまでを意識する必要はありません。

表3 解像度タイプ

名称	使用されるdpi
ldpi	〜120dpi
mdpi	〜160dpi
hdpi	〜240dpi
xhdpi	〜320dpi
xxhdpi	〜480dpi
xxxhdpi	〜640dpi

≫ Application Idについて

Androidはアプリごとに固有の値、「Application Id」を設定する必要があります。Google Playストアへアプリを公開する際に、世界で唯一の文字列にする必要があるためです。一般的にApplication Idは、逆ドメイン記法を接頭辞にした名前に、アプリ名を付ける方式が推奨されています。例えば会社のドメインが「example.com」で、「HelloMyApp」というアプリをリリースしようと考えている場合、「com.example.hellomyapp」というApplication Idを使うと良いでしょう。ドメインをお持ちでない方は任意の文字列を指定しても良いですが、他人のドメインを接頭辞とするのは避けてください。

Application Idは新規プロジェクトを作成する際に設定しますが、リリース前であれば本実習の手順でいつでも変更できます。ただし一度リリースしてしまうと変更はできません。変更してしまうとGoogle Playストアや端末でも、別アプリとして扱われてしまうためです。

逆にこれを利用して、意図的に次のように別アプリとして取り扱う場合もあります。

1. 有料版と無料版（広告有り）
2. リリース版と開発版
3. 有料通常版と、無料動作確認用バージョン

3はゲームアプリ等で、ユーザーがあらかじめ快適に遊べるかどうか（必要スペックを満たしているか、または機種依存の問題が発生しないかどうか）を確認できるようにしたリリースの例です。工夫して使い分けるようにしましょう。

» Build Variantsについて

Application Idを変更する利点に関して説明しましたが、Android StudioではBuild TypeやFlavorという機能があり、これを使えば簡単にアプリごとに設定をすることが可能です。これらを総合してBuild Variantsと呼びます。Build Variantsは、Build TypeとFlavorで構成されます（図12）。

図12 Build Variantsの構成

Build TypeはDebugビルドとReleaseビルドの使い分けに利用されます。これは、Eclipseや他の統合開発環境でもよく使われているビルドの種別です。

Flavorはアプリの種別です。例えば、広告バージョン、有料バージョン、テストサーバーバージョン、子供向けバージョン、A社またはB社向けバージョンといった分け方をする時に使用できます。

例えば、AとBというFlavorをそれぞれ作成します。Build Typeは標準のまま（DebugとReleaseが存在）とすると、ADebug、ARelease、BDebug、BReleaseの4つが選択できるようになっています（図13）。

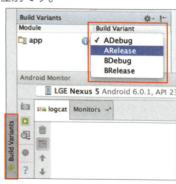

図13 選択可能なBuild Variants

まとめ

- 文字列はstrings.xmlに定義します。
- アプリケーションアイコンはImage Assetを使うと簡単に作成できます。
- アプリにはApplication IdというユニークなIDを設定する必要があります。
- Build VariantsはBuild TypeとFlavorの組み合わせです。

CHAPTER 03　Androidアプリ開発の基本を学ぼう

LESSON 13　アプリの画面を変更する

☐ レッスン終了

アプリの画面にボタンを配置する操作を通じて、レイアウトエディタとJavaエディタの使い方を解説します。

実習　アプリの画面を変更してみよう

1　アプリの設定を変更する

LESSON 07の実習を参考にプロジェクトを作成します。[Shift]キーを2回連続で押して[Search Everywhere]ダイアログを表示します（または、メニューから[Navigate]→[File]を選択し、ファイル検索ダイアログを表示します）。「activity_main」と入力して[Enter]キーを押してください*。「activity_main.xml」というレイアウトリソースファイルが開きます。

*プロジェクト作成時にファイル名を変更していた場合は、このXMLファイルの名前が異なっているので注意してください。

2　レイアウトリソースファイルを編集する

activity_main.xmlが開き、[Design]タブが選択され（図1❶）、編集できる状態になります。この画面を「レイアウトエディタ」と呼びます。まずは、レイアウト内にある「Hello World!」のテキストを削除します。テキストを右クリックして❷、[Delete]を選択します❸。

続けて、画面左側の「Palette」から[Button]を選択し（図2❹）、ドラッグ＆ドロップで画面中央に配置してください❺。

図1 Hello World!の削除

図2 ボタンを配置する

3 変更された内容を確認する

レイアウトエディタの変更内容がレイアウトファイルにどのように反映されているのかを確認するため、画面下部にある[Text]タブをクリックしてください❶。図3のようなXMLファイル編集画面が表示されます。これがレイアウトファイルの中身です。画面を見ると、Buttonをドラッグ＆ドロップしたことで新たなプログラムが追加されていることがわかります❷。

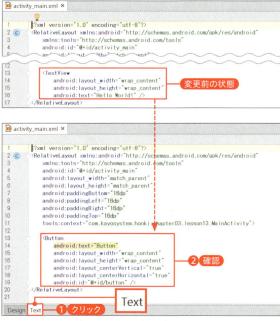
図3 Button要素の記述を確認する

4 Javaファイルを編集する

[Shift]キーを2回連続で押し、[Search Everywhere]ダイアログを表示します（または、メニューから[Navigate]→[File]をクリックし、ファイル検索ダイアログを表示します）。「MainActivity」と入力して[Enter]キーを押してください*。「MainActivity.java」というJavaファイルが開きます。

> *
> プロジェクト作成時にファイル名を変更していた場合は、このJavaファイルの名前が異なっているので注意してください。

5 ボタンの処理を実装する

MainActivity.javaが開き、編集できる状態になりました。この画面を「Javaエディタ」と呼びます。Javaエディタで開いたMainActivity.javaをリスト1のように編集してください*。「R.id.button」という記述に注目してください。このbuttonという名前は、レイアウトリソースファイル内の「android:id="@+id/button"」と関連しています。

> *
> エラーがでる場合は、エラーメッセージの「Install Build Tools 24.0.2 and sync project」をクリックしてComponent Installerからコンポーネントをインストールすると回避できるケースがあります。

リスト1 MainActivity.java

```java
package com.kayosystem.honki.chapter03.lesson13;

import android.support.v7.app.AppCompatActivity;
import android.os.Bundle;
import android.view.View;
import android.widget.Button;
import android.widget.Toast;

public class MainActivity extends AppCompatActivity {

    @Override
    protected void onCreate(Bundle savedInstanceState) {
        super.onCreate(savedInstanceState);
        setContentView(R.layout.activity_main);

        Button button = (Button) findViewById(R.id.button);
        button.setOnClickListener(new View.OnClickListener() {
            @Override
            public void onClick(View view) {
                Toast.makeText(MainActivity.this, R.string.app_name,
Toast.LENGTH_LONG).show();
            }
        });
    }
}
```

6 アプリを実行する

最後にファイルを実行してみましょう。ボタンをタップした時に（図4❶）、トースト（アプリ名が出る）が表示されれば完成です❷。

図4 実行結果

講義　レイアウトエディタについて

≫レイアウトエディタについて

　Androidのレイアウト（図5）はXMLファイルで定義されています。XMLファイルを見て、Webサイトで使うHTMLに似ていると思われた方は多いのではないでしょうか。これはルーツが同じであるためです。XMLファイルは「XML要素＊」と呼ばれる要素を、木構造（ツリー構造）で表現できるようにしたデータ形式です。

＊
HTMLをご存知の方は「XML要素」よりも「XMLタグ」と呼ぶ方がなじみがあるかもしれません。

図5 XMLによって作成されたレイアウトの構成を横から見たイメージ

　Android Studioでは、レイアウトを編集する方法として「デザインビュー」「テキストビュー」の2つの方法が提供されています。デザインビューを使えばパズルを合わせていくような感覚で操作できるため、XMLやプログラムの知識がない人でも十分に編集することができます。

デザインビュー

レイアウトエディタの下部にある[Design]タブをクリックしてみてください。図6のようにアプリ実行時の画面イメージのままレイアウトを編集できます。この画面を「デザインビュー」と呼びます。

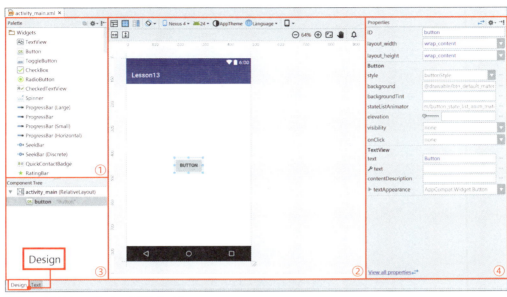

図6 レイアウトエディタのデザインビュー

デザインビューは、パレット（Palette、図6①）、プレビュー（Preview、図6②）、コンポーネントツリー（Component Tree、図6③）、プロパティ（Properties、図6④）から構成されています。基本的には、パレットからButtonなどの項目をドラッグし、プレビュー上にドロップして配置することを繰り返します。隣接していて意図した配置が難しい場合はコンポーネントツリー内で要素をドラッグして順序を入れ替えます。そして最後に、プロパティで色や大きさなどの細かい内容を設定して、レイアウトを完成させるような流れになります。

図7⑤の水色のボタンはブループリントビューです。ブループリントビュー表示はウィジェットのアウトラインと配置のみを表示するモードです。デザインを排除して、配置や使われているウィジェットを確認したい時などに利用します。

図7 ブループリントビュー表示への切り替え

テキストビュー

レイアウトエディタの下部にある[Text]タブをクリックしてみてください。図8のようにXMLファイルを直接編集できる画面に切り替わります。この画面を「テキストビュー」と呼びます。

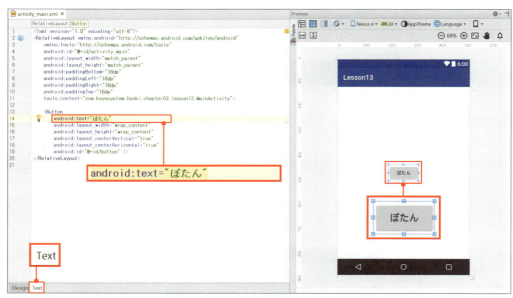

図8 レイアウトエディタのテキストビュー

例えば、ボタンの名前を変更する場合は、「android:text="Button"」と定義されている箇所の「Button」を、別の文字列にします。すぐにプレビューに反映され、編集結果を確認することができます。

筆者は、全体のレイアウトの配置だけをデザインビューで行い、細かいプロパティの設定や調整をテキストビューで行っています。慣れるとこの方が速いからです。適材適所、使い分けるようにしてみましょう。

≫ XMLについて

本書では解説の都合上、テキストビューを直接編集することが多くなるので、XMLについて簡単に解説しておきます（表1、図9）。

表1 XMLの名称解説

名称	解説
要素（図9①）	XMLの基本単位。XMLでは、この「要素」が階層構造になっている
タグ名（図9②）	要素の名前。通常開始タグと終了タグを1セットとして、要素と呼ぶ。このButton要素は特別で、開始タグの最後に / が付いているので、開始タグと終了タグが1つになった「空要素タグ」である

（続き）

名称	解説
属性（図9③）	要素を説明するもの。例えば、Button要素に設定されているテキスト（android:text）は、"Button"であることを示す。左辺（＝から左側）を、「属性名（単に属性と呼ぶことが多い）」、右辺を「属性値（単に値と呼ぶことが多い）」と呼ぶ
XML宣言（図9④）	このファイルがXML形式で書かれたファイルであることを明示するためのもの。原則ファイルの先頭に書く必要があり、XML宣言の前には文字を書くことは一切許されない（BOMや空白文字も許されない）
XML名前空間の宣言（図9⑤）	その属性が、どういうグループなのかを説明するもの。この宣言は一切変更しないようにすること。名前空間を変更することは可能だが、ツールの不具合を呼ぶ可能性がある

```xml
1  <?xml version="1.0" encoding="utf-8"?>                              ④
2  <RelativeLayout xmlns:android="http://schemas.android.com/apk/res/android"
3      xmlns:tools="http://schemas.android.com/tools"                  ⑤
4      android:id="@+id/activity_main"
5      android:layout_width="match_parent"
6      android:layout_height="match_parent"
7      android:paddingBottom="16dp"
8      android:paddingLeft="16dp"
9      android:paddingRight="16dp"
10     android:paddingTop="16dp"
11     tools:context="com.kayosystem.honki.chapter03.lesson13.MainActivity">
12
13     <Button                            ②
14         android:text="Button"
15         android:layout_width="wrap_content"           ③
16         android:layout_height="wrap_content"                         ①
17         android:layout_centerVertical="true"
18         android:layout_centerHorizontal="true"
19         android:id="@+id/button" />
20  </RelativeLayout>
```

図9 XMLの各名称

図9のXMLファイルからは下記の構造が読み取れます。

- このXMLには要素が2つある
  （RelativeLayout要素、Button要素の2つ）
- 2つの要素は親子関係にある
  （Button要素の親はRelativeLayout要素。
  逆に、RelativeLayout要素の子はButton要素）
- 2つの要素には、それぞれ属性と属性値が定義されている
  （例えばandroid:text属性には、Buttonという値が設定されている）
- androidとtoolsという2つのXML名前空間が定義されている

XMLの仕様はもっと複雑ですが、Androidアプリを作る際にはこれ以上の内容はでてきません。「要素」と「属性」の2つをしっかり覚えておきましょう。

» Javaエディタについて

省略マークについて

Javaエディタを開くと、いくつか見慣れないマークがあります。例えば図10①や図11②はコードを1つの領域として分けて、折りたためる箇所を表すマークです。田は省略された状態で、田は展開された状態を意味します。

```
16      Button button = (Button) findViewById(R.id.button);
17      button.setOnClickListener((view) → {
20          Toast.makeText(MainActivity.this, R.string.app_name, Toast.LENGTH_LONG).show();
21      });
```

図10 省略時

```
16      Button button = (Button) findViewById(R.id.button);
17      button.setOnClickListener(new View.OnClickListener() {
18          @Override
19          public void onClick(View view) {
20              Toast.makeText(MainActivity.this, R.string.app_name, Toast.LENGTH_LONG).show();
21          }
22      });
```

図11 展開時

Quick Fixとショートカットを使った入力補完

Android Studioには、とても優秀な入力補完が用意されています。リスト2のプログラムを例に、ショートカットキーを駆使しながら入力してみましょう。プログラミングの効率がとても上がるので、ぜひ覚えてください。

リスト2 レイアウトからボタンを呼び出すコード

```
Button button = (Button) findViewById(R.id.button);
```

まず、「find」と入力します。すると、図12のように自動的にfindから始まるメソッドが表示されます（この機能を入力補完と呼びます）。誤って別のところをクリックするなどで非表示になった場合は、「d」の後にテキストカーソルを合わせて、[Ctrl]+[Space]キーを押すと再表示できます。上下キーで選択してクリックすると、選択したメソッドが入力できます。

図12 findViewByIdメソッドの入力補完

続けて、ツールチップが表示され、その中に入力すべき引数が表示されています（図13）。ツールチップが非表示になった場合は、[Ctrl]+[P]キーで再表示できます。ここで、続けて補完される内容を確認しながら、「findViewById(R.id.button)」まで入力してください。

図13 引数の表示

　入力が完了すると、文末にセミコロンはなく、カーソルは閉じ括弧の前にある状態になります。ここで[Alt]+[Ctrl]+[V]キーを押します。範囲が選択できるので、[findViewById(...)]を選択して（図14）、[Enter]キーを押すと、左辺が補完されます。補完後は変数名を入力できるので、「button」と入力して[Enter]キーを押します（図15）。

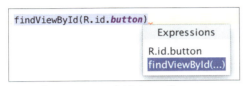

図14 [Expressions]ダイアログ

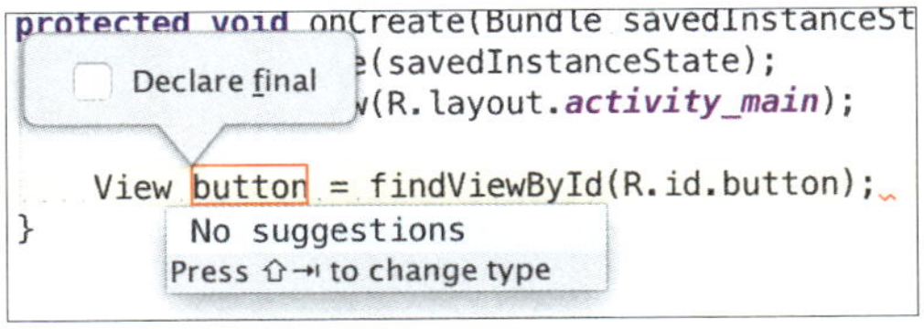

図15 補完後

　続けて、文頭の「View」を「Button」に変更しましょう。カーソルを行頭に移動する際は[Home]キーが便利です。また、単語単位でテキストを選択する[Shift]+[Ctrl]+[→]キーも慣れると便利でしょう。マウス操作であれば「View」の文字をダブルクリックするのが効率的です。

　変更すると、「Button」の型が「android.widget.Button」なのかどうかを問うツールチップが表示されます（図16）。ここで[Alt]+[Enter]キーを押すと、import文が挿入されます。もしツールチップが出ない場合は、すでにimport文が挿入されている場合があります。

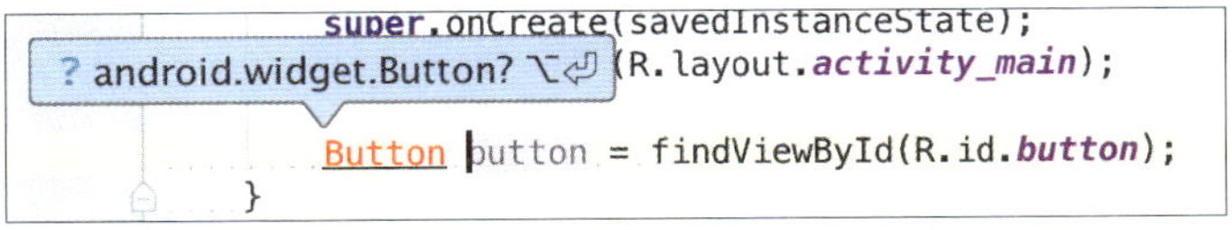

図16 型をButtonに変更

　まだエラーが出ています。左辺がButton型で変数を宣言しているのに、findViewByIdはView型の戻り値を返すためです。ここでキャストを行わないといけないのですが、Quick Fixの機能を使うと簡単にキャストが可能です。[Alt]+[Enter]キーを使ってダイアログを表示して、[Cast to 'android.widget.Button']を選択すると、自動的に補完されます（図17）。

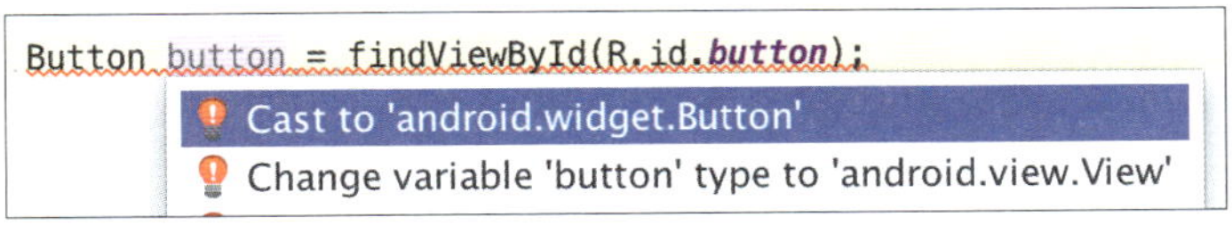

図17 Quick Fixを使ってキャストする

これで文字をすべて打ち込むことなく目的のプログラムを入力することができました。今回はかなり多くのショートカットを使ってみましたので、なかなか覚えきれないと思いますが、Quick Fixとメソッドの補完はよく使うのでおさえておきましょう。

> **まとめ**
> - アプリの画面は、XMLで書かれたレイアウトリソースファイルによってデザインできます。
> - レイアウトリソースファイルは、レイアウトエディタで編集できます。
> - レイアウトエディタには、実行画面を見ながら編集できるデザインビューと、直接XMLを編集できるテキストビューがあります。
> - JavaエディタはAndroidアプリ開発がしやすい高機能なエディタです。
> - Javaエディタにはたくさんのショートカットがあります。よく使うものから覚えていくと良いでしょう。

CHAPTER 03　Androidアプリ開発の基本を学ぼう

LESSON 14

Android Studioのログを確認する

☐ レッスン終了

ログは、アプリにエラーが発生した際に、エラー内容を解析するための命綱です。ここでは、ビルドのエラーや実行時のエラーなど、期待した動作にならない場合の確認方法を解説します。

実習　ログを出力してみよう

1　ログを出力するプログラムを記述する

ログは、プログラムから出力することができます。LESSON 13で作成したプロジェクトを少し変更して、ボタンを押すとログを出力するようにしてみましょう。LESSON 13の実習の手順 4 を参考にMainActivity.javaを開き、リスト1のように編集してください。

リスト1 MainActivity.java

```java
package com.kayosystem.honki.chapter03.lesson13;

(中略)
import android.util.Log;

public class MainActivity extends AppCompatActivity {

    @Override
    protected void onCreate(Bundle savedInstanceState) {
        super.onCreate(savedInstanceState);
        setContentView(R.layout.activity_main);

        Button button = (Button) findViewById(R.id.button);
        button.setOnClickListener(new View.OnClickListener() {
            @Override
            public void onClick(View view) {
                Toast.makeText(MainActivity.this, R.string.app_name, ↵
Toast. LENGTH_LONG).show();
```

```java
        // ログを出力する
        Log.v("MyAppTag", "VERBOSE");
        Log.d("MyAppTag", "DEBUG");
        Log.i("MyAppTag", "INFO");
        Log.w("MyAppTag", "WARN");
        Log.e("MyAppTag", "ERROR");

        // わざとアプリをクラッシュさせる
        Button nullButton = null;
        while (true) nullButton.setText("");
        }
    });
  }
}
```

2 Androidアプリのログを確認する

実機をPCに接続してください。実機をお持ちでない場合は、エミュレータを立ち上げてください（LESSON 08参照）。その後、リスト1のプログラムを実機（LESSON 10参照）またはエミュレータ上（LESSON 09参照）で実行します。

続いてAndroid Studioの画面下部にある情報表示ペインから[6:Android Monitor]タブをクリックして（図1❶）、[Android Monitor]ペインを表示します*1。左上に端末の名前が表示されていることを確認します❷。

*1 メニューから[View]→[Tool Windows]→[Android Monitor]を選択しても同様の操作が行えます。

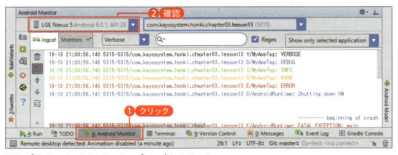

図1 [6:Android Monitor]タブをクリック

この状態で、端末にて実行中のアプリ上のボタンをクリックしてください。すると、アプリがクラッシュするとともに（図2❸）、[logcat]上にログが出力されます（図3❹）。ログが流れすぎていて内容を確認できない場合は、Android Monitor右上のドロップダウンリストから[Show only selected application]を選択してみてください❺*2。

*2 それでも出ていない場合は、Filterに何か入力されている可能性がありますので、確認してみてください（筆者はよく空白文字を入力してしまっていることがあります）。

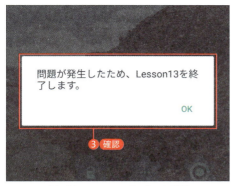

図2 アプリがクラッシュした時の画面

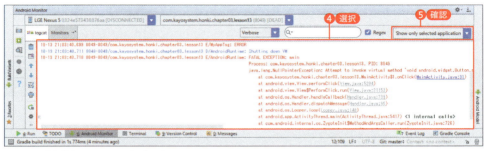

図3 アプリがクラッシュした時のlogcat

3 ビルドエラーを出力する

Android Studioには、アプリからではなく「Android Studioから出力されるログ」が表示されるペインがあります。これは例えばコンパイルエラーを出してみるのがわかりやすいです。図4のように、先ほど書いたプログラムの中で「;」を1つ削除して❶、メニューバーから[Build]❷→[Make Project]❸を選択し、ビルド*してみましょう。

* ビルドとは、プログラムから実行可能なファイル、またはシステムから参照可能なファイルを作成する作業のことです。

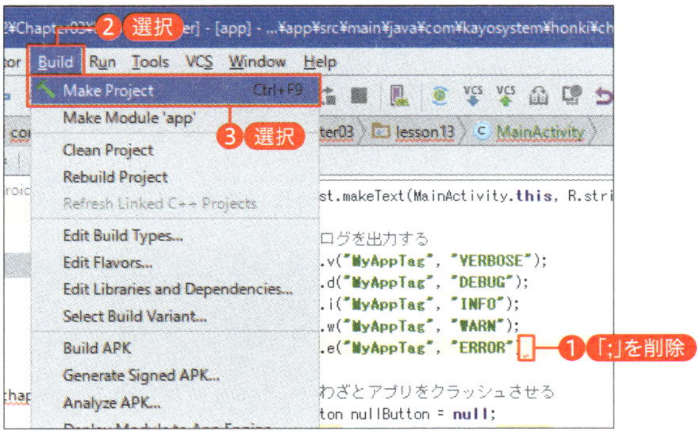

図4 わざとエラーを起こしてビルドする

4 ビルドエラーを確認する

[0:Messages]タブをクリックします(図5❶)*。ビルドすると、[Messages]ペインが開き、その中にエラー内容が表示されていることが確認できます❷。

> * 標準では、Android Studio下部に配置されています。もし[0:Messages]タブが見つからない場合は、メニューバーの[View]→[Tool Windows]→[Messages]を選択してください。

図5 ビルド時のコンパイルエラー表示

講義　ログの確認方法を解説

≫[Android Monitor]ペインについて

　[Android Monitor]ペインでは、実行中のAndroidアプリについての情報を確認できます(実習の図1)。このペイン内の[logcat]内には、Androidから出力されるログが表示され、[Monitors]内ではアプリがどれくらいCPUやメモリなどのリソースを使用しているのかを確認ができます。[Monitors]に関してはメモリリークを見つける際やアプリをチューニングする際に必要となってきますが、本LESSONでは説明を割愛します。

　さて、アプリ開発の際に、クラッシュした場所がひと目でわかるログは非常に重要です。プログラム内からログを出力しておくと、プログラムがどの順序で実行されているのか、また、記述したプログラムがきちんと実行されているのかを確認する場合などに有用です。

　ログはプログラムから自由に出力することが可能です。メッセージはアプリ開発者が自由に設定することができ、深刻度の度合いごとに使い分けるように推奨されています(表1)。

表1 ログの種類

ログのタグ	プログラムでの記述	説明
VERBOSE	Log.v(…)	冗長
DEBUG	Log.d(…)	デバッグ*
INFO	Log.i(…)	情報
WARN	Log.w(…)	警告
ERROR	Log.e(…)	エラー

＊ デバッグとは、プログラムのバグを探し修正する作業のことです。

VERBOSEとDEBUGに関しては、開発時のみ出力することをGoogleは推奨しています。通常、無視して良いようなログに関してはVERBOSEを、プログラムが実行されたことを明示したい場合はDEBUGを使用しましょう。例えば筆者の場合は、Activityのライフサイクルのチェックに VERBOSEを使うことがあります。DEBUGは、ネットワーク通信後の結果を受け取ったタイミングで出力したりします。

　INFOから下の項目は、リリースしたアプリでもログとして残す必要のあるものを表示します。バックグラウンド処理の状況通知、ネットワークの通信エラー、プログラムの実行には成功したが何かの理由でベストな動作ができなかった場合、端末側の制限がある場合（例えば位置測位するタイミングでGPSがオフ）などが考えられます。状況に応じてわかりやすく使い分けましょう。

ログの色を変更する

　必須ではありませんが、Android Studioのlogcatはどのレベルも似たような色で出力されるので、非常に見難いです。そのため、色分けを変更しておくことをおすすめします。メニューから［File］→［Settings］を選択して［Settings］ダイアログを表示します。［Editor］→［Colors & Fonts］→［Android Logcat］（図6①）を選択します。

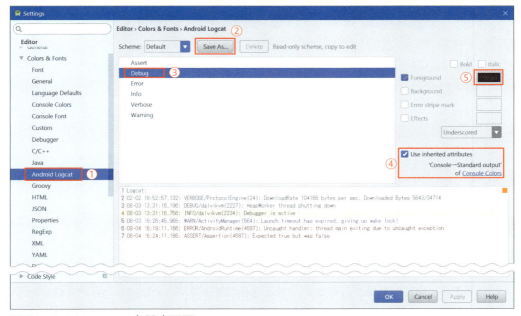

図6 Android Logcatの色設定画面

　まず、色を変える前にこれから変更する色セットの名前を付ける必要があります。［Save As］ボタンをクリックし（図6②）、任意の名前を入力します。ここでは「MyScheme」としました。

次に、各ログレベルごとに色を割り当てます。まずは[Debug]を選択します（図6③）。[Use inherited attributes]のチェックを外し（図6④）、「Foreground」欄の右側にある色の付いた矩形をクリックします（図6⑤）。[Select Color]ダイアログが開くので、個々に16進数色コードを入力するか、独自に色を選び、[Choose]ボタンをクリックすると色の設定は完了です。これを、他のログレベルに対しても行います。筆者は表2のように色を設定しています（図7）。

表2 Logcatのカスタマイズ例

ログレベル	16進数色コード
Verbose	#000000
Debug	#3261AB
Info	#23AC0E
Warning	#EDAD0B
Error	#C7243A
Assert	#B61972

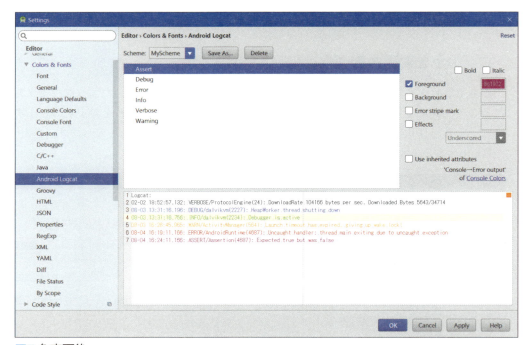

図7 色変更後

»[Messages]ペインについて

開発時には、アプリを実行するよりも前に、Androidアプリのファイル（apkファイル）を作成するのに多くの準備が必要です。その準備が整っていない時に表示されるのが「ビルドエラー」です。その中で一番経験することが多いのが、プログラムの書き間違いによって発生する「コンパイルエラー」でしょう。Android Studioが出したこれらのエラーを含むログを、この[Messages]ペインから確認できます。

図8は正常にビルドが終了した際に表示されるログです。メッセージの最後に「BUILD SUCCESSFUL」と表示されています。このメッセージが表示されていれば、アプリのビル

ドは無事に完了したと考えて良いでしょう。

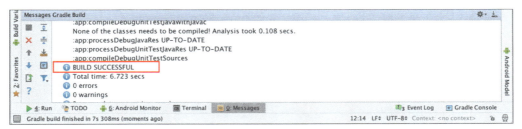

図8 ビルド成功ログ

一方、エラーの場合は図9のようなログが出力されます。メッセージの最後に「BUILD FAILED」と表示されています。また、エラーがあると思われる場所が🛑マークで示されています。ここでエラーの表示箇所をダブルクリックすると、コンパイルエラーの場合は自動的に問題のあるプログラム部分を表示してくれます。

図9 ビルド失敗ログ

エラー箇所を見ると、文末のセミコロンが消えていることがわかります。このエラーは、わざわざビルドをしなくても入力中に気づくレベルでしたが、エラーの種類によっては入力中にわからないものもあります。「どうして実行ボタンをクリックしたのにアプリが起動しないのだろう？」と思う時は、まずエラーメッセージを見てください。ほとんどの場合、ログを見ることで原因を知ることができます。

まとめ

- アプリの実行時エラーはLogCatで確認できます。
- ビルドのエラーは[Messages]ペインで確認できます。

CHAPTER 03　Androidアプリ開発の基本を学ぼう

LESSON 15 Androidアプリのデバッグを行う

☐ レッスン終了

アプリが期待した通りに動かない場合、原因を調べるためのデバッグ方法を解説します。

実習　アプリをデバッグしよう

1 ブレークポイントを設定する

デバッグするにはまずブレークポイントを設定する必要があります。ここでは、LESSON 14で作成したプロジェクトにブレークポイントを設定します。LESSON 13の実習の手順 **4** を参考にMainActivity.javaを開き、26行目の行数が書かれている少し右側をクリックしてみましょう。図1 **①** のように赤い丸が表示されるはずです。その後ツールバーにある ボタンをクリックしてください **②** 。

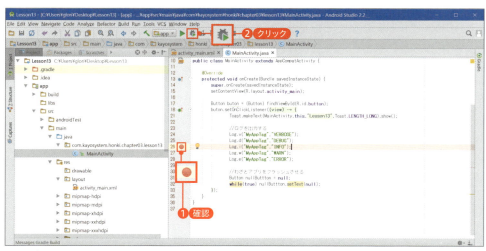

図1 ブレークポイント設定後

2 デバッグモードでアプリを起動する

アプリが実行され、端末の画面には図2のようなデバイスと接続する画面が数秒表示されます。これは、デバッグモードでアプリを起動した時に表示される画面です。接続が

完了すると通常通りアプリが実行されます。

図2 デバッガに接続中

3 ブレークポイントでアプリが停止したことを確認する

端末でアプリ内のボタンをクリックします。すると、先ほど設定したブレークポイントの箇所でプログラムが一時停止します（図3❶）。一時停止すると情報表示ペインが[Debugger]タブに自動で切り替わります❷。

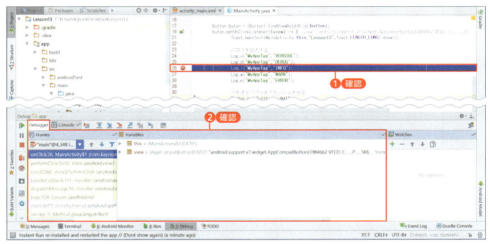
図3 ブレークポイントで停止した時の表示

4 ステップ実行する

[Debugger]タブの右側に並ぶツールから ボタンをクリックしてください（図4❶）。プログラムがステップ実行（1行ずつ実行）され、次の行に移動します❷。

図4 ステップ実行

5 変数の値を確認

値を見たい変数にマウスカーソルを当ててください。変数の値がバルーン表示されます（図5）。

図5 変数の値がバルーン表示される

6 プログラムの続行

プログラムを再開させましょう。■ボタンをクリックして、プログラムが強制終了するところまで確認してください。

講義　アプリのデバッグについて

» Android Studioのデバッグ機能について

　デバッグ機能を使えば、ブレークポイントを設定した任意の箇所にてプログラムを一時停止し、動作中のプログラムの状態を確認することができます。

　開発中は、ある特定の操作をした時だけアプリが落ちたりと、意図していない動作をしてしまうものです。そういったバグを修正する時は、落ちる寸前の箇所や、原因となり得る箇所でプログラムを止めて、変数の値を確認したくなります。デバッグ実行は、これを可能にします。筆者はよく、サーバーから取得したデータが正しいものかどうかを検証する際に使用しています。

　デバッグ実行する方法は、いくつかあります。1つが実習で学んだ方法、もう1つはアプリの実行中にデバッガをアタッチ*する方法です。

　やり方は簡単で、Androidアプリを実行中にAndroid Studioのツールバーから■ボタンをクリックするだけです（図6）。

図6 デバッガのアタッチを行うボタン

> ＊
> アタッチとは、取り付けるといった意味を持つ言葉で、ここではデバッガ（プログラムのバグの発見や修正を支援するソフトウェア）が実行中のプログラムを監視・制御できるようにすることを指します。

アタッチしたプロセスを選択する［Choose Process］ダイアログが表示されるので（図7）、接続したいアプリを選択して［OK］ボタンをクリックすると、デバッグ接続が完了します。

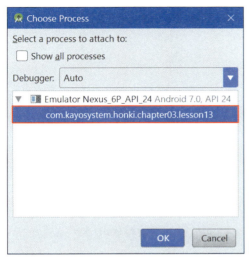

図7 ［Choose Process］ダイアログ

» プログラムのデバッグ

デバッガをアプリにアタッチしている状態で、アプリを実行して、プログラムがブレークポイントの設定されている行を実行しようとすると、ブレークポイントの行を実行する直前で停止し、操作待ちの状態になります（図8）。この状態であれば、実際のプログラム上の変数の値を見たり、変更したりすることができます。

図8 ブレークポイントで停止した状態の［Debug］ペイン

画面左端のツールバーには、デバッグの状態を変更できるボタンが並んでいます。よく使用するものを表1に示します。

表1 デバッグ中によく使用するボタン

アイコン	名称	説明
▶	再開	現在停止している箇所から実行を再開
■	停止	デバッガを停止する（アプリが停止するわけではな）
📋	ブレークポイントの表示	設定しているブレークポイントの一覧を表示する
🚫	ブレークポイントで停止しない	設定しているすべてのブレークポイントにて、プログラムが停止しないようにする
⤓	ステップオーバー	次の行へ移動する
⤋	ステップイン	実行しようとしている関数の中に入る
⤴	ステップアウト	実行中の関数内のプログラムをすべて実行し、その関数の呼び元へ戻る
▶≡	実行位置の表示	別のファイルを開いていても、現在停止している行を表示する
🗒	式の実行	プログラムを停止しているところで任意のプログラムを実行する（後述）

≫アプリの実行中に任意のプログラムを実行する

　デバッガには、アプリの実行中に任意のプログラムを差し込むことが可能です。任意のプログラムを差し込むと聞くと、ちょっとハッキングのようですが、リリースビルドしたアプリではデバッガがアタッチできないようになっているので問題ありません。

　この機能を使うには、まずデバッグ実行して、任意のブレークポイントの場所で処理を停止させます。ここでは、アプリをクラッシュさせるプログラムを削除したあと、適当なところで停止させました。ここで、🗒ボタンをクリックします（図9）。

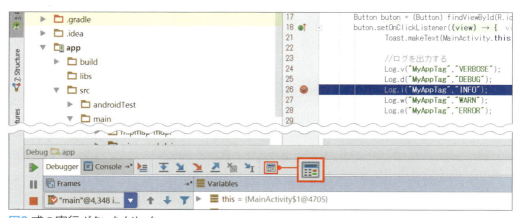

図9 式の実行ボタンをクリック

ここで、ボタンを非表示にするプログラムを入力します（リスト1）。

リスト1 クリックしたボタンを非表示にする

```
view.setVisibility(View.GONE)
```

図10 実行後

　戻り値がvoidなので、結果（Result）のところに「undefined」と書かれています。ここではこの結果は正常です（図10）。その後、▶ボタンをクリックすると、画面が再描画され、ボタンが非表示になれば成功です。

　その場で変数を書き換えたり、挙動を変えたりできるので、プログラムを実行し直すのが面倒であったり、それが難しい場合はとても有用です。まれにコンパイラの最適化による影響で、変数がうまく変更できないことがありますが、ほとんどの場合は使用できます。ぜひ覚えておきましょう。

まとめ

- アプリが実行しているデバイス（実機またはエミュレータ）のプロセスにアタッチすることでデバッグが可能になります。
- アタッチ方法は、起動すると同時にアタッチする方法と、起動してからアタッチする方法の2種類があります。
- プロセスにアタッチしている状態ではプログラムを一時停止したり、ステップ実行したり、実行中の変数を確認したりということが可能になります。

練習問題

練習問題を通じてこのCHAPTERで学んだ内容の確認をしましょう。解答は「kaitou.pdf」（Webからダウンロード）を参照してください。

次の表の①～④に正しい言葉や数値を入れて表を完成させなさい。

解像度タイプ

項目	説明
[①]	dpi値160の中解像度画面
hdpi	dpi値[②]の高解像度画面
xhdpi	dpi値[③]の超高解像度画面
[④]	dpi値480の超高解像度よりもさらに高解像度画面

次のXMLについて書かれている文章が正しければ○を、間違っていれば×をつけなさい。

① XMLとは「Extensible Markup Language」の略称である。[　]
② XMLファイルの拡張子は「.eml」である。[　]
③ XMLファイルは「タグ」と呼ばれる名前と値を持つデータで構成される。[　]
④ XMLファイルはAndroidアプリのレイアウトを定義するものである。[　]

Android Studioのログ種別とその意味を正しい組み合せになるように線で結びなさい。

W(WARN)　　　・　　　　・エラー
D(DEBUG)　　 ・　　　　・情報
E(ERROR)　　 ・　　　　・デバッグ
I(INFO)　　　 ・　　　　・動作ログなどの冗長なメッセージ
V(VERBOSE)・　　　　・警告

CHAPTER 04

Androidアプリのウィジェットに慣れよう

本章は、Androidアプリに使う部品(ウィジェットやレイアウト、コンテナ)にどのようなものがあるのかを知ることが目的です。
そのため、一度動くものを触り、それからどうやって使うのか、また画面に配置する方法等を学習します。

CHAPTER 04　Androidアプリのウィジェットに慣れよう

LESSON 16　標準のウィジェットを使う

□ レッスン終了　　サンプルファイル　Chapter04 > Lesson16 > before

ここでは、Androidアプリ開発の基礎を学ぶために、サンプルアプリを参考にAndroid Studioで標準使用できるウィジェットの種類とその動作を確認してみましょう。

TextViewウィジェット

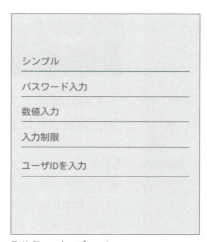

EditTextウィジェット

実習　いろいろなウィジェットに触れてみよう

1　サンプルプロジェクトをインポートする

サンプルプロジェクト「Chapter04/Lesson16/before」をインポートします。[Welcome to Android Studio]画面から[Import project(Eclipse ADT, Gradle,etc.)]を選択します（図1❶）。[ファイル選択]ダイアログが表示されるので、インポートしたいプロジェクトのフォルダ（Lesson16/before）を選択して（図2❷）、[OK]ボタンをクリックします❸。

図1 [Welcome to Android Studio] 画面

図2 サンプルプロジェクトの選択

選択したプロジェクトのフォルダがAndroid Studioのプロジェクトであれば、プロジェクトが読み込まれて図3の画面が表示されます。プロジェクトペインで[Android]を[Project]に変更します❹（以降、この手順は、各LESSON共通の手順として省略）。

図3 プロジェクトを開き、[Android]から[Project]に変更

2 プロジェクトを実行する

エミュレータを起動、あるいは実機を接続した状態でツールバーの[実行]ボタンをクリックしてください（図4❶）。プロジェクトがビルド[*1]され、実行するデバイスの選択画面が表示されます（図5）[*2]。

図5のダイアログが表示されたら、アプリを実行したいデバイスを選択して❷、[OK]ボタンをクリックします❸。サンプルアプリが実行されて図6の画面が表示されます。これは、Android Studioで標準使用できるウィジェットのリストと各ウィジェットの動作を確認するためのサンプルアプリです。

図4 ツールバーの[実行]ボタンをクリック

*1
ビルドとコンパイルはプログラムを変換するという意味では似ていますが、コンパイルはコンピュータにわかる言語に変換する処理で、ビルドはそれらを基に実行可能なファイルを作成することです。

*2
図5の画面が表示されない場合は、環境設定に問題がある可能性があります。LESSON06に戻って問題がないかを調べてください。

図5 [Select Deployment Target]ダイアログ

図6 アプリの実行結果

3 TextViewを実行する

図6の実行結果には、リストが表示されています。試しに、リストの一番上にある「TextView」をクリックしてみましょう。図7のような画面が表示されます。TextViewは文字列の大きさやフォントなどを変更できるウィジェットです。画面とソースコードを比較して、動作を確認してみてください。

レイアウトファイル
app/src/main/res/layout/fragment_text_view.xml

サンプルプログラム
app/src/main/java/com.kayosystem.honki.chapter04.lesson16/fragment/TextViewFragment.java

図7 「TextView」の実行結果

4 EditTextを実行する

続けて、リストの上から2番目にある「EditText」をクリックしてみましょう。図8のような画面が表示されます。色の異なるアンダーラインが表示されている箇所（「シンプル」部分）が、現在フォーカス（選択）されている「EditText」です。シンプル部分をクリックして、実際に文字を入力してみましょう。また、その他の部分にも文字を入力してみてください。EditTextにはそれぞれ入力モードが設定されているので、各部分でソフトウェアキーボードの種類が変わるはずです。こちらも画面とソースコードを比較して、動作を確認しておきましょう。

図8 「EditText」の実行結果

レイアウトファイル
app/src/main/res/layout/fragment_edit_text.xml

サンプルプログラム
app/src/main/java/com.kayosystem.honki.chapter04.lesson16/fragment/
EditTextFragment.java

5 他のウィジェットも触ってみよう

本書のサンプルプロジェクト＊には、いろいろなウィジェットのサンプルがあります。それぞれ実際に触ってみて、どのような動作をするのか、またどのようなことができるのかを確かめてください。

ソースコードに関しては各ウィジェット名でレイアウトファイル、Javaプログラムファイルがあるので見比べて確認してみましょう。

＊
サンプルプロジェクトとは、LESSON 02で解説しているサンプルコードに含まれている Android Studio Projectです。

講義 ウィジェットの解説

≫ウィジェットについて

　Androidのユーザーインターフェース(UI)は「ウィジェット」と呼ばれる部品で構成されます。ウィジェットというと、Androidを使ったことがある人はホーム画面に配置される時計やカレンダーのようなものを連想される方も多いと思いますが、Androidアプリ開発ではこれを「AppWidget(エーピーピーウィジェット)」と呼びます。ここで解説しているウィジェットは、「画面にユーザー入力を受け付けるUIを有し、それらに対するインプットを適切に処理できるコンポーネント」のことを指します。すべてのウィジェットはViewクラスを継承しており、かつWidgetが「ウィジェット」と呼ばれることが多いため、AppWidgetは「ビュー」と呼ばれることが多いです。もっと具体的にいうと、Android SDKに含まれるViewクラス[1]を継承[2]したクラスです。

　Android SDKにはViewクラスを継承したさまざまなウィジェットがあります。Androidアプリ開発ではこれらの部品を駆使してアプリ画面を作成し、時には独自のウィジェットを作成したり、標準のウィジェットをカスタマイズしたりするなどして柔軟なアプリ開発を行うことができます。

[1]
Viewクラスはすべてのウィジェットの基礎となるクラスです。多くのビューにて共通する機能を兼ね揃えています。

[2]
継承とはJavaなどオブジェクト指向を構成する概念の1つです。詳細はJavaの入門書で確認してください。

≫ウィジェットの使い方

Android SDKには使いやすいウィジェットがたくさん用意されています。これらはレイアウトエディタのランチャーメニューにもあらかじめ登録されており、ドラッグ＆ドロップで簡単に配置できます（図9）。また、XMLエディタ上で直接タグを入力する場合でも入力補完機能が働き、入力しやすいです。

リスト1は、実際にレイアウトエディタに配置されたTextViewのタグです。「TextView」というタグ名で配置されています。

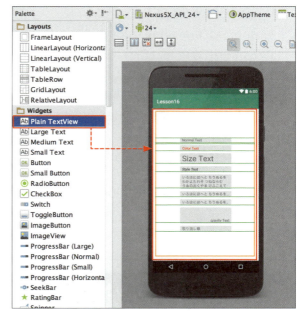

図9 ウィジェットの配置

リスト1 TextViewの記述の例

```
<TextView
    android:id="@+id/textNormal"
    android:layout_width="wrap_content"
    android:layout_height="wrap_content"
    android:text="Normal Text"/>
```

タグ名にはウィジェットのJavaのクラス名を設定します。そのため、正式にはリスト2のように「android.widget.TextView」とクラス名を記述するのが正しいのですが、Android SDKにあらかじめ含まれている標準のウィジェットに限りパッケージ名「android.widget」を省略してタグ名を記述できます。逆にいうと、独自に作成したウィジェットを使う場合は、このタグ名はパッケージ名を含むクラス名にしなければなりません。

リスト2 android.widget.TextViewの記述の例

```
<android.widget.TextView
    android:id="@+id/textNormal"
    android:layout_width="wrap_content"
    android:layout_height="wrap_content"
    android:text="Normal Text"/>
```

≫ウィジェットの種類

ここでは、前述したTextViewやEditTextをはじめ、Android Studio標準のウィジェットについて解説します（表1）。各ウィジェットには、インターネットで公開されている公式の解説（英語）もありますので、詳細な情報はこちらから得ることも可能です。

インターネット上のAPIリファレンス
URL https://developer.android.com/reference/android/widget/package-summary.html

本サンプルに含めている各ウィジェットのレイアウトファイルとJavaファイルは下記のファイル名で作成しています。ウィジェット名でどのファイルを参照するか判断するようにしてください。

サンプルレイアウト
app/src/main/res/layout/fragment_<ウィジェット名>.xml

サンプルプログラム
app/src/main/java/com.kayosystem.honki.chapter04.lesson16/fragment/<ウィジェット名>Fragment.java

表1 ウィジェットの種類

ウィジェット名	説明
TextView	画面に文字列を表示するためのウィジェット。文字の大きさやフォントなどを変更でき、簡易的なHTMLを表示することもできる。また、一部の文字列の色を変更したり、スタイルを変更したりなど、文字列の装飾もできる。TextViewは「文字列を表示する」という基本的な機能を持つため、後述のButtonやEditTextといったその他のウィジェットの親クラスにもなっている
EditText	ソフトウェアキーボードと連動し、画面に文字列を表示するウィジェット。基本的には編集可能なTextViewであるが、独自の機能として入力された文字列の選択機能を持っている
Button	クリックなどの操作に応じた処理を実装できるウィジェット。このように書くと特殊な機能を持つウィジェットという印象だが、クリック処理自体はTextViewでも実装できるため、実際には標準でButtonの外観を備えるTextViewになる
CheckBox	事前に定義された選択肢の中からいくつかを選択するといったUIを作りたい場合に使うウィジェット。チェックが入っているか、入っていないかの状態を取得できる。似たクラスとして、後述するRadioButtonやSwitch、ToggleButtonなどがある
RadioButton	事前に定義された選択肢の中から1つだけを選択するようなUIを作りたい場合に使うButtonウィジェット。実際にはこれとは別にRadioGroupクラスと併用する。選択を表すCheckBoxと異なり、状態が変わらない場合は選択処理が実行されないため、単純に選択するだけのUIには適していない
ToggleButton	「On」と「Off」のような2つの状態を表すのに適したButtonウィジェット。機能はCheckBoxに類似しているが、OnとOffの状態を表す画像がCheckBoxよりリッチになっている。また、画像上にOnとOffの文字列を設定できる

（続き）

ウィジェット名	説明
Switch	2つの状態を表すことができるウィジェット。タップあるいはスライド操作により「On」と「Off」を切り替えることができる。SwitchはAndroid 4.0から新しく追加されたウィジェットで、基本的な機能はToggleButtonと同じである
ImageButton	画像をアイコンのように設定できるウィジェット。名前に「Button」と付いていることから基本的な機能はButtonと同じと思われがちだが、ImageButtonの親クラスは後述するImageViewである。そのため、ImageButtonをButtonにキャスト（型変換）することはできない。またButtonのようにボタン名として文字列を設定することもできない。文字列の代わりに画像を設定できるButtonウィジェットと考えた方がしっくりくるだろう。サンプルでは、ImageButtonに画像を設定する際に指定できる画像のスケールタイプを設定している。設定するImageが領域からはみ出たりサイズがフィットしない場合に、どのように設定するかを示す種別である。詳しくは後述の「ImageView、ImageButtonのスケールタイプ」を参照してほしい
ImageView	画像を表示するウィジェット。画像を表示するだけならViewのsetBackgroundメソドや属性android:background 属性で設定することでもできるが、ImageViewの場合はそれとは別にandroid:src属性により画像を設定する。表示領域に合わせて画像の大きさを変更するスケールタイプを設定できる。スケールタイプについては後述の「ImageView、ImageButtonのスケールタイプ」を参照してほしい。サンプルでは、ImageViewに設定できるColorFilterを用いて色をグレースケールに設定したり、RGBの各色で作成したカラーフィルターを設定したりしている
ProgressBar	「処理がどこまで進んでいるのか」をインジケータで視覚的に表示するウィジェット。表示スタイルには、あらかじめ決められた最大値に対する進捗度を表すスタイルと最大値が不特定で現在処理中であるかどうかのみを表すスタイルの2つがある。ProgressBarを使う場合は、バッファリングなどの2次的な値を設定することもできる
SeekBar	ドラッグ可能なつまみとProgressBarを組み合わせた複合ウィジェット。基本的な振る舞いはProgressBarと同じだが、つまみの部分の画像に合わせて進捗バーの画像のオフセットも変更しているため、背景画像やつまみ部分の画像を変更する場合はこれを考慮する必要がある
RatingBar	レーティング（評価）の設定に適したウィジェット。デフォルトのRatingBarはタップによる変更が可能だが、表示用のスタイルとして準備されている属性値「?android:attr/ratingBarStyleSmall」や「?android:attr/ratingBarStyleIndicator」を設定すると、タップによる変更はできない。どちらも表示が目的で、タップによる編集に適した大きさではないため仕方がないが、あえてタップによる変更も有効にしたい場合は属性android:isIndicatorの設定を「false」にすると良い
Spinner	複数の選択項目から1つを選択する機能を省スペースで実現するためのウィジェット。画面に配置するとボタンのような外観だが、タップすると選択用のリストが表示され、選択されたアイテムがSpinnerに表示される。Spinnerという名前よりコンボボックスやリストボックスといった名前の方がしっくりくる方もいるかもしれない。SpinnerのsetSelectionメソッドを使用すると、選択している項目をできる。また、リスナー OnItemSelectedListenerを使用して選択時のイベントを取得する場合、初期設定のsetSelectionメソッドでもこのイベントが発行されるため、初期化処理でミスをおかしやすくなる。このような場合は、リスナーのセットタイミングをsetSelectionより後にするか、意図的にリスナーの設定を「null」にする等の工夫が必要である
WebView	Webページを表示するウィジェットで、独自のWebブラウザを作成できる。WebをレンダリングするエンジンはWebKitを使用している。ズームやスクロール、テキスト検索といった機能を持っている。デフォルトではJavaScriptの処理が無効になっているため、プログラム側で有効にしないとJavaScriptを利用しているWebサイトは実行できない。また、このウィジェットを使う場合はアプリケーションのパーミッション（アクセス権）に <uses-permission android:name="android.permission.INTERNET" /> を追加する必要がある

≫ ウィジェットのタグに設定する属性について

　配置したウィジェットの振る舞いを変更するには、それぞれのタグにあらかじめ設定されている属性を用いて初期値を変更します。タグによっては属性が必須で、設定されていないとエラーになるものもあります。

　例えば、必須となる属性にはandroid:layout_widthやandroid:layout_heightなどがあります。タグに設定できる属性は、そのタグの親タグに関連して設定できるようになるものもあります。

android:id

　必須の属性ではありませんが、すべてのタグに設定できます。この属性では、タグにユニークなidを設定します。ユニークなidを設定することで、プログラムからそのタグのインスタンス[*1]を取得できるようになります[*2]。

　android:idでは、任意のint型の整数とidの名称を次の形式で設定します。

```
"idの種類/idの名称"
```

　設定される整数は、読み込まれるレイアウトファイルの中でユニークでなくてはなりません。しかし、開発者がidの値を重複しないように管理するのは手間がかかり面倒です。そのため、idの種類に「@+id」と書くことで自動採番を利用できます。使用例は次のような形式になります。サンプルでも使用しているので、参考にすると良いでしょう。

```
android:id="@+id/idの名称"
```

[*1] クラスに対し、newキーワードを使用してクラスを実体化したものです。例えばMyClassというクラスを定義していたとして、new MyClass();といった形で作成したものをインスタンスと呼びます。

[*2] もう少し詳しくいうと、サンプルのJavaプログラムでも使われているfindViewByIdのパラメータとして与えられるidです。実際には「R」というクラスの定数を使っています。

　idの種類には、この他にもAndroid SDKで予約されたidがあります。例えば「@android:id/idの名称」という書き方です。これはAndroid SDKで定義されているidを使う場合に使用します。実際の使用例は "@android:id/list" となります。@androidという書き方はidの他にもcolorやdrawableといったリソースへのアクセスでも使用されます。

　また、idを事前に別のファイルで定義することもできます。例えば、res/ids.xmlという名前のリソースファイルを作成し、その中で<item name="testname" type="id"/>というitemタグを追加すると、タグのid属性に "@id/testname" と書くことができます。「@+id」ではなく「@id」である点に注意してください。使用例としてapp/src/main/res/layout/ids_sample.xmlというサンプルを用意していますので、参考にしてみてください。

　定義されたidはJavaプログラムのコンパイル時にRクラスの定数として自動生成されます。このRクラスのおかげでJavaプログラムからidの値を使用できますが、コンパイル時

に自動生成されるファイルであるため、レイアウトファイルなどにエラーがあると自動生成に失敗します。「Javaプログラムは間違っていないはずなのにコンパイルで突然エラーが出るようになった」というケースでは、リソースファイルがエラーの場合がよくあるので気をつけてください。特に「Rというクラスが見つからない」というエラーの場合はこのケースが該当します。

android:layout_width、android:layout_height

ウィジェットの幅と高さを指定する属性です。

この属性には、固定の値、あるいはwrap_contentもしくはmatch_parentといった値を設定できます。まず図10を見てください。wrap_contentとmatch_parentを説明しましょう。

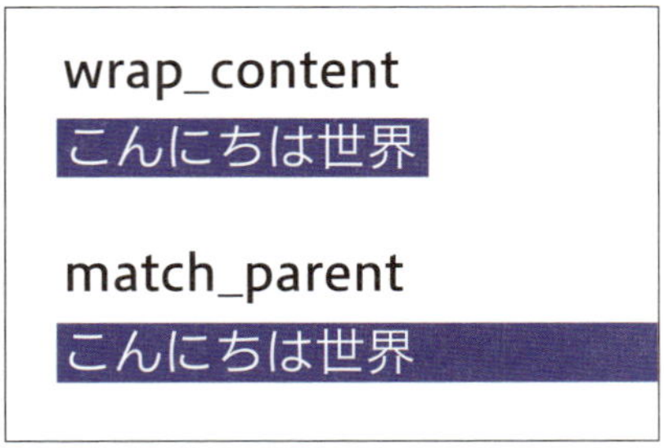

wrap_contentは自動的にウィジェットを表示するために必要な大きさを設定します。例えば、「こんにちは世界」という文字列を設定したTextViewがあったとして、それを表示する最低限の大きさを計算し、その値を幅あるいは高さとして設定します。

図10 wrap_contentとmatch_parent

一方のmatch_parentは、表示可能な最大限の大きさを設定します。と言っても、表示できる大きさはmatch_parentを設定した要素の親要素に依存します。つまり、親要素内でそのタグを最大にできる値です。この2つの値を駆使することで、画面の大きさにフレキシブルに対応できます。

もう1つの直接値を設定するケースですが、これは自動で大きさが変わってほしくない場合に使用します。設定する値は単位を指定する必要があります。単位については表2を参考にしてください。

表2 android:layout_width、android:layout_heightの設定値

単位	説明
px	Pixelsの略。画面の実際のPixelに対応する。この単位は画面に依存するため使用は推奨されない
dp（dip）	Density-independent Pixels（密度非依存ピクセル）の略でdpとdipは同じ意味。ディスプレイ解像度の物理的な密度に応じた抽象単位。160dpiを基準にした単位で、1dpは160dpiの画面で1Pixelになる
sp	Scale-independent Pixels（スケール非依存ピクセル）の略。dpの単位と似ているが、画面上のサイズはユーザーのフォントサイズ設定に準ずる
pt	Pointsの略で文字サイズによく使用される。1インチの1/72を基準とした画面の物理サイズ

≫ ImageView、ImageButtonのスケールタイプ

ImageViewやImageButtonでは、画像のスケールタイプをandroid:scaleType属性、あるいはJavaプログラムからだとsetScaleTypeメソッドで設定できます。スケールタイプとは、画像がウィジェットと同じ大きさでない場合に、見え方をどのように変更するのかを設定するもので、表3に示す種類があります。

表3 ImageView、ImageButtonのスケールタイプ

スケールタイプ	説明
CENTER	拡大・縮小をせず、中心に配置
CENTER_CROP	ウィジェットのサイズの縦あるいは横が、画像の縦あるいは横の小さい方が収まるように縦横比を維持しつつ等倍・縮小し、中心に配置
CENTER_INSIDE	ウィジェットのサイズの縦あるいは横が、画像の縦あるいは横の大きい方が収まるように縦横比を維持しつつ等倍・縮小し、中心に配置。FIT_CENTERに似ているが、こちらは拡大しない点に注意
FIT_CENTER	縦横比を維持したままウィジェットのサイズに合わせて拡大・縮小し、中心に配置
FIT_END	縦横比を維持したままウィジェットのサイズに合わせて拡大・縮小し、下段に配置
FIT_START	縦横比を維持したままウィジェットのサイズに合わせて拡大・縮小し、上段に配置
FIT_XY	縦横比を無視してウィジェットのサイズに合わせて拡大・縮小
MATRIX	ユーザー設定によるMatrixによって変更

まとめ

- ウィジェットにはいろいろな種類があります。まずはひと通り触ってみてどのようなウィジェットがあるのか、確認してみましょう。
- サンプルアプリで利用できるウィジェットは、レイアウトエディタで直接使うことができます。
- ウィジェットで使える属性やメソッドはAPIリファレンスを参考にします。

CHAPTER 04　Androidアプリのウィジェットに慣れよう

LESSON 17 レイアウトを変更する

☐ レッスン終了　　サンプルファイル　📁 Chapter04 > 📁 Lesson17 > 📁 before

アプリ開発において、見やすさや使いやすさを左右するレイアウトは非常に重要です。ここでは、基本的なレイアウトの種類とレイアウトによって配置されたウィジェットを確認します。

実習　レイアウトの種類を知ろう

1 サンプルプロジェクトをインポートする

サンプルプロジェクト「Chapter04/Lesson17/before」をインポートします。LESSON 16 の手順 1 2 を参考にして、サンプルプロジェクトをインポートして実行してください。図1の画面が表示されます。

図1 アプリの実行結果

2 LinearLayoutを表示する

図1の実行結果には、5種類のレイアウトが表示されています。ここでは、リストの上から2番目にある「LinearLayout」をクリックしてみましょう。図2のような画面が表示されます。図2の画面はLinearLayoutに関連したサンプル画面で、ウィジェットを単に縦あるいは横に並べるだけのシンプルなレイアウトです。画面とレイアウトファイルを比較して、動作を確認してみてください。

レイアウトファイル
app/src/main/res/layout/fragment_linear_layout.xml

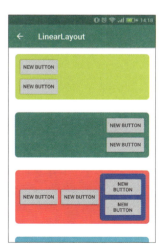

図2 LinearLayout

3 RelativeLayoutを表示する

続けて、リストの上から5番目にある「RelativeLayout」をクリックしてみましょう。図3のような画面が表示されます。RelativeLayoutは最もシンプルで柔軟な構造を作成できるレイアウトですが、設定できる属性が非常に多く、使いこなせるようになるまである程度知識が必要なのが難点です。画面とレイアウトファイルを比較して、動作を確認してください。

レイアウトファイル
app/src/main/res/layout/fragment_relative_layout.xml

図3 RelativeLayout

RelativeLayoutには、もう1つサンプルがあります。リストにある「RelativeLayout2」をクリックしてみましょう。図4のような画面が表示されます。こちらも画面とレイアウトファイルを比較して、属性値の変更なども試してみてください。

レイアウトファイル
app/src/main/res/layout/fragment_relative_layout2.xml

図4 RelativeLayout2

4 他のLayoutを表示する

このサンプルアプリには、いろいろなレイアウトのサンプルがあります。それぞれ実際に触ってみて、どのような動作をするのか、またどのようなことができるのかを確かめてください。

講義　レイアウトの解説

≫ レイアウトについて

　Androidのレイアウトは「ウィジェットを画面にどう配置するのか」をコントロールする機能を持つコンポーネントです。Androidの画面作成では、固定の座標軸をベースにピクセル指定によりウィジェットを配置するような実装は好ましくありません。なぜならAndroidデバイスはiPhoneとは違って、非常に多くの種類があります。Android開発では

その多くのデバイス上で同じように表示され、同じように操作できるアプリを開発する必要があるからです。そのため、レイアウトは画面の解像度や画面比率に依存することなく表示できるように実装しなくてはいけません。

　Androidのレイアウトにはこれを実現する革新的な機能があり、マルチデバイス開発初心者でも簡単に実装できるように設計されています。

≫レイアウトの振る舞いを変更するには

　レイアウトは子として追加された各ウィジェットの属性をヒントに配置をコントロールします。例えば、android:layout_widthやandroid:layout_heightといった属性に見覚えはないでしょうか？ ないという方は、LESSON 16の講義「android:layout_width、android:layout_height」(P.100)をもう一度読んでみてください。これらは、ウィジェットを画面配置する際に「どのように表示するか」を示す最も一般的かつ重要な属性です。例えば、LinearLayoutの場合、それぞれのウィジェットの幅や高さを基に、重ならないように整然と配置します。このような属性が他にも多くあります。

　さて、Androidアプリ開発の初心者にとって、レイアウトの振る舞いを設定する属性にどのような種類があるのかは、すぐには覚えられないと思います。また、覚えても具体的にどのようなレイアウトになるのかは実際に見てみないと理解しにくいでしょう。そこで、見た目の動作を確認しながらレイアウトを作成できるレイアウトエディタのデザインモードを使用します。

　デザインモードについてはLESSON 13でも触れましたが、理解を深めるためにもう少し詳細を説明します。レイアウトエディタでは、レイアウトファイル(res/layoutフォルダ配下に置かれるファイル群)をダブルクリックするだけで開くことができます。

　例えば、レイアウトファイルを開くと図5のような画面になるはずです。

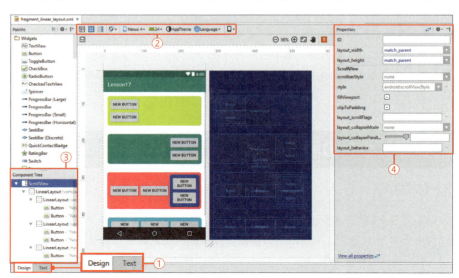

図5 レイアウトエディタをデザインモードで開いたところ

画面左下を見ると、[Design]と[Text]というタブがあります（図5①）。これらはレイアウトエディタの編集モードで、Designは「デザインビュー」、Textは「テキストビュー」を意味します。

デザインビューでは、アプリを実際にAndroidデバイス上で実行した時の画面イメージを表示します。描画エンジンはAndroid OSと同じものを使っているので、見え方はとても正確です。そのため、アプリの実行イメージはデザインビューで確認できるように機能が提供されています。

画面上部のツールバー（図5②）には、画面を表示するデバイスの種類や環境を変更できるツールが並んでいます（図6）。各ツールの機能を表1にまとめました。

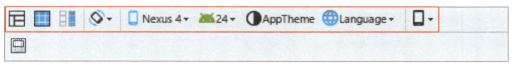

図6 デザインビューのツールバー

表1 各ツールの機能

ツール	説明
Nexus 4 ▼	デバイスの種類を選択する。テンプレート的なデバイスをはじめ、事前に作成したエミュレータも表示されるため、実行したいデバイスの表示を確かめながらデザインできる
◯ ▼	デバイスを横向き・縦向きに切り替えたり、WatchやGlassといった特殊なデバイスの状態を設定できる
AppTheme	いくつかのテンプレート的なThemeやアプリ内で定義されたThemeを切り替える
Language ▼	文字列リソースのマルチランゲージ対応エディタを開く
24 ▼	実行するデバイスのAndroid OSのバージョンを指定する
▯ ▼	現在のレイアウトを元に、別のレイアウトファイルを作る。これを使うと、例えば横向き（Landscape）用のレイアウトを簡単に作成可能

また、デザインビューの左ペインに配置されたコンポーネントツリーの「LinearLayout」部分には、追加されているウィジェットが表示されます（図5③）。各ウィジェットを選択すると、設定された属性を確認することもできます（図7）。

コンポーネントツリー（Component Tree）は、ウィジェットがXMLのどの階層にあるのかを示します。また表示だけではなく、ウィジェットをドラッグ＆ドロップで簡単に移動させることもできます。

プロパティ（Properties）には、ウィジェットの属性が表示されます（図5④）。XMLでは属性の編集方法がわかりにくいという人は、プロパティで値を変更することもできます。

デザインビューでは一度配置したウィジェットをドラッグ＆ドロップで再配置できます。ウィジェットの選択中は、画面上にレイアウトに関する属性がどのように変化するのかわかるようにガイドが表示されるので、参考にすると配置しやすいです。

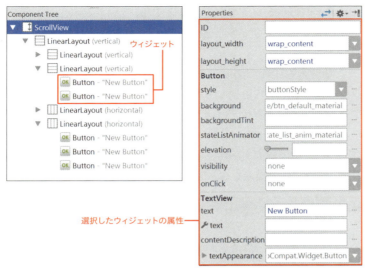

図7 ウィジェットの選択と属性の表示

≫レイアウトの種類

　Android Studioには5種類のレイアウトがあり、基本的にはこれらを組み合わせて画面をデザインします。ここでは、それぞれのレイアウトについて簡単に説明します。
　なお、ウィジェットと同様、レイアウトにもインターネット上に解説が用意されています。

インターネット上のAPIリファレンス
URL https://developer.android.com/reference/android/widget/package-summary.html

　本サンプルに含めている各レイアウトのレイアウトファイルとJavaファイルは下記のファイル名で作成しています。レイアウト名でどのファイルを参照するか判断するようにしてください。

サンプルレイアウト
app/src/main/res/layout/fragment_<レイアウト名>.xml

サンプルプログラム
app/src/main/java/com.kayosystem.honki.chapter04.lesson17/fragment/<レイアウト名>Fragment.java

FrameLayout
　最も基本的なレイアウトです。FrameLayout自体は内包するウィジェットに対して特別な働きかけはしません。

では、何ができるかというと、FrameLayoutタグのandroid:layout_gravity属性による配置指定です。この属性によりFrameLayoutに内包するウィジェットを右寄せ・左寄せ・中心に配置できます。しかし、ただ指定するだけではウィジェットすべてが同じ場所に配置されてしまいます。もし、各ウィジェットの位置を調整したい場合は、それぞれのウィジェットのandroid:layout_margin属性で調整できます。

　FrameLayoutの最も便利な点は、ウィジェットの重ね合わせが配置順になる点でしょう。コンポーネントツリーで見てみるとわかりやすいと思いますが、重ね合わせの順番は、下に行くほど前面に表示されます（図8）。この機能を利用して、複数のウィジェットを重ねたデザインができます。

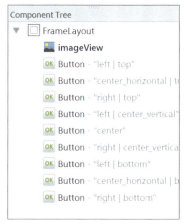

図8 下にあるウィジェットほど前面に表示される

LinearLayout

　レイアウトの中で最も使いやすく、また最も使用頻度が高いレイアウトです。LinearLayoutにできることは、内包するウィジェットを縦横に並べるだけです。単純な入力画面など、デザインにこだわる必要がなければ、順番に配置するだけで完成します。単純な機能ながら他のレイアウトと組み合わせて使うことで表現力も高くなるため、簡単なデザインから複雑なデザインまで幅広く使用できます。

　LinearLayoutでよく使用される属性は表2の3つです。

表2 LinearLayoutで使用される属性

属性	説明
android:orientation	値にはhorizontal（横並び）、vertical（縦並び）という自動配置の向きを設定する。この値は必須でデフォルト値はhorizontalとなる
android:layout_gravity	FrameLayoutと同じ機能
android:layout_weight	隣接するウィジェットと幅あるいは高さの値を割合で設定。均等割付のような設定をする場合に使用

　LinearLayoutに限る話ではありませんが、各タグに設定されるandroid:layout_width、android:layout_height属性には十分注意してください。LinearLayoutはこれらの属性で設定された値を基に各ウィジェットを並べていきますが、値にmatch_parentが設定されているウィジェットがあると以降に並べたウィジェットは画面外に配置されることになるため、気づかないでよく失敗することがあります。

　またLinearLayout特有の配置手法も存在します。それが均等割付です。例えばLinearLayout内に縦に配置したすべてのウィジェットの高さ（layout_height）を「"0dp"」に設定し、layout_weight属性に「"1"」を設定します。すると、全てのウィジェットが1:1と

なるよう均等のサイズに変化します。なお、横並びに均等割付する場合は幅(layout_width)を「"0dp"」にすると実現できます。この技法はサンプルのfragment_linear_layout.xml内でも使用しているので確認してみてください。

TableLayout

　表組みのようなレイアウトを作るのに適したレイアウトです。こう書くと表組みのために新規で設計されたレイアウトのような印象を受けますが、実際にはLinearLayoutを拡張した縦並びのレイアウトで、機能的にもLinearLayoutに似ています。LinearLayoutと異なる点は、子にTableRowというLinearLayoutを拡張した横並びのレイアウトを持つように設計されているところで、TableRowは表組みにしたいウィジェットを順番に配置するためのレイアウトです。TableLayoutと組み合わせて使うことで効果を発揮します。

　TableLayoutから見て、TableRowに子として追加されたウィジェットは表組みの各行に対応します。表組みの特徴として同列のアイテムは行頭の位置が揃うということがありますが、TableLayoutも同様に振る舞います。行頭や列を揃える際に自動で大きさが調整されるので、TableRowに追加するウィジェットはandroid:layout_widthとandroid:layout_heightを指定する必要はありません。値を設定してもwrap_contentとして扱われるので、もし各枠に対して内包するウィジェットの幅をmatch_parent相当の振る舞いにしたい場合は、TableLayoutのandroid:shrinkColumnsやandroid:stretchColumns属性で設定できます。

　TableLayoutには、この他にも独自の属性がありますので、詳しくは表3を参考にしてください。

表3 TableLayout・TableRowに設定できる独自の属性

TableLayoutに設定できる独自の属性	
属性	説明
android:shrinkColumns	折り返してでも狭いスペースでコンテンツを表現しようとする。カンマ区切りで複数の列を指定できる(初期値は0)
android:stretchColumns	指定された列は、行の空いたスペースいっぱいの空間を取ろうとする。カンマ区切りで複数の列を指定できる(初期値は0)
android:collapseColumns	指定された行を非表示にする(初期値は0)
TableRowに設定できる独自の属性	
属性	説明
android: layout_span	複数の列を結合する(数値で指定)
android: layout_column	列の位置を指定する(数値で指定)

GridLayout

　Android 4.0で追加された比較的新しいレイアウトです。基本的にAPI Level 14以上のOSでないと使えませんが、サポートライブラリ(android.support.v7.widget.GridLayout)が提供されており、4.0以下のOSでも利用できます。

機能的にはTableLayoutによく似ていますが、GridLayoutは表組みを作る上での細かな表現ができます。しかし、すべてにおいてTableLayoutよりも優れているというわけでもなく、TableLayoutでなければ表現が難しいものも一部あるため、要所で使い分けます。

GridLayoutは内包するウィジェットにandroid:layout_columnとandroid:layout_row属性を設定し、ウィジェットをグリッドに直接配置します。このような仕組みのため、TableLayoutのようにウィジェットの配置順は特に重要ではありません。もしandroid:layout_columnとandroid:layout_rowを設定しない場合は、android:columnCountとandroid:rowCountを設定することで、ウィジェットを順番に並べていくこともできます。表4に、それぞれの属性に関する説明をまとめました。

表4 GridLayoutと内包するウィジェットに設定できる独自の属性

GridLayoutに設定できる独自の属性	
属性	説明
android:columnCount	行のグリッドの数（数値で指定）
android:rowCount	列のグリッドの数（数値で指定）
GridLayoutに内包するウィジェットに設定できる独自の属性	
属性	説明
android:layout_column	行の位置の指定（初期値は0）
android:layout_columnSpan	行の結合数
android:layout_row	列の位置の指定（初期値は0）
android:layout_rowSpan	列の結合数
android:layout_gravity	グリッド内のgravityの指定

GridLayoutもTableLayoutと同様に、android:layout_widthとandroid:layout_height属性を指定する必要はありません。その代わり、グリッド内のウィジェットをどのように配置するかをandroid:layout_gravity属性で制御します。

それから、TableLayoutは列の結合ができませんが、GridLayoutは結合できます。一方、TableLayoutはandroid:layout_weightを使って大きさの異なる画面に対しても均等に配置することができますが、GridLayoutではできません。そのため、使い分けとしては、結合が多い／画面の種別が決まっている場合はGridLayout、そうでない場合はTableLayoutを使うと良いでしょう。

RelativeLayout

「画面にウィジェットを配置する」という点で、最も柔軟かつシンプルな構造で作成できるレイアウトです。柔軟であるということは、一方で設定できる属性が非常に多いという特徴があります。

しかしながら、最近はレイアウトエディタが高機能になってきたため、RelativeLayoutの属性をすべて覚えていなくてもある程度使いこなせるようになり、万人におすすめできる

レイアウトになっていると言えます。

RelativeLayoutによるレイアウトの考え方は、基本的には相対的な配置をするレイアウトだと言えます。LinearLayoutやTableLayout、FrameLayout等は、画面の左上を基点として配置します。一方、RelativeLayoutはあるウィジェットに着目し、そのウィジェットを基点に配置します。この時、「どのウィジェットを基点にするか」が重要で、多くの場合で親となるRelativeLayout自身を基点に配置します。このような仕組みであるため、ウィジェットのID名や位置を変更すると、それに関連したウィジェットも移動してしまい、編集が難しいというデメリットがあります。もちろん、これが良いという考え方もあります。

RelativeLayoutの属性は種類が多いですが、目的で考えると大きく2つに分けることができます(表5)。1つは親のRelativeLayoutに対する位置を指定する属性、もう1つはRelativeLayoutが内包するウィジェットのどれかを基点に位置を指定する属性です。

表5 RelativeLayoutの属性

RelativeLayoutに対する位置の指定		
属性	値	説明
android: layout_alignParentLeft	trueまたはfalse	RelativeLayoutの左側に配置
android: layout_alignParentRight		RelativeLayoutの右側に配置
android: layout_alignParentTop		RelativeLayoutの上側に配置
android: layout_alignParentBottom		RelativeLayoutの下側に配置
android: layout_centerInParent		RelativeLayoutの中心に配置
ウィジェットに対する相対的な位置の指定		
属性	値	説明
android: layout_toLeftOf	ウィジェットのID	指定されたウィジェットの左外側に配置
android: layout_toRightOf		指定されたウィジェットの右外側に配置
android: layout_above		指定されたウィジェットの上外側に配置
android: layout_below		指定されたウィジェットの下外側に配置
android: layout_alignLeft		指定されたウィジェットの左内側に配置
android: layout_alignRight		指定されたウィジェットの右内側に配置
android: layout_alignTop		指定されたウィジェットの上内側に配置
android: layout_alignBottom		指定されたウィジェットの下内側に配置

ウィジェットを基点にした位置の指定は、対象となるウィジェットの外側に配置する属性と内側に配置する属性があります。外側に配置する属性は、上はtopではなくabove、下はbottomではなくbelowとなるので注意してください*。

*
実際の使用例はfragment_relative_layout2.xmlを参照してください。サンプルでは内側に配置する属性の利用例はありませんが、2つの属性を組み合わせてウィジェットの左上から右下までの場所を指定する利用例が記述されています。

≫レイアウトに設定する属性について

android:layout_margin と android:padding

どちらも、ウィジェットの上下左右にスペースを設け、位置を調整するための属性です[*1]。android:layout_marginは、設定した値が上下左右のウィジェットとのスペースになります。

一方のandroid:paddingは、実際にはウィジェット自身の位置は変更しません。変更されるのはウィジェットの中身に対するスペースです。例えば、TextViewであれば表示される文字列の位置が調整されます。図にしてみると、android:layout_marginとandroid:paddingには大きな違いがあることがわかります（図9）。

> [*1] 個別に指定できるandroid:layout_marginLeft、android:layout_marginRight、android:layout_marginTop、android:layout_marginBottomといった属性もあります。

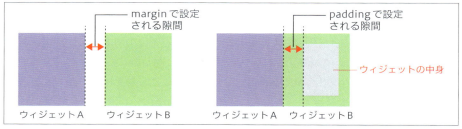

図9 android:layout_marginとandroid:paddingの違い

図9ではわかりやすいように色分けをしているので大きく違うように見えますが、実際に使用されるTextView等のウィジェットでは、中身の文字列だけが表示され、違いがわかりにくいです。しかし、それぞれ振る舞いが違うため、十分に理解しないで使うと意図した通りに表示されないケースがあります。その場合はウィジェットのandroid:background属性に色を設定してみると、2つの違いがよくわかります。

android:layout_weight

LinearLayoutの子に設定できる属性です。TableLayoutやTableRowといったレイアウトの子にも設定できます。android:layout_weightについてはLinearLayoutの解説でも触れましたが、改めてここで詳しく解説します。

先の解説では、android:layout_weightが均等割付に適すると説明しましたが、実際には均等割付のためだけの属性ではありません。その目的はLinearLayoutにより並べられたウィジェットの余ったスペースをどのように配分するかを決めることです。「余ったスペース」と言ってもわかりにくいと思いますので、図10で見てみましょう。

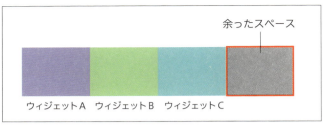

図10 android:layout_weightによるスペース配分の考え方

　各Viewがmatch_parentでない場合、順番に並べた時の合計サイズがLinearLayoutの大きさより小さくなる場合があります。android:layout_weight属性は、その差を余ったスペースとして各ウィジェットに配分するための仕組みです。設定できる値は0以上の整数です。

　例えば、3つのウィジェットが並べられていた時、Aに1を、残りのBとCに2を設定した場合、余ったスペースを1：2：2の割合で分配します。このような仕組みのため、余りのスペースが生成されないケース、例えばLinearLayoutのandroid:layout_width属性がwrap_contentであった場合、幅は内包するウィジェットと同じ幅になりスペースは生まれません。したがって、android:layout_weightに値を設定しても効果はありません。

　また、各ウィジェットの大きさがまちまちな場合も、android:layout_weightに同じ値を設定して均等割付のようにしても期待された表示にはなりません。ウィジェットの大きさそのものを均等、あるいは正確な比率で表したいのであれば、意図的に各ウィジェットの幅と高さに0を設定することで、期待した表示になるはずです。これは理解すれば「なるほど」と思えますが、少しわかりにくいので試してみてると良いでしょう*2。

*2
このLESSONのLinearLayoutサンプル(fragment_linear_layout.xml)でandroid:layout_widthに0を設定している箇所がありますが、この値をwrap_contentか200dpのような固定値に変更してみれば、この解説が理解できるはずです。

まとめ

- レイアウトはウィジェットをどのように配置するかコントロールするクラスです。
- レイアウトによって配置したいウィジェットはレイアウトXMLファイルの階層で親と子の関係になります。
- レイアウトで使える属性やメソッドはAPIリファレンスを参考にします。

CHAPTER 04　Androidアプリのウィジェットに慣れよう

LESSON

18 コンテナを使う

□レッスン終了　サンプルファイル　Chapter04 > Lesson18 > before

ここでは、コンテナという特殊なコンポーネントを紹介します。これまでの解説に比べて難易度が高く、またAndroidアプリ開発に必須の内容でもありませんので、難しく感じた場合はこのLESSONを飛ばしてLESSON 19へ進んでください。

実習　いろいろなコンテナを見てみよう

1 サンプルプロジェクトをインポートする

サンプルプロジェクト「Chapter04/Lesson18/before」をインポートします。LESSON 16 の手順 1 2 を参考にして、サンプルプロジェクトをインポートして実行してください。図1の画面が表示されます。

図1 アプリの実行結果

2 ListViewを表示する

図1の実行結果には、いろいろなコンテナが表示されています。まずは、リストの一番上にある「ListView」をクリックしてみましょう。図2のようにリスト表示で項目が表示されます。クリックすると画面がスクロールし、選択するとダイアログが表示されます(図3)。

図2 ListView

図3 ダイアログ表示例

ListViewは画面に項目を列挙するのに適したコンテナです。標準でスクロール機能を持ち、長いリストでも高速でスクロールできます。

3 GridViewを表示する

続けて、リストの上から2番目にある「GridView」をクリックしてみましょう。図4のようにグリッド表示で項目が表示されます。クリックすると画面がスクロールし、選択するとダイアログが表示されます。
GridViewは名前の通り、グリッド状に項目を表示するコンテナです。

図4 GridView

4 ScrollViewを表示する

さらに、リストの上から3番目にある「ScrollView」もクリックしてみましょう。文字列と画像の違いはありますが、ListViewと同様にリスト形式で項目が表示されました（図5）。しかし、こちらはクリックをしてもダイアログは表示されません。

図5 ScrollView

5 TabHostを表示する

次に、リストの上から4番目にある「TabHost」をクリックしてみましょう。表示はListViewと同様の単純なリスト形式ですが、画面上部にラベルが表示されています（図6）。各ラベルをクリックすると、画面が切り替わります。

図6 TabHost

6 ViewPagerを表示する

最後に、リストの下の方にある「ViewPager」をクリックしてみましょう。図7のように表示されますが、画面を右から左になぞってみると滑らかに画面が切り替わります。

図7 ViewPager

講義　コンテナの解説

≫ コンテナについて

コンテナは複数のコンポーネントを組み合わせた特殊なコンポーネントです。

例えば、画面に項目を一覧で表示したり、タブ画面では複数の画面を切り替える機能を提供したりします。ここではそれらのコンテナのうち、よく使うListViewやScrollViewといった基本的なコンポーネントを解説します。なお、その他のコンポーネントについての詳しい情報はAPIリファレンスを参照してください。

APIリファレンス
URL https://developer.android.com/reference/android/widget/package-summary.html

ListView
サンプルレイアウト
app/src/main/res/layout/fragment_list_view.xml
app/src/main/res/layout/list_item.xml

サンプルプログラム
app/src/main/java/com.kayosystem.honki.chapter04.lesson18/fragment/ListViewFragment.java(リスト2)
app/src/main/java/com.kayosystem.honki.chapter04.lesson18/tools/SampleListAdapter.java(リスト1)

ListViewは画面に項目を一覧表示するのに適したコンテナです。標準でスクロール機能を持ち、大量のデータを高速でスクロールできます。ListViewはListAdapterというクラスを組み合わせて使います。

ListAdapterはListViewにとってデータの持ち主であり、またそのデータをどのように表示するかといった振る舞いを決める重要なクラスです。実際のところListViewに関する主な実装はListAdapterに集約されているといっても過言ではないでしょう。

そのListViewにとっては重要なListAdapterですが、実際に使おうとすると混乱するかもしれません。なぜなら、ListAdapterクラスはそのままでは生成できないからです。ListAdapterクラスは抽象クラスなので、いったんこのクラスを継承し拡張したクラスを作成しなければなりません。しかし、一般的にはArrayAdapter<T>クラスかBaseAdapterを継承したクラス、もしくは対象となるデータがCursorクラスであるならCursorAdapterというクラスを使うのが定石です。

ここでは、最も柔軟で使用頻度の高いBaseAdapterを使った実装を説明します。リスト1のコードは、サンプル(app/src/main/java/com.kayosystem.honki.chapter04.lesson18/

tools/SampleListAdapter.java）にもあるBaseAdapterを継承した独自のクラスです。

リスト1 SampleListAdapter.java

```java
package com.kayosystem.honki.chapter04.lesson18.tools;
import android.content.Context;
import android.view.LayoutInflater;
import android.view.View;
import android.view.ViewGroup;
import android.widget.BaseAdapter;
import android.widget.TextView;

import java.util.List;

public class SampleListAdapter extends BaseAdapter{
    private LayoutInflater mLayoutInflater;
    private Context mContext;
    private List<ListItem> mItems;

    public SampleListAdapter(Context context, List<ListItem> items){
        mContext = context;
        mItems = items;
        mLayoutInflater = LayoutInflater.from(context);
    }


    @Override
    public int getCount() {
        return mItems.size();
    }

    @Override
    public Object getItem(int position) {
        return mItems.get(position);
    }

    @Override
    public long getItemId(int position) {
        return position;
    }

    @Override
    public View getView(int position, View convertView, ViewGroup parent) {
        if(convertView == null){
            convertView = mLayoutInflater.inflate(android.R.layout.simple_↵
list_item_1, parent, false);
```

```
        }

        ListItem item = mItems.get(position);

        ((TextView)convertView).setText(item.getName());

        return convertView;
    }
}
```

　ListAdapterに求められる機能は、「データの個数はいくつあるのか？」「指定した位置のデータはどれなのか？」「指定された位置のViewはどれなのか？」といったことです。BaseAdapterを継承したクラスでは、表1のメソッドを実装する必要があります。

表1 BaseAdapterクラスから実装するメソッド

メソッド	説明
public int getCount()	データの個数を返す
public Object getItem(int position)	指定された位置のデータを返す
public long getItemId(int position)	指定された位置のViewのIDを返す
public View getView(int position, ⏎ View convertView, ViewGroup parent)	指定された位置のViewのインスタンスを返す

　もし、実装するデータがArrayListなどのCollectionクラスであるならば、拡張したgetCountメソッドではArrayListの個数を、getItemメソッドでは引数のpositionに該当するデータを返すように実装すれば良いでしょう。そしてgetViewメソッドでは該当データに対応するViewを返すように実装すれば良いのですが、ここがListAdapterの難しいところで、ListViewは高速にデータを表示するために、表示用のViewをデータに対し1対1で生成することは推奨されていません。実際には画面に表示されるViewはせいぜい20個ぐらいが限度で、データが1000件あった場合には、980個もの無駄なViewを生成することは利口ではありません。そのため、ListViewではgetViewメソッドの引数にリサイクル可能なViewとしてconvertViewという引数が与えられています。
　このconvertViewがnullの場合は、初回に表示されたケースなので、Viewを生成しなければなりません。これがnullでない場合はリサイクル可能なViewを使えるということなので、これにデータを設定すれば、高速にデータを表示することができます。サンプルからも、上記の箇所が見てとれると思います。
　最後にgetItemIdメソッドは項目のIDを返すメソッドなので、サンプルでは単にpositionを返すようにしています。
　ListAdapterを拡張すると、ひとまず項目の表示まではできるようになります。しかし、実際はListViewの項目を選択した際の処理も必要になるでしょう。この処理はListViewに

選択時のリスナーを設定します。具体的には、ListViewクラスのsetOnItemClickListenerメソッドを使います。リスト2はサンプル（app/src/main/java/com.kayosystem.honki.chapter04.lesson18/fragment/ListViewFragment.java）のプログラムです。

リスト2 ListViewFragment.java

```java
        //リスナーをセット
        mListView.setOnItemClickListener(new AdapterView.
OnItemClickListener() {
            @Override
            public void onItemClick(AdapterView<?> parent, View view, int
position, long id) {
                //クリックしたアイテムの名前を表示
                ListItem item = (ListItem) mListView.getAdapter().
getItem(position);
                (中略)
                dialog.show();
            }
        });
```

　リスト2では、クリックした際に選択されたデータを取得し、そのデータの名前をダイアログに表示しています。ListViewに対する選択時の処理に関してはListViewクラスにリスナーという形で設定するのが一般的で、ListAdapterのように継承して実装する必要はありません。

GridView

サンプルレイアウト
app/src/main/res/layout/fragment_grid_view.xml（リスト3）
app/src/main/res/layout/grid_item.xml（リスト4）

サンプルプログラム
app/src/main/java/com.kayosystem.honki.chapter04.lesson18/fragment/GridViewFragment.java
app/src/main/java/com.kayosystem.honki.chapter04.lesson18/tools/SampleGridAdapter.java

　GridViewとListViewはレイアウト上でもプログラム上でも非常に似ているので、ListViewの解説と重複します。そのため、ここではGridViewがListViewと異なる点を解説します。

　まず表示について、ListViewは縦に順番に項目を並べるのに対し、GridViewはグリッド（格子）状に項目を並べます。そのため、GridViewでは項目を表示するレイアウトファイルを縦幅が等サイズになるように配慮する必要があります。なぜなら、GridLayoutでは横幅

を固定幅としてサイズを指定できますが、縦幅は項目のサイズに依存するため、綺麗なグリッドを作りたい場合は各項目の高さを統一するように指定しないと見た目が良くないからです。

　サンプルではこれを考慮して各項目の高さを固定にし、横幅や各グリッドの隙間はGridViewタグの属性で設定しています。リスト3、4に設定例を示します。

リスト3 GridViewのタグの使用例（fragment_grid_view.xml）

```xml
<GridView
    android:id="@+id/gridView"
    （中略）
    android:columnWidth="170dp"
    android:horizontalSpacing="5dp"
    android:numColumns="auto_fit"
    android:padding="5dp"
    android:verticalSpacing="5dp" />
```

リスト4 項目のレイアウト例（grid_item.xml）

```xml
<ImageView
    （中略）
    android:layout_width="match_parent"
    android:layout_height="72dp"
    android:scaleType="centerCrop"/>
```

　この他にも、GridViewでのみ使える属性としてandroid:stretchModeなどがあります。リスト3のサンプルではandroid:verticalSpacing、android:horizontalSpacing、android:numColumnsの3つの属性を使っています。ListViewと比較してそれほど増えてはいませんが、GridViewならではの属性です。詳しくは、表2の説明を参考にしてください。

表2 GridViewで使用できる属性

属性	説明
android:verticalSpacing	縦のグリッドとの隙間（dp等で数値を指定）
android:horizontalSpacing	横のグリッドとの隙間（dp等で数値を指定）
android:stretchMode	LinearLayoutのandroid:layout_weightのように、余分なスペースをグリッドごとに再配分する指定。デフォルトは等配分のcolumnWidthだがnoneも設定できる
android:numColumns	グリッドの個数、auto_fitを設定すると自動で表示可能な個数が設定される

ScrollView

サンプルレイアウト

app/src/main/res/layout/fragment_scroll_view.xml

サンプルプログラム

app/src/main/java/com.kayosystem.honki.chapter04.lesson18/fragment/ScrollViewFragment.java

画面より縦幅が大きいウィジェットやレイアウトを表示できるように、縦方向のスクロールバーを付加するコンテナです。ScrollViewはViewに対して子のタグとして1つだけ持つことができます。そのため、複数のコンポーネントをスクロールバーで制御したい場合は、間に1つレイアウトを挟む必要があります。

なお、横のスクロールを付加したい場合はHorizontalScrollViewを使います。使い方はScrollViewとほぼ同じですので、本書では解説しません。また、ScrollViewを使ううえで気をつけるべき点は、ScrollViewに入れるウィジェットにはスクロール機能を持つものを入れないような画面デザインをすることです。具体的にはListViewやGridView、ScrollViewの入れ子などを指します。縦方向のSeekBar等もScrollViewとは相性が良くないので注意してください。

TabHost
サンプルレイアウト
app/src/main/res/layout/fragment_tab_host.xml（リスト5）
app/src/main/res/layout/fragment_tab_host_fragment.xml
サンプルプログラム
app/src/main/java/com/kayosystem/honki/chapter04/lesson18/fragment/
TabHostFragment.java（リスト6）
app/src/main/java/com/kayosystem/honki/chapter04/lesson18/fragment/
FragmentTabHostFragment.java（リスト7）

画面にタブを表示するコンテナです。タブとは図8のような選択可能なラベルを持つ特殊なコンポーネントで、タブを選択するとコンテンツが切り替わります。リスト5は、図8のレイアウトです。

図8 TabHostで表示されるタブ

リスト5 TabHostの記述例

```xml
<TabHost xmlns:android="http://schemas.android.com/apk/res/android"
    android:id="@android:id/tabhost"
    android:layout_width="match_parent"
    android:layout_height="wrap_content">

    <LinearLayout
        android:layout_width="match_parent"
        android:layout_height="match_parent"
        android:orientation="vertical">

        <TabWidget
            android:id="@android:id/tabs"
            android:layout_width="match_parent"
            android:layout_height="wrap_content" />

        <FrameLayout
            android:id="@android:id/tabcontent"
            android:layout_width="match_parent"
            android:layout_height="match_parent">

            <LinearLayout
                android:id="@+id/tab1"
                android:layout_width="match_parent"
                android:layout_height="match_parent"
                android:orientation="vertical">

                <TextView
                    android:layout_width="match_parent"
                    android:layout_height="match_parent"
                    android:text="コンテンツA" />
            </LinearLayout>

            <LinearLayout
                android:id="@+id/tab2"
                android:layout_width="match_parent"
                android:layout_height="match_parent"
                android:orientation="vertical">

                <TextView
                    android:layout_width="match_parent"
                    android:layout_height="match_parent"
                    android:text="コンテンツB" />
            </LinearLayout>
```

```xml
        <LinearLayout
            android:id="@+id/tab3"
            android:layout_width="match_parent"
            android:layout_height="match_parent"
            android:orientation="vertical">

            <TextView
                android:layout_width="match_parent"
                android:layout_height="match_parent"
                android:text="コンテンツC" />
        </LinearLayout>
    </FrameLayout>
    </LinearLayout>
</TabHost>
```

レイアウトエディタで追加できるTabHostでは、タブを選択するとJavaプログラム内のそれぞれのTabに関連付けられたレイアウトを呼び出して切り替えます。**リスト6**は、TabHostにタブを設定するJavaプログラムです。

リスト6 TabHostにタブを追加するJavaプログラム例

```java
        TabHost tabhost = (TabHost)rootView.findViewById(android.R.id.tabhost);
        tabhost.setup();

        TabHost.TabSpec tab1 = tabhost.newTabSpec("tab1");
        tab1.setIndicator("タブ1");
        tab1.setContent(R.id.tab1);
        tabhost.addTab(tab1);

        TabHost.TabSpec tab2 = tabhost.newTabSpec("tab2");
        tab2.setIndicator("タブ2");
        tab2.setContent(R.id.tab2);
        tabhost.addTab(tab2);

        TabHost.TabSpec tab3 = tabhost.newTabSpec("tab3");
        tab3.setIndicator("タブ3");
        tab3.setContent(R.id.tab3);
        tabhost.addTab(tab3);

        tabhost.setCurrentTab(0);
```

リスト5では、レイアウトファイル内に表示するコンテンツをそれぞれ定義しているため、レイアウトが大きくなっています。

そこで、プログラムの見通しを良くするためにコンテンツの処理を独立したFragment*1に実装し、タブを選択した際にはそれぞれのFragmentを切り替えるようにしたのがFragmentTabHostです。実はTabHostには二種類あり、1つ目が通常のTabHost、2つ目がFragmentTabHostです。FragmentTabHostは、あらかじめタブに関連付けされたFragmentを、タブが選択された際に自動で切り替える処理を行ってくれます。この方法だと、各コンテンツの処理はFragmentに分離できるので、プログラムを作る上でも見通しが良くなります。

さて、FragmentTabHostですが、標準のAndroid SDKには含まれていません。サポートライブラリに含まれているので*2、もしレイアウトエディタでFragmentTabHostを使う場合は、タグ名を「android.support.v4.app.FragmentTabHost」にする必要があります。こちらは、サンプルの中のapp/src/main/res/layout/fragment_tab_host_fragment.xmlが参考になると思います。なお、FragmentTabHostを追加しただけではタブは表示されません。Javaプログラム側で各タブを設定してください（リスト7）。

*1
FragmentについてはCHAPTER 05 のLESSON 23で詳しく解説しています。

*2
依存ライブラリはcom.android.support:appcompat-v7:<バージョン>です。プロジェクト内のapp/build.gradleにこの記述があれば使用できます。

リスト7 Fragmentに関連付けたタブをTabHostに追加するJavaプログラム例

```
        FragmentTabHost host = (FragmentTabHost)rootView.findViewById(R.
id.tabHost);
        host.setup(getActivity(), getFragmentManager(), android.R.id.
tabcontent);
        （中略）
        TabHost.TabSpec tabSpec1 = host.newTabSpec("List").
setIndicator("List");
        host.addTab(tabSpec1, ListViewFragment.class, null);

        TabHost.TabSpec tabSpec2 = host.newTabSpec("Grid").
setIndicator("Grid");
        host.addTab(tabSpec2, GridViewFragment.class, null);

        TabHost.TabSpec tabSpec3 = host.newTabSpec("Scroll").
setIndicator("Scroll");
        host.addTab(tabSpec3, ScrollViewFragment.class, null);
```

リスト7はタブを追加し、ListタブにListViewFragmentというFragmentを設定しています。newTabSpecで設定した文字列は、タブの検索や選択をした際の処理でタブを識別するために使うことができます。setIndicatorで設定した文字列は、実際にタブに表示される文字列です。

ここまでで、タブを表示できるようになります。タブを選択した時の処理には、TabHost.OnTabChangeListenerを使います（リスト8）。

リスト8 TabHost.OnTabChangeListenerの例

```
host.setOnTabChangedListener(new TabHost.OnTabChangeListener() {
    @Override
    public void onTabChanged(String tabId) {
        Toast.makeText(getActivity(), "selected "+tabId, Toast.
LENGTH_SHORT).show();
    }
});
```

tabIdにはTabSpecを生成した時にパラメータとして渡した文字列が渡されるので、この文字列に該当するタブの処理をします。

ViewPager

サンプルレイアウト
app/src/main/res/layout/fragment_view_pager.xml（リスト9）

サンプルプログラム
app/src/main/java/com.kayosystem.honki.chapter04.lesson18/fragment/ViewPagerFragment.java（リスト10、11、12、13）

ViewPagerは複数のコンテンツをフリック、あるいはスワイプによって切り替えることができるようにするウィジェットです。フリックとは、図9のように指で画面を弾くようにする操作のことです。

一方、スワイプとは図10のようにページをめくるように画面を指でスライドする操作のことです。

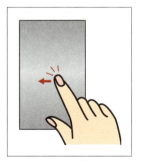
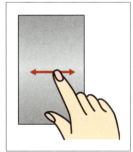

図9 フリック操作　　図10 スワイプ操作

ViewPagerが優れているのはスワイプ操作で、ViewPagerが使える以前はViewFlipperやViewSwitcherというウィジェットによりフリックの動作を実現できていましたが、ViewPagerが追加されてからは画面が滑らかに切り替わるスワイプができるようになったため、最近では左右の切り替わりが必要な画面はViewPagerを使うアプリがほとんどです。

しかし、ViewPagerがすべてのケースで適切であるかというとそうでもありません。実はViewPagerが滑らかに画面を切り替えることができる理由は、表示しているコンテンツの両隣のコンテンツを事前に読み込んでいるからで、その分必要なメモリが多くなります。

また画面の状態が変わるような更新処理は画面に表示されていない両隣のコンテンツにも反映しないといけないため、更新処理も工夫する必要があります。なので、ViewPagerが最適なウィジェットであるかどうかは使う前に十分検討した方が良いでしょう。

さて、ViewPagerの使用法ですが、ViewPagerも標準のAndroid SDKではなくサポートライブラリに含まれています[*3]。リスト9はサンプルの使用例です。

[*3] 依存ライブラリはcom.android.support:appcompat-v7:<バージョン>です。プロジェクト内のapp/build.gradleにこの記述があれば使用できます。

リスト9 android.support.v4.view.ViewPagerの例（fragment_view_pager.xml）

```xml
<!--ViewPagerを配置-->
<android.support.v4.view.ViewPager
    android:id="@+id/viewPager"
    android:layout_width="match_parent"
    android:layout_height="match_parent">

    <!--PagerTitleStripを配置-->
    <android.support.v4.view.PagerTitleStrip
        android:layout_width="match_parent"
        android:layout_height="56dp"
        android:gravity="center"/>
</android.support.v4.view.ViewPager>
```

リスト9ではandroid.support.v4.view.PagerTitleStripを内包していますが、これはViewPager上部に現在のコンテンツ名をタブのように表示するウィジェットで、必須ではありません。実行すると、図11のようなラベルが表示されます。

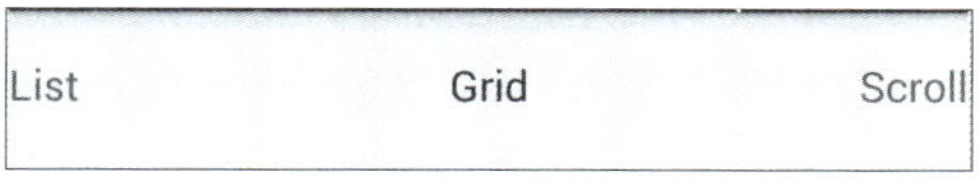

| List | Grid | Scroll |

図11 リスト9の実行結果

ViewPagerの考え方はListViewやGridViewに非常によく似ています。画面に表示するコンテンツはPagerAdapterというViewPager用のAdapterを継承し、その中で各画面の初期化やイベント処理を実装します（リスト10）。

リスト10 PagerAdapterのJavaプログラム例（ViewPagerFragment.java）

```java
public class MyPagerAdapter extends PagerAdapter {

    private LayoutInflater mLayoutInflaternflater = null;

    private Object mCurrentObject;

    public MyPagerAdapter(Context c) {
        super();
        mLayoutInflaternflater = (LayoutInflater) c
                .getSystemService(Context.LAYOUT_INFLATER_SERVICE);
```

```java
        }
        (中略)
        @Override
        public Object instantiateItem(ViewGroup container, int position) {
            View layout = mLayoutInflaternflater.inflate(R.layout.hoge, null);
            switch (position){
                case 0:
                    layout.setBackgroundColor(Color.RED);
                    break;
                case 1:
                    layout.setBackgroundColor(Color.GREEN);
                    break;
                case 2:
                    layout.setBackgroundColor(Color.BLUE);
                    break;
            }
            container.addView(layout);
            return layout;
        }

        @Override
        public void destroyItem(ViewGroup container, int position, ⏎
Object object) {
            container.removeView((View) object);
        }

        @Override
        public int getCount() {
            return 3;
        }

        @Override
        public boolean isViewFromObject(View view, Object object) {
            return view.equals(object);
        }
    }
```

リスト10はPagerAdapterを継承し、単純に色の付いた画面を3つだけ表示する簡単な例です。しかし、この使い方では複雑な画面を作りたい場合、TabHostと同じようにActivityやFragmentに実装が集中しプログラムが複雑になってしまいます。そこで、PagerAdapterを拡張したFragmentPagerAdapterを使います。各画面の実装をFragmentに閉じ込めることができ実装も簡単になり、プログラムも見やすくなります。

リスト11はFragmentPagerAdapterを継承し、Fragmentを画面に表示するサンプルプログラムです。

リスト11 FragmentPagerAdapterを継承しFragmentを画面に表示する例
　　　　（ViewPagerFragment.java）

```java
public class MyFragmentAdapter extends FragmentPagerAdapter {

    (中略)
    @Override
    public Fragment getItem(int position) {

        if (position == 0) {
            return new ListViewFragment();
        } else if (position == 1) {
            return new GridViewFragment();
        } else {
            return new ScrollViewFragment();
        }

    }

    (中略)

    @Override
    public CharSequence getPageTitle(int position) {
        if (position == 0) {
            return "List";
        } else if (position == 1) {
            return "Grid";
        } else {
            return "Scroll";
        }
    }
}
```

PagerAdapterもFragmentPagerAdapterも作成したらsetAdapterでViewPagerに設定します（リスト12）。ViewPagerにFragmentが表示されるようになります。

リスト12 PagerAdapterをsetAdapterでViewPagerに設定（ViewPagerFragment.java）

```java
        //ViewPagerのインスタンスを取得
        ViewPager viewPager = (ViewPager) rootView.findViewById(R.id.viewPager);

        //ViewPagerにAdapterをセット
        viewPager.setAdapter(new MyFragmentAdapter(getFragmentManager()));
```

さらに、画面の切り替わり処理はViewPagerのsetOnPageChangeListenerにリスナーを設定することで実装できます（リスト13）。

リスト13　setOnPageChangeListenerによる画面の切り替わり処理
　　　　　（ViewPagerFragment.java）

```java
            viewPager.setOnPageChangeListener(new 
ViewPager.OnPageChangeListener() {
            @Override
            public void onPageScrolled(int position, float positionOffset,
                    int positionOffsetPixels) {
                // ページのスワイプ中に呼ばれる。
                // position : スクロール中のページ
                // positionOffset : ドラッグ量(0〜1)
                // positionOffsetPixels : ドラッグされたピクセル数
            }

            @Override
            public void onPageSelected(int position) {
                // 移動先のページが確定された後に呼ばれる。
                // position : 移動先のページ
                Toast.makeText(getActivity(), "selected " + position, 
Toast.LENGTH_SHORT).show();
            }

            @Override
            public void onPageScrollStateChanged(int state) {
                // ページのスクロール状態が通知される。
                // state : ページスクロール状態
                // ViewPager.SCROLL_STATE_IDLE 初期状態。ページスクロール完了後に通知
                // ViewPager.SCROLL_STATE_DRAGGING ドラッグ開始時に通知
                // ViewPager.SCROLL_STATE_SETTLING ドラッグ終了時に通知
            }
        });
```

　サンプルではFragmentPagerAdapterを使っていますが、実はFragmentPagerAdapterの他にもFragmentStatePagerAdapterというクラスがあります。ViewPagerは処理を高速化するために一度読み込んだレイアウトまたはFragmentをすぐに破棄するのではなく、しばらく保有する仕組みになっています。つまり、非表示になったFragmentのインスタンスをすぐに破棄せず、いったんdetachして再度表示される時にattachするようにしています。そのため一度表示されたFragmentは高速で再表示されますが、その分大量のページがあるとメモリを多く消費します。
　そこで、表示されないFragmentを常に破棄し、メモリの消費量を抑えるようにしたのがFragmentStatePagerAdapterです。表示されている画面よりも2つ以上離れたポジションになった際にいったん状態を保存し、再生成する時に状態を復帰します。この仕組みにより大量の画面があっても安定して動作することができます。

最後にPagerAdapterあるいはFragmentPagerAdapterから現在のアイテムを取得する方法ですが、どちらも現在選択されているページのインスタンスを取得する手段はありません。そのため、拡張したPagerAdapterで選択されたViewまたはFragmentを保存するように工夫する必要があります。しかし、これはあまり良い方法ではありません。レイアウトの場合はなるべくAdapterの中で処理を実装するようにし、Fragmentの場合はFragmentの中で処理を実装するように心がけた方が良いでしょう。

まとめ

- ListViewは縦にリスト表示するウィジェットです。
- GridViewは格子状にリスト表示するウィジェットです。
- ScrollViewは任意のViewをスクロール表示するウィジェットです。
- TabHostはタブ表示をするウィジェットです。
- ViewPagerはスワイプによって画面を切り替えることができるウィジェットです。

CHAPTER 04　Androidアプリのウィジェットに慣れよう

LESSON
19

動的にレイアウトを読み込む

☐ レッスン終了　　サンプルファイル　📁 Chapter04 > 📁 Lesson19 > 📁 before

ここまでは、固定のレイアウトを表示するアプリでしたが、ここでは動的にレイアウトを読み込んだり、1つのレイアウトを複数のファイルに分ける方法を解説します。

実習　レイアウトを動的に読み込んで使用する方法を見てみよう

1　サンプルのプロジェクトをインポートする

サンプルプロジェクト「Chapter04/Lesson19/before」をインポートします。LESSON 16 の手順 1 2 を参考にして、サンプルプロジェクトをインポートして実行してください。[OK]ボタンをクリックすると（図1 ❶）、画像とテキストを組み合わせたレイアウト画面が表示されます❷。画面とソースコードを比較して、レイアウトを確認してみてください。

レイアウトファイル
app/src/main/res/layout/activity_main.xml

図1　より複雑なアプリ画面のレイアウト

講義　レイアウトの分割利用や動的読み込みの解説

≫ レイアウトファイルを分割する

　ここまでのサンプルプログラムでは、レイアウトファイルはActivityあるいはFragmentに対して1つだけしかありませんでした。これは、単純な画面であれば困らないのですが、複雑な画面構成ではレイアウトファイルが大きくなりすぎて編集が大変になります。また、同じようなレイアウトを何個も作るような場合、共通の部分を抜き出して別ファイルにし、

再利用することで作成の手間を省きたくなることもあると思います。このような場合に役立つのが<include>要素です。

» <include>要素について

<include>要素を使えば、複数のレイアウトを組み合わせたレイアウトを表現できます。リスト1は、サンプルのactivity_main.xmlファイルから一部を抜粋したものです。

リスト1では、includeタグを用いてheaderとfooterという2つのレイアウトファイルを読み込んでいます。リスト2は、読み込まれたheaderレイアウトのソースコードです。

リスト1 activity_main.xml（一部を抜粋）

```xml
    <include layout="@layout/header"/>

    <ScrollView
    (中略)
    </ScrollView>

    <include layout="@layout/footer"/>
```

リスト2 header.xml（一部を抜粋）

```xml
<?xml version="1.0" encoding="utf-8"?>
<FrameLayout
    (中略)

    <TextView
        (中略)
        android:text="header text"/>

    <Button
        (中略)
        android:text="OK"/>
</FrameLayout>
```

includeタグで指定するレイアウトファイルは、特別なレイアウトである必要はありません。ここではheader.xml（リスト2）のレイアウトファイルがactivity_main.xmlに読み込まれ、実行時に表示されます。さらに、レイアウトエディタのデザインビューでは読み込まれた後のイメージを表示するため、編集もしやすくなります。

図2の画面は、サンプルのactivity_main.xmlファイルをレイアウトエディタで開いた時のイメージです。headerとfooterの部分がきちんと表示されています。

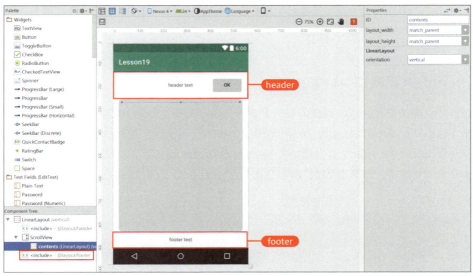

図2 activity_main.xmlファイルをレイアウトエディタで展開

≫ <merge>要素について

Androidの解説書などを見ると、「<include>要素と<merge>要素」といったように同列に並べて解説しているのでよく勘違いしやすいですが、<include>要素と<merge>要素では使用目的がまったく違います*。

<include>要素は「別のレイアウトファイルを読み込む」ための要素で、<merge>要素は「読み込まれた場合の振る舞いを指定する」ための要素です。<merge>要素について理解を深めるには、まず<include>要素の読み込み時のレイアウト構成を知る必要があります。

<include>要素により指定の箇所にheaderのレイアウトを読み込んだ時、レイアウト構成は図3のようになっており、headerのレイアウトは<include>要素がFrameLayout（header.xmlの1階層目）に置きかわりLinearLayout（activity_main.xmlの1階層目）の子として追加されます。

*
インターネット上のAPIリファレンスで<include>要素を見ると、すぐ下に<merge>要素が出てきます（URL http://developer.android.com/training/improving-layouts/reusing-layouts.html#Include）。

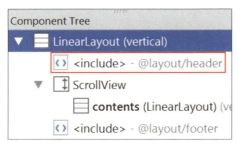

図3 mainのレイアウト構成

このように何らかのLayoutを親に持ったレイアウトファイルをincludeした場合は、図4のように親のレイアウト（FrameLayout）がクッションのように間に入ってしまいます。

そのため、<include>要素を使用するとレイアウトの階層が1つ深くなり、アプリの起動に少なからず影響を与えてしまいます。これを解消するのが<merge>要素です。include対象のレイアウトで<merge>要素を使用すると、直接include先へレイアウトを追加できるようになります（図5）。

headerレイアウトのルートレイアウトを<merge>要素に置き換えることでheaderレイアウトのFrameLayoutが消え、直接includeの箇所に追加されたLinearLayoutにTextViewやButtonが追加されます。

実際に<merge>要素を使ったheaderレイアウトのプログラム例はリスト3のようになります。

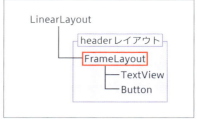

図4 LinearLayoutのレイアウト構成

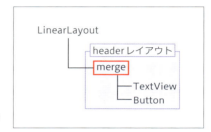

図5 <merge>要素によって余分なFrameLayoutが削除された

リスト3 <merge>要素を使ったheaderレイアウトの例

```xml
<?xml version="1.0" encoding="utf-8"?>
<merge
    xmlns:android="http://schemas.android.com/apk/res/android"

    <TextView
        android:id="@+id/textView"
        android:layout_width="wrap_content"
        android:layout_height="wrap_content"
        android:layout_gravity="center"
        android:text="header text"/>

    <Button
        android:layout_width="wrap_content"
        android:layout_height="wrap_content"
        android:layout_gravity="right"
        android:id="@+id/addButton"
        android:text="OK"/>
</merge>
```

追加される先の要素がLinearLayoutなので、必然的に<merge>要素はLinearLayoutの子と考えてレイアウトを作らなければいけません。

≫ 動的にレイアウトファイルを読み込む

レイアウトファイルは<include>要素で読み込む以外に、Javaプログラム内から動的に読み込んでレイアウトに追加することもできます。サンプルでは、content.xmlファイルを読み込んでidがcontentsのLinearLayoutに追加しています。

実際に追加している箇所のプログラムは**リスト4**のようになります。

リスト4 動的にレイアウトファイルを読み込むプログラム（MainActivity.java）

```java
    @Override
    protected void onCreate(Bundle savedInstanceState) {
        super.onCreate(savedInstanceState);
        setContentView(R.layout.activity_main);

        //LinearLayoutのインスタンスを取得
        mContents = (LinearLayout) findViewById(R.id.contents);

        //リスナーをセット
        findViewById(R.id.addButton).setOnClickListener(this);
    }


    @Override
    public void onClick(View v) {
        //挿入するViewをXMLから取得
        View view = getLayoutInflater().inflate(R.layout.content, ↵
mContents, false);

        //LinearLayoutにViewを追加
        mContents.addView(view, new LinearLayout.LayoutParams(ViewGroup.↵
LayoutParams.MATCH_PARENT,
            ViewGroup.LayoutParams.WRAP_CONTENT));
    }
```

LayoutInflaterクラス[*1]を使うと、動的にレイアウトファイルを読み込み、そのレイアウトのルートView[*2]を取得できます。サンプルではOnClickメソッド内でinflateメソッドを使用してレイアウトファイルからViewを生成し、mContents（idがcontentsのLinearLayout）にaddViewメソッドを使用して追加しています。引数は**表1**の意味を持っています。

[*1] LayoutInflaterはLESSON 18のListViewやGridView、ScrollViewのサンプルでも使っています。

[*2] ルートViewとは階層上、最も上になるViewのことです。

表1 public View inflateメソッドの引数

引数	説明
resource	レイアウトファイルのリソースID
root	アタッチするViewのインスタンス
attachToRoot	rootにアタッチするかどうか

　inflate*3メソッドはほとんどがレイアウトファイルの読み込みで使うため、生成した後に自分でaddViewメソッドを使用してViewを追加します。そのため第3引数はfalseにする場合が多いでしょう*4。

　しかし、<merge>要素の場合は別です。<merge>要素によって定義されたレイアウトファイルをInflateメソッドでViewを生成する場合は、attachToRoot（Inflateメソッドの第3引数）はtrueにしなければエラーになります。使用する際は注意してください。

＊3
inflateメソッドとはLayout Inflaterのメソッド名です。

＊4
LESSON 18 で解説したListViewやGridViewで使っているListAdapterでも、InflateメソッドでViewを生成しています。この場合、falseにしていないとエラーになります。

まとめ

- <include>要素を用いて、1つのレイアウトファイルを複数に分けることができます。
- <merge>要素を用いると、生成される階層を1つ省略することができます。
- LayoutInflaterクラスを用いて動的にXMLレイアウトファイルを読み込むことができます。

練習問題

練習問題を通じてこのCHAPTERで学んだ内容の確認をしましょう。解答は「kaitou.pdf」（Webからダウンロード）を参照してください。

練習問題 01

次の①〜④に正しい言葉を入れて表を完成させなさい。

ウィジェット名	説明
TextView	画面に文字列を表示するためのウィジェットで、文字の大きさやフォントなどを変更でき、簡易的なHTMLも表示できる。「文字列を表示する」基本的な機能を持つため、ButtonやEditTextといったその他のウィジェットの [①] にもなっている。
[②]	文字列入力アプリと連動し、画面に文字列を表示するウィジェット。基本的には編集可能なTextViewだが、独自の機能として入力された文字列の選択機能を持っている。
Button	クリックなどの操作に応じた処理を実装できるウィジェット。実際には標準でButtonの外観を備える [③] である。
ImageView	[④] を表示するためのウィジェット。属性「android:src」で [④] を設定する。また、表示領域に合わせて画像の大きさを変更するスケールタイプを設定できる。

練習問題 02

レイアウトの種類について説明している文章が正しければ○を、間違っていれば×をつけなさい。

① FrameLayoutは最も基本的なレイアウトで、「android:gravity」属性で内包するウィジェットの配置指定ができる。[ ]
② LinearLayoutは内包するウィジェットを縦に並べるだけであるため、実際のアプリ開発ではあまり使用されない。[ ]
③ TableLayoutは表組みのようなレイアウトを作るのに適したレイアウトで、「TableRow」というタグを持つ。[ ]
④ GridLayoutはAndroid 5.0で追加された比較的新しいレイアウトで、表組みを作る上で細かな表現ができる。[ ]
⑤ RelativeLayoutは最も柔軟かつシンプルな構造で作成できるレイアウトで、設定できる属性が非常に多い。[ ]

CHAPTER 05

Androidの システムを学ぼう

本章では、Androidの基本知識として最も大切なActivity、Service、Broadcast Receiverという3つの主要コンポーネントを解説します。また、画面を作る上で重要になるFragmentについても解説します。さらに、これらコンポーネント同士でやり取りをする方法と、ユーザーインターフェースのあるアプリで鬼門となる負荷の高い処理をどのようにして行うかについても解説します。

CHAPTER 05　Androidのシステムを学ぼう

LESSON 20 Activityを利用する

☐ レッスン終了

このLESSONでは、簡単な占いアプリを作成しながら、Activityについて学びます。Activityとは、アプリケーションの画面のことです。サンプルアプリは3つのActivityで構成されています。実行中のActivityから別のActivityへの画面遷移や、Activity間でデータをやり取りする方法を身につけます。

実習　Activityを使ったアプリを実装する

1　新しいプロジェクトを作成する

Android Studioを起動し、[Welcome to Android Studio]画面（図1）から[Start a new Android Studio project]をクリックします。[New Project]画面が表示されので、表1の内容にしたがって各項目を入力してください。[Next]ボタンをクリックすると、次の画面に進みます*。すべての設定を終えたら[Finish]ボタンをクリックします。

＊プロジェクトの作成は複数画面にわたって設定が必要です（LESSON 07の実習を参照）。各画面で[Next]ボタンをクリックし、表1以外の項目については、デフォルト設定か任意で選択してください。

図1　[New Project]画面

表1　新しいプロジェクトの設定項目と内容

項目	入力内容
New Project	
Application name	Lesson20
Company Domain	任意
Package name	任意
Project location	任意
Target Android Devices	
Phone and Tablet	チェックを入れる
Minimum SDK	API 15: Android 4.0.3 (IceCreamSandwich)
Add an activity to Mobile	
—	[Add No Activity]を選択

2 MainActivityを新規に作成する

設定した内容で新しいプロジェクトが作成されるので[1:Project]タブをクリックして（図2❶）、[Project]❷→[(Application name)]❸→[app]❹を選択します。メニューから[File]❺→[New]❻→[Activity]❼→[Empty Activity]❽を選択してください。続いて[Configure Activity]画面が表示されます。表2の内容にしたがって各項目を設定してください❾。入力が完了したら[Finish]ボタンをクリックします❿。

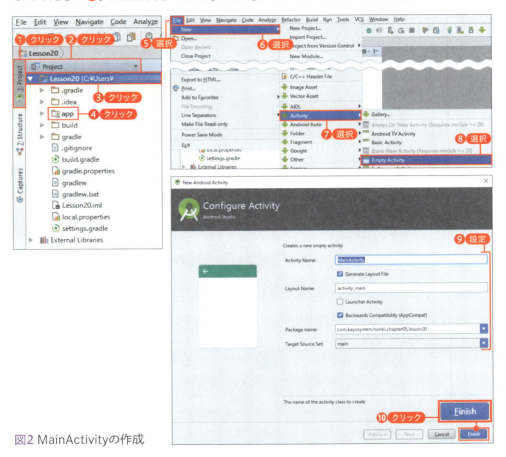

図2 MainActivityの作成

表2 MainActivityの設定項目と内容

項目	入力内容
Activity Name	MainActivity
Generate Layout File	チェックを入れる
Layout Name	activity_main
Launcher Activity	チェックを外す
Backwards Compatibility (AppCompat)	チェックを入れる
Package name	任意
Target Source Set	デフォルト（main）

3 MainActivityのレイアウトを編集する

app/src/main/res/layout/activity_main.xmlを開いて、リスト1のように編集してください。

リスト1 activity_main.xml

```xml
<?xml version="1.0" encoding="utf-8"?>
<RelativeLayout xmlns:android="http://schemas.android.com/apk/res/android"
    xmlns:tools="http://schemas.android.com/tools"
    android:layout_width="match_parent"
    android:layout_height="match_parent"
    android:paddingBottom="@dimen/activity_vertical_margin"
    android:paddingLeft="@dimen/activity_horizontal_margin"
    android:paddingRight="@dimen/activity_horizontal_margin"
    android:paddingTop="@dimen/activity_vertical_margin"
    tools:context=".MainActivity">

    <TextView
        android:layout_width="wrap_content"
        android:layout_height="wrap_content"
        android:layout_above="@+id/textView"
        android:layout_centerHorizontal="true"
        android:layout_marginBottom="16dp"
        android:layout_marginTop="8dp"
        android:text="今日の運勢"
        android:textSize="16sp" />

    <!--EditActivityから受け取った値を表示するTextView-->
    <TextView
        android:id="@+id/textView"
        android:layout_width="wrap_content"
        android:layout_height="wrap_content"
        android:layout_centerHorizontal="true"
        android:layout_centerVertical="true"
        android:text="名無し"
        android:textSize="16sp" />

    <!--StartActivityForResultで起動するButton-->
    <Button
        android:id="@+id/buttonEdit"
        android:layout_width="wrap_content"
        android:layout_height="wrap_content"
        android:layout_below="@+id/textView"
        android:layout_centerHorizontal="true"
        android:layout_marginTop="16dp"
        android:text="名前を入力" />
```

```xml
<!--StartActivityで起動するButton-->
<Button
    android:id="@+id/buttonFortune"
    android:layout_width="wrap_content"
    android:layout_height="wrap_content"
    android:layout_alignParentBottom="true"
    android:layout_centerHorizontal="true"
    android:layout_marginBottom="16dp"
    android:text="占う" />
```
`</RelativeLayout>`

4 EditActivityを新規に作成する

2つ目の画面を作成します。手順2の通りに操作して、表3の設定項目を入力し（図3❶）、[Finish]ボタンをクリックすると❷、「app/src/main/res/layout/」に「activity_edit.xml」が作成されます❸。

表3 EditActivityの設定項目と内容

項目	入力内容
Activity Name	EditActivity
Generate Layout File	チェックを入れる
Layout Name	activity_edit
Launcher Activity	チェックを外す
Backwards Compatibility (AppCompat)	チェックを入れる
Package name	任意
Target Source Set	デフォルト（main）

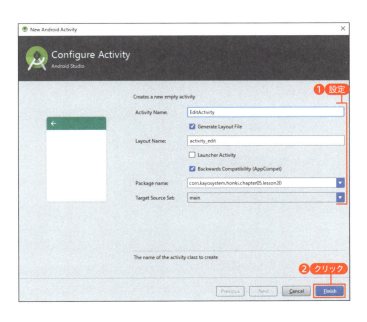

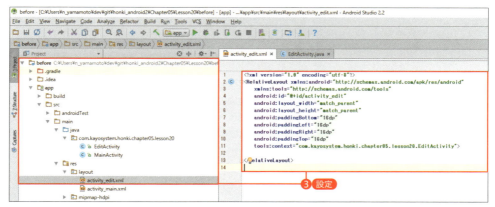

図3 EditActivityの作成

5 EditActivityのレイアウトを編集する

app/src/main/res/layout/activity_edit.xmlを開いて、**リスト2**のように編集してください。

リスト2 activity_edit.xml

```xml
<?xml version="1.0" encoding="utf-8"?>
<LinearLayout xmlns:android="http://schemas.android.com/apk/res/android"
    xmlns:tools="http://schemas.android.com/tools"
    android:layout_width="match_parent"
    android:layout_height="match_parent"
    android:orientation="vertical"
    tools:context=".EditActivity">

    <!--MainActivityへ渡すテキストを入力するEditText-->
    <EditText
        android:id="@+id/editText"
        android:layout_width="match_parent"
        android:layout_height="wrap_content"
        android:layout_marginLeft="16dp"
        android:layout_marginRight="16dp"
        android:layout_marginTop="16dp"
        android:hint="値を入力してください"
        android:textSize="16sp" />

    <LinearLayout
        android:layout_width="match_parent"
        android:layout_height="wrap_content"
        android:layout_marginLeft="16dp"
        android:orientation="horizontal">
```

```xml
    <Button
        android:id="@+id/buttonCanel"
        android:layout_width="wrap_content"
        android:layout_height="wrap_content"
        android:text="@android:string/cancel" />

    <Button
        android:id="@+id/buttonUpdate"
        android:layout_width="wrap_content"
        android:layout_height="wrap_content"
        android:text="OK" />

    </LinearLayout>

</LinearLayout>
```

6 FortuneActivityを新規に作成する

3つ目の画面を作成します。手順②の通りに操作して、表4の設定項目を入力し（図4 ❶）、[Finish]ボタンをクリックすると❷、「app/src/main/res/layout/」に「activity_fortune.xml」が作成されます❸。

表4 FortuneActivityの設定項目と内容

項目	入力内容
Activity Name	FortuneActivity
Generate Layout File	チェックを入れる
Layout Name	activity_fortune
Launcher Activity	チェックを外す
Backwards Compatibility (AppCompat)	チェックを入れる
Package name	任意
Target Source Set	デフォルト（main）

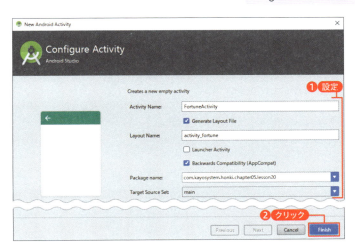

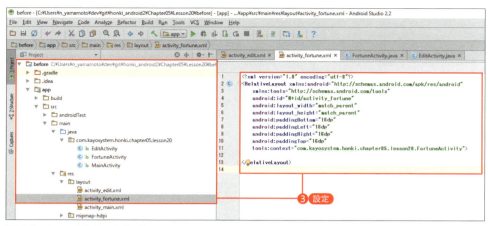

図4 FortuneAtivityの作成

7 FortuneAtivityのレイアウトを編集する

app/src/main/res/layout/activity_fortune.xml を開いて、リスト3 のように編集してください。

リスト3 activity_fortune.xml

```xml
<?xml version="1.0" encoding="utf-8"?>
<RelativeLayout xmlns:android="http://schemas.android.com/apk/res/android"
    xmlns:tools="http://schemas.android.com/tools"
    android:layout_width="match_parent"
    android:layout_height="match_parent"
    android:paddingBottom="@dimen/activity_vertical_margin"
    android:paddingLeft="@dimen/activity_horizontal_margin"
    android:paddingRight="@dimen/activity_horizontal_margin"
    android:paddingTop="@dimen/activity_vertical_margin"
    tools:context=".FortuneActivity">

    <TextView
        android:id="@+id/textName"
        android:layout_width="wrap_content"
        android:layout_height="wrap_content"
        android:layout_above="@+id/textFortune"
        android:layout_centerHorizontal="true"
        android:layout_marginBottom="16dp"
        android:text="名前" />

    <TextView
        android:id="@+id/textFortune"
        android:layout_width="wrap_content"
        android:layout_height="wrap_content"
```

```xml
        android:layout_centerHorizontal="true"
        android:layout_centerVertical="true"
        android:text="運勢"
        android:textAppearance="?android:attr/textAppearanceLarge" />

    <Button
        android:id="@+id/buttonBack"
        android:layout_width="wrap_content"
        android:layout_height="wrap_content"
        android:layout_alignParentBottom="true"
        android:layout_centerHorizontal="true"
        android:layout_marginBottom="16dp"
        android:text="戻る" />

</RelativeLayout>
```

8 MainActivityのJavaプログラムを編集する

app/src/main/java/(Company Domain名)/MainActivity.javaファイルを開いて、リスト4のように編集してください。

リスト4 MainActivity.java

```java
package com.kayosystem.honki.chapter05.lesson20;

import android.app.Activity;
import android.content.Intent;
import android.support.v7.app.AppCompatActivity;
import android.os.Bundle;
import android.view.View;
import android.widget.TextView;


public class MainActivity extends AppCompatActivity implements View.OnClickListener {
    public static final int CALL_RESULT_CODE = 100;         ――①
    private TextView mTextView;

    @Override
    protected void onCreate(Bundle savedInstanceState) {
        super.onCreate(savedInstanceState);
        setContentView(R.layout.activity_main);

        //TextViewのインスタンスを取得
        mTextView = (TextView) findViewById(R.id.textView);
```

> パッケージ名は手順1で設定されたものが使用されます。

```java
        //リスナーをセット
        findViewById(R.id.buttonEdit).setOnClickListener(this);
        findViewById(R.id.buttonFortune).setOnClickListener(this);
    }

    @Override
    protected void onActivityResult(int requestCode, int resultCode,
Intent data) {
        super.onActivityResult(requestCode, resultCode, data);
        if (requestCode == CALL_RESULT_CODE) {
            if (resultCode == Activity.RESULT_OK) {
                //EditActivityから受け取ったテキストを表示
                String text = data.getStringExtra("text");
                mTextView.setText(text);
            }
        }
    }

    @Override
    public void onClick(View v) {
        if (v.getId() == R.id.buttonEdit) {
            //EditActivityを呼び出すIntentを生成
            Intent intent = new Intent(this, EditActivity.class);
            //textというパラメータを設定
            intent.putExtra("text", mTextView.getText());
            //startActivityForResultで起動
            startActivityForResult(intent, CALL_RESULT_CODE);
        } else {
            //FortuneActivityを呼び出すIntentを生成
            Intent intent = new Intent(this, FortuneActivity.class);
            intent.putExtra("user_name", mTextView.getText());
            startActivity(intent);
        }
    }
}
```

③

9 **EditActivityのJavaプログラムを編集する**

app/src/main/java/(Company Domain名)/EditActivity.javaファイルを開いて、リスト5のように編集してください。

リスト5 EditActivity.java

```java
package com.kayosystem.honki.chapter05.lesson20;
```
> パッケージ名は手順①で設定されたものが使用されます。

```java
import android.content.Intent;
import android.support.v7.app.AppCompatActivity;
import android.os.Bundle;
import android.view.View;
import android.view.WindowManager;
import android.widget.EditText;


public class EditActivity extends AppCompatActivity implements View.↲
OnClickListener {

    private EditText mEditText;

    @Override
    protected void onCreate(Bundle savedInstanceState) {
        super.onCreate(savedInstanceState);
        setContentView(R.layout.activity_edit);

        // ソフトウェアキーボードを開く
        getWindow().setSoftInputMode(WindowManager.LayoutParams.SOFT_↲
INPUT_STATE_VISIBLE);

        //EditTextのインスタンスを取得
        mEditText = (EditText) findViewById(R.id.editText);

        //パラメータを取得
        Intent intent = getIntent();
        if (intent != null && intent.hasExtra("text")) {
            mEditText.setText(intent.getStringExtra("text"));
        }
        mEditText.selectAll();

        //リスナーをセット
        findViewById(R.id.buttonUpdate).setOnClickListener(this);
        findViewById(R.id.buttonCanel).setOnClickListener(this);
    }

    @Override
    public void onClick(View v) {

        // 更新ボタンを押した時の処理
        if (R.id.buttonUpdate == v.getId()) {
```

① ← (パラメータを取得部分)

```
        //EditTextに入力されているテキストをMainActivityに渡す
        Intent data = new Intent();
        data.putExtra("text", mEditText.getText().toString());
        setResult(RESULT_OK, data);
    }

    // 画面を終了
    finish();
  }
}
```

10 FortuneAcivityのJavaプログラムを編集する

app/src/main/java/(Company Domain名)/FortuneActivity.java ファイルを開いて、リスト6 のように編集してください。

リスト6 FortuneActivity.java

```java
package com.kayosystem.honki.chapter05.lesson20;

import android.content.Intent;
import android.support.v7.app.AppCompatActivity;
import android.os.Bundle;
import android.text.TextUtils;
import android.view.View;
import android.widget.TextView;

import java.util.Random;

public class FortuneActivity extends AppCompatActivity {

    private static final String[] FORTUNE_TABLE = {"大吉", "吉", "中吉",
"小吉", "末吉", "凶"};

    @Override
    protected void onCreate(Bundle savedInstanceState) {
        super.onCreate(savedInstanceState);
        setContentView(R.layout.activity_fortune);

        TextView textName = (TextView) findViewById(R.id.textName);
        TextView textFortune = (TextView) findViewById(R.id.textFortune);
        findViewById(R.id.buttonBack).setOnClickListener(new View.
OnClickListener() {
            @Override
```

```
            public void onClick(View view) {
                finish();
            }
        });


        //パラメータを取得
        Intent intent = getIntent();
        if (intent != null && intent.hasExtra("user_name") && !TextUtils.↵
isEmpty(intent.getStringExtra("user_name"))) {
            textName.setText(intent.getStringExtra("user_name") + "さんの今↵
日の運勢は...");
        } else {
            textName.setText("今日の運勢は...");
        }

        Random random = new Random();
        int i = random.nextInt(6);
        textFortune.setText(FORTUNE_TABLE[i] + "です！");
    }
}
```

11 AndroidManifest.xmlを編集

app/src/main/AndroidManifest.xmlファイルを開いて、リスト7のように編集してください。

リスト7 AndroidManifest.xml

```
<?xml version="1.0" encoding="utf-8"?>
<manifest xmlns:android="http://schemas.android.com/apk/res/android"
(中略)
    <application
        android:allowBackup="true"
        android:icon="@mipmap/ic_launcher"
        android:label="@string/app_name"
        android:supportsRtl="true"
        android:theme="@style/AppTheme" >
        <activity
            android:name=".MainActivity"————————————————————①
            android:label="@string/app_name"
            android:launchMode="singleTop">
            <intent-filter>————————————————————②
                <action android:name="android.intent.action.MAIN" />

                <category android:name="android.intent.category.LAUNCHER" />
            </intent-filter>
```

```xml
        </activity>
        <activity
            android:name=".EditActivity"
            android:label="@string/app_name" />
        <activity
            android:name=".FortuneActivity"
            android:label="@string/app_name" />
    </application>

</manifest>
```

12 アプリを実行する

アプリを実行すると、図5のような画面が表示されます。MainActivity画面の[名前を入力]ボタンをクリックすると❶EditActivity画面(名前入力画面)が表示されます。EditActivity画面でEditTextに文字列を入力して❷、[OK]ボタンをクリックすると❸MainActivity画面に戻り、TextView部分にEditActivity画面で入力した文字列が表示されます❹。[占う]ボタンをクリックすると❺FortuneActivity画面が表示されます。TextView部分には「(MainActivityで表示している名前)さんの今日の運勢は...」と表示されます❻。

図5 アプリの実行結果

講義 Activityについて

» Activityとは

　Androidアプリには、4つのコンポーネントがあります。Activityは、画面の表示とユーザーからの入力に対応するコンポーネントです。

　占いアプリは、3つのActivityを連携させて実現しています。MainActivityの役割は、アプリケーションを起動した時に表示され、ユーザー名の表示やボタンが押された時に他のActivityを開始することです。

　EditActivityは、文字列を編集して、呼び出し元に結果を返します。MainActivityには文字列の編集機能がないので、ユーザー名の変更をEditActivityに依頼しているわけです。

　FortuneActivityは、占い結果を表示するのが役割です。呼び出し元から文字列を受け取り、それを名前として表示しています。

　このように、アプリは複数のActivityやServiceコンポーネント(LESSON 21で解説)、

Broadcast Receiverコンポーネント（LESSON 22で解説）、ContentProviderコンポーネントと連携して構築していきます。

図6には複数のActivityが描かれていますが、そのうちの1つが赤色になっています。実際にはAndroidアプリには同じActivity、あるいは異なるActivityがいくつも生成され、そのうちの1つが実行されていることになります。

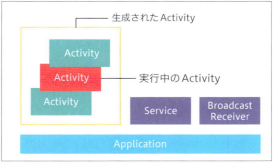

図6 Androidアプリ内におけるActivityの役割

» Activityのライフサイクル

Activityを開始すると実行中になります。新しいActivityが開始されると前のActivityは終了します。この時、前のActivityは新しいActivityの裏に隠れています。ユーザーがデバイスの［戻る］ボタンを押すなどして新しいActivityが終了すると前のActivityが再度表示されるようになっています。このようにActivityが開始されてから終了されるまでの状態の変化を「Activityのライフサイクル」と呼びます。

Androidアプリ開発者は、Activityのライフサイクルを考慮してアプリを作成する必要があるため、この仕組みをよく理解しておく必要があります。図7は、Activityのライフサイクルのフロー図です。Activityが生成されてから破棄されるまでの間にActivityの状態が切り替わるのを表しています。

「on○○○()」は、Activityの状態が切り替わるたびに、システムから呼び出されるコールバックメソッドです。メソッド名だけではわかりにくいので、各メソッドがどのようなタイミングで呼び出されるのかを表5にまとめました。

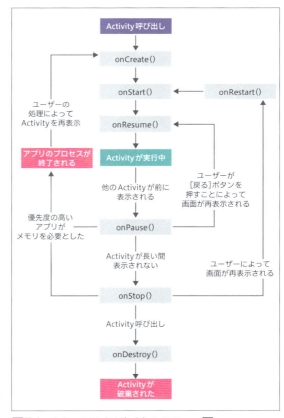

図7 Activityのライフサイクルのフロー図

表5 Activityのコールバックメソッドが呼び出されるタイミング

メソッド名	状態
onCreate	Activityのインスタンスが生成された時に一度だけ呼ばれる。この状態ではまだ画面に表示されない。主にレイアウトファイルの読み込み、画面に関するウィジェットの生成処理を行う
onRestart	一度Activityが停止したあと、再度表示される際に呼ばれる
onStart	Activityが画面に表示される直前に呼ばれる
onResume	Activityが表示され、ユーザーから入力受け付けをはじめる直前に呼ばれる
onPause	Activityが非活性になる直前に呼ばれる
onStop	Activityが画面から見えなくなった時に呼ばれる
onDestroy	Activityが破棄される直前に呼ばれる

　図7の処理フローをこのLESSONのサンプルを例に見ていくと、onCreateメソッドではsetContentViewメソッドを使って画面レイアウトを読み込み、そこで生成された各ウィジェットのインスタンスを取得し、各ウィジェットの入力に対応する処理はリスナーを設定しています（リスト8）。

リスト8 MainActivityのonCreateメソッド（実習のリスト4②）

```
@Override
protected void onCreate(Bundle savedInstanceState) {
    super.onCreate(savedInstanceState);
    setContentView(R.layout.activity_main);

    //TextViewのインスタンスを取得
    mTextView = (TextView) findViewById(R.id.textView);

    //リスナーをセット
    findViewById(R.id.buttonEdit).setOnClickListener(this);
    findViewById(R.id.buttonFortune).setOnClickListener(this);
}
```

　onStartメソッド、onResumeメソッドは、画面が表示される際に呼ばれ、画面が非表示になる際には、onPauseメソッド、onStopメソッドが呼ばれます。
　onResumeメソッドとonPauseメソッドは、それぞれ画面が表示されている時にだけ必要な動作を開始したり終了したりする際に使用します。最後にonDestroyメソッドは、Activityが終了する時に行う処理を実装します。
　このように、Activityに関するプログラムの実装は、それぞれの状態に対応する処理と各ウィジェットのアクションに対応した処理を書くだけで良いので、Androidアプリに限らず初めてウィンドウアプリを作る方にとっても理解しやすいはずです。

» Activityの終了

Activityは画面が切り替わると非活性状態になります。この状態では、Activityはまだ完全には終了していません。図7のフロー図でいうとonPauseあるいはonStopの状態です。そのため、再度表示されるとonRestartが呼ばれ、同じインスタンスが再利用されます。もし完全に終了させてonDestroyの状態にしたい場合は、Activityのfinishメソッドを使用します（図8）。

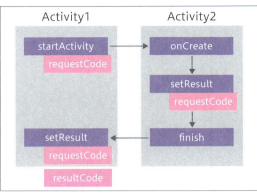

図8 startActivity

» Activityの連携

Activityから他のActivityを呼び出し、情報をやり取りするには「Intent」を使用します。Intentの使い方については実習のリスト4でも実装しています。呼び出し側のコードはリスト9の通りです。

リスト9 IntentによるActivityの連携

```
Intent intent = new Intent(this, SubActivity.class);
startActivityForResult(intent, CALL_RESULT_CODE);
```

通常、Activityを呼び出す場合はstartActivityメソッドを使いますが、結果を取得したい場合はstartActivityForResultメソッドを使います。この時、引数には呼び出すActivityの情報を設定したintentと呼び出しコードとしてInt型のCALL_RESULT_CODEを設定します。

Intentには呼び出すActivityに渡したいデータも設定できます。CALL_RESULT_CODEは結果取得時にも使用するので別途定数として定義しておきます（リスト10）。

リスト10 結果受け取り用のコード（実習のリスト4①）

```
public static final int CALL_RESULT_CODE = 100;
```

Intentに設定されたデータを取得する方法は、リスト11のようになります（実習のリスト5①）。

リスト11 呼び出されたActivityで設定されたデータを取得

```
Intent intent = getIntent();
if (intent != null && intent.hasExtra("text")) {
    mEditText.setText(intent.getStringExtra("text"));
}
```

データの取得はonCreateメソッドで実装するのが一般的です。またIntentを介して設定できるデータの型はput〜（キー名、値）メソッドで設定できる型に限ります。ここではキー名が"text"の文字列を取得し、EditTextに設定しています。

また、呼び出し元のActivityへ値を返す場合は、リスト12のようにsetResultメソッドでIntentを設定します（実習のリスト5②）。

リスト12 setResultメソッドでIntentを設定

```
Intent data = new Intent();
data.putExtra("text", mEditText.getText().toString());
setResult(RESULT_OK, data);
```

RESULT_OKは結果コードです。これはint型ですが、定数のRESULT_OKとRESULT_CANCELEDのどちらかを設定します。処理が成功した時はRESULT_OKです。2つ目のパラメータは返却するデータです。

リスト12で1つ注意してほしいのは、setResultメソッドは返す値を設定する処理なので、このあとすぐ画面を閉じて前の画面へ戻りたい場合は別途finishメソッドを呼ぶ必要があることです。実際にはsetResultメソッドとfinishメソッドはセットで使う機会が多いでしょう。

最後に、このデータの受け取り方法ですが、呼び出し側のActivityでリスト13のようにonActivityResultメソッドをオーバーライドします（実習のリスト4③）。

リスト13 onActivityResultメソッドのオーバーライド

```
@Override
protected void onActivityResult(int requestCode, int resultCode, 
Intent data) {
    super.onActivityResult(requestCode, resultCode, data);
    if (requestCode == CALL_RESULT_CODE) {
        if (resultCode == Activity.RESULT_OK) {
            //EditActivityから受け取ったテキストを表示
            String text = data.getStringExtra("text");
            mTextView.setText(text);
        }
    }
}
```

引数requestCodeにはstartActivityForResultメソッドに渡したCALL_RESULT_CODEが入っており、どのstartActivityメソッドによって呼び出されたActivityなのかを判断します。2つ目の引数resultCodeにはsetResultメソッドで設定した結果コードが入ってきます。3つ目の引数dataには同じくsetResultメソッドで設定したIntentが入っています。

» AndroidManifest.xmlにおけるActivityの宣言

　Activityはクラスを実装しただけではまだ利用できません。作成してすぐstartActivityメソッドを実行すると「android.content.ActivityNotFoundException」という例外が発生し、**リスト14**のようなエラーログが表示されるはずです。

リスト14 android.content.ActivityNotFoundExceptionエラーログ

```
android.content.ActivityNotFoundException: Unable to find explicit
activity class {com.kayosystem.honki.chapter05.lesson20/com.kayosystem.
honki.chapter05.lesson20.EditActivity}; have you declared this activity
in your AndroidManifest.xml?
    at android.app.Instrumentation.checkStartActivityResult
(Instrumentation.java:1805)
（中略）
    at com.kayosystem.honki.chapter05.lesson20.MainActivity.
onClick(MainActivity.java:48)
```

```
android.content.ActivityNotFoundException: Unable to find explicit
activity class {com.yokmama.learn10.chapter05.lesson20/com.yokmama.
learn10.chapter05.lesson20.SubActivity}; have you declared this activity
in your AndroidManifest.xml?
at android.app.Instrumentation.checkStartActivityResult(Instrumentation.
java:1628)
（中略）
at android.app.Activity.startActivity(Activity.java:3595)
```

　エラーが発生する原因は、作成したActivityがAndroidManifest.xmlに追記されていないからです。しかし、実習の手順**2**で、[Launcher Activity]にチェックを入れた場合は自動でAndroidManifest.xmlに追記されるのでエラーになりません。もし直接クラスを実装したり、どこからかActivityをコピー＆ペーストしたりなどでプロジェクトに追加した場合は自動で追加されませんので、その場合は別途自分で書いてください。

　Activityの宣言はAndroidManifest.xmlの<application>要素に子として追加します。**リスト15**はその例です（実習の**リスト7**①）。

リスト15 Activity宣言の追加

```xml
<manifest ... >
    <application ... >
        <activity
            android:name=".MainActivity" />
        （中略）
    </application ... >
</manifest >
```

この例ではActivityの名前しか属性はありませんが、この他にもIconやThemeなども設定できます。サンプルでも使っている属性や、よく使う属性には表6のようなものがあります*1。

*1
公式サイトにも詳しい解説があります。 URL http://developer.android.com/guide/topics/manifest/activity-element.html

表6 Activityで使用できる属性

属性	必須	説明
android:name	○	作成したActivityのクラス名。パッケージ名を含む名前か名前の最初の1文字をピリオド（例：.MainActivity）にすると＜manifest＞要素で設定したパッケージ名に付加され、簡略化できる
android:icon		Activityのタイトルあるいはランチャーに表示されるアイコン。設定されていない場合は、代わりに＜application＞要素のandroid:iconを使用
android:label		Activityのタイトルあるいはランチャーに表示される名称。設定されていない場合は、代わりに＜application＞要素のandroid:labelを使用
android:theme		Activityに対する全体のThemeを指定。このThemeがActivityのContextに自動的に設定される。設定されていない場合は、代わりに＜application＞要素のandroid:themeを使用
android:screenOrientation		Activityがデバイスに表示される画面の向きの指定。よく使われるのはlandscape（横長で表示）、portrait（縦長で表示）の2つ。デフォルトは指定なしで、システムの設定に依存
android:launchMode		Activityの起動方法を指示。standard、singleTop、singleTask、singleInstanceの4つのモードがある。詳細は次のページの「Activityの起動方法」を参照

＜activity＞要素には、属性の他に＜intent-filter＞要素*2を用いて他のアプリとの連携に関する振る舞いを設定できます。このLESSONのサンプルでは[Launcher Activity]のチェックを外していたため追加されませんでしたが、チェックを入れて作成すると自動でリスト16の＜intent-filter＞要素も追加されます（実習のリスト7②）。

*2
ランチャーアプリケーションとの連携を設定するフィルターで、これが設定されていると、Androidのランチャーアプリケーションに表示されるようになります。＜intent-filter＞を使うと、ブラウザのリンクや検索機能に連携できるようにすることもできます。詳しくは公式サイトのAPIリファレンスから「Intents and Intent Filters」の項（ URL http://developer.android.com/guide/components/intents-filters.html）を参考にしてください。

リスト16 ＜intent-filter＞要素

```
<intent-filter>
    <action android:name="android.intent.action.MAIN" />

    <category android:name="android.intent.category.LAUNCHER" />
</intent-filter>
```

≫ Activityの状態保存

Activityは非活性状態になっても終了せずにバックグラウンドで動作していますが、Androidのシステムはメモリが不足してくると、メモリ確保のために非活性状態のActivity

を優先的に強制終了します。しかし、ほとんどのユーザーはアプリが終了されていることには気づかないでしょう。その理由は、再表示の際に終了前の状態を復元しているからです。Activityは非活性状態になる前にActivityの状態を一時保存し、その後で終了します。そして再び活性状態になる際に保存された状態から復元されます。

　しかし、この機能が自動的に行われるのはEditTextなど一部のウィジェットだけです。Activityに持たせたデータや対応していないウィジェットは自前でデータの保存・復元処理を実装しなければなりません。リスト17はデータ保存処理の実装例です。

リスト17 データ保存処理の実装例
```
@Override
protected void onSaveInstanceState(Bundle outState) {
    super.onSaveInstanceState(outState);
    //インスタンスの保存
    outState.putInt("count", mCount );
}
```

　データの保存はActivityのonSaveInstanceStateメソッドをオーバーライドし、引数outStateに保存したい値を設定します。こうしておくとActivityのonCreateメソッド、またはonRestoreInstanceStateメソッドでonSaveInstanceStateで設定したoutStateをパラメータとして受け取れるので、保存しておいた値を取り出して状態を復元します。リスト18はonRestoreInstanceStateメソッドの実装例です。変数名はoutStateではなくsavedInstanceStateになっているので注意してください。

リスト18 状態復元の実装例
```
@Override
protected void onRestoreInstanceState(Bundle savedInstanceState) {
    super.onRestoreInstanceState(savedInstanceState);
    //インスタンスの復帰
    mCount = savedInstanceState.getInt("count");
}
```

　なお、onSaveInstanceStateメソッドは実際には呼び出されない場合もあり、システム的に問題が発生するような情報の保存には適していません。あくまで一時的な画面の状態保存に使うようにし、重要な情報はonPauseメソッドでSharedPreferencesなどを使って永続化するようにしてください。

≫ Activityの起動方法

　Activity起動時の振る舞い(startActivityメソッドによって呼ばれた際の起動種別)をandroid:launchMode、あるいはIntentのsetFlagメソッドで設定できます。このフラグは、生成されるActivityのインスタンスを新しく生成するのか、それとも使い回しをするのか、と

いったことを制御できます。表7はそれぞれのモードの違いを説明しています。

表7 android:launchModeで設定できるLaunchMode

モード	説明
standard	デフォルト。特別な処理は行わない
singleTop	Activityのインスタンスがすでにタスクの先頭にある場合、システムは新たにActivityのインスタンスを作成せず、onNewIntentメソッドを用いてそのインスタンスにIntentを送る。この時onCreateメソッドは呼ばれない
singleTask	システムは新しいタスクのルートにActivityを作成しIntentを送る。すでに作成済みの場合、システムはActivityのインスタンスを作成せず、onNewIntentメソッドを用いてそのインスタンスにIntentを送る。インスタンスは常に1つしかないため、onCreateメソッドは最初の一度しか呼ばれない
singleInstance	singleTaskと同じだが、システムがそのインスタンスを保持しているタスクには他のActivityを何も起動させないという点は除く。Activityは常に1つでそのタスクの唯一のメンバとなる

　singleTaskとsingleInstanceはインスタンスが1つしかないという点で共通し、この2つは特殊なケースでのみ使用を推奨しています。通常はstandardかsingleTopを使い分けるようにアプリを設計するべきです。

　LaunchModeはActivityの振る舞いに関わるとても重要なモードです。通常はstandardで問題ないのですが、アプリによっては使い分ける必要がでてきます。特にonSaveInstanceStateやonActivityResultメソッド等は呼ばれるタイミングが異なってくるので、変更する際はログなどを仕込み、どのタイミングで呼ばれているかをよく確認して実装してください。

まとめ

- Activityは画面を作成する際に利用するクラスです。
- Activityのプログラムは Activityのライフサイクルに合わせてシステムから呼ばれるコールバックメソッドをオーバーライドして実装します。
- Activityは意図的にfinishメソッドを呼ばない限り終了しません。この場合、画面に表示されていない状態を「非活性状態」と呼び、いつ表示されても良いように待機しています。
- Activityはクラスを実装するだけでなく、AndroidManifest.xmlにクラスを定義しておかなければ利用することができません。

CHAPTER 05 Androidのシステムを学ぼう

LESSON 21 Serviceを利用する

□ レッスン終了　サンプルファイル　Chapter05 > Lesson21 > before

Serviceは、ユーザーインターフェースを持たず、バックグラウンドで長時間動作するアプリケーションのコンポーネントです。画面がないのでシンプルな動作をしますが、考慮すべき点がいくつかあります。
このLESSONでは、スマホ画面の上部にある通知領域にメッセージを表示・非表示する役割を持ったServiceを作り、Activityから呼び出す方法を学びます。

実習　Serviceを使ったアプリを実装する

1 サンプルプロジェクトをインポートする

Android Studioを起動し、[Welcome to Android]画面から[Import project (Eclipse ADT, Gradle, etc.)]を選択します。選択ダイアログが表示されるので「Chapter05/Lesson21/before」を選択して（図1❶）、[OK]ボタンをクリックし❷、雛形のプロジェクトを開いてください。

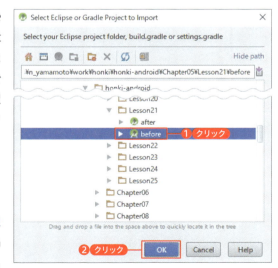

図1 プロジェクトの選択

2 Serviceを新規作成する

[1:Project]タブをクリックして（図2❶）、[Project]❷→[(Application name)]❸→[app]❹を選択します。メニューから[File]❺→[New]❻→[Service]❼→[Service]❽を選択してください。続いて[Configure Component]画面が表示されます。表1の内容にしたがって各項目を設定してください❾。入力が完了したら[Finish]ボタンをクリックします❿。

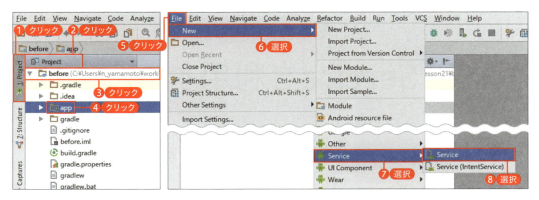

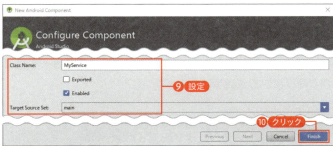

表1 Serviceの設定項目と内容

項目	入力内容
Class Name	MyService
Exported	チェックを外す
Enabled	チェックを入れる
Target Source Set	デフォルト(main)

図2 Serviceの作成

3 MainActivityのレイアウトを編集する

app/src/main/res/layout/activity_main.xmlを開いて、リスト1のように編集してください。

リスト1 activity_main.xml

```xml
<LinearLayout
(中略)
    android:layout_height="match_parent"
    android:gravity="center"
    android:orientation="vertical"
(中略)
    tools:context=".MainActivity">


    <!--通知を表示するServiceを起動するButton-->
    <Button
        android:id="@+id/button1"
        android:layout_width="wrap_content"
        android:layout_height="wrap_content"
        android:text="Show"  />


    <!--通知を非表示にするServiceを起動するButton-->
    <Button
```

```xml
        android:id="@+id/button2"
        android:layout_width="wrap_content"
        android:layout_height="wrap_content"
        android:text="Hide" />
</LinearLayout>
```

4 MainActivityのJavaプログラムを編集する

app/src/main/java/(Company Domain名)/MainActivity.java を開いて、リスト2 のように編集してください。

リスト2 MainActivity.java

```java
package com.kayosystem.honki.chapter05.lesson21;

import android.content.Intent;
import android.os.Bundle;
import android.support.v7.app.AppCompatActivity;
import android.view.View;


public class MainActivity extends AppCompatActivity implements View.
OnClickListener {

    @Override
    protected void onCreate(Bundle savedInstanceState) {
        super.onCreate(savedInstanceState);
        setContentView(R.layout.activity_main);

        //リスナーをセット
        findViewById(R.id.button1).setOnClickListener(this);
        findViewById(R.id.button2).setOnClickListener(this);
    }

    @Override
    public void onClick(View v) {
        if (v.getId() == R.id.button1) {
            //通知を表示するServiceを起動
            Intent intent = new Intent(this, MyService.class);
            intent.setAction("show");
            startService(intent);
        } else if (v.getId() == R.id.button2) {
            //通知を非表示にするServiceを起動
            Intent intent = new Intent(this, MyService.class);
            intent.setAction("hide");
            startService(intent);
        }
    }
}
```

}

5 MyServiceのJavaプログラムを編集する

app/src/main/java/(Company Domain名)/MyService.javaを開いて、リスト3のように編集してください。

リスト3 MyService.java

```java
package com.kayosystem.honki.chapter05.lesson21;

import android.app.Notification;
import android.app.PendingIntent;
import android.app.Service;
import android.content.Intent;
import android.graphics.Bitmap;
import android.graphics.BitmapFactory;
import android.os.IBinder;
import android.support.v4.app.NotificationCompat;
import android.support.v4.app.NotificationManagerCompat;

public class MyService extends Service {
    public MyService() {
    }

    @Override
    public int onStartCommand(Intent intent, int flags, int startId) {
        if(intent != null){
            if("show".equals(intent.getAction())){
                //通知を表示
                showNotification();
            }else if("hide".equals(intent.getAction())){
                //通知を非表示
                hideNotification();
            }
        }

        return START_NOT_STICKY;
    }

    @Override
    public IBinder onBind(Intent intent) {
        throw new UnsupportedOperationException("Not yet implemented");
    }

    /**
     * Notificationを作成.
```

```java
         */
        private void showNotification(){
            // Intent の作成
            Intent intent = new Intent(this, MainActivity.class);
            PendingIntent contentIntent = PendingIntent.getActivity(
    this, 0, intent, PendingIntent.FLAG_UPDATE_CURRENT);

            // LargeIcon の Bitmap を生成
            Bitmap largeIcon = BitmapFactory.decodeResource(getResources(),
    R.drawable.dog);

            // NotificationBuilderを作成
            NotificationCompat.Builder builder = new NotificationCompat.Builder(
    getApplicationContext());
            builder.setContentIntent(contentIntent);
            // ステータスバーに表示されるテキスト
            builder.setTicker("Ticker");
            // アイコン
            builder.setSmallIcon(R.drawable.ic_stat_small);
            // Notificationを開いた時に表示されるタイトル
            builder.setContentTitle("ContentTitle");
            // Notificationを開いた時に表示されるサブタイトル
            builder.setContentText("ContentText");
            // Notificationを開いた時に表示されるアイコン
            builder.setLargeIcon(largeIcon);
            // 通知するタイミング
            builder.setWhen(System.currentTimeMillis());
            // 通知時の音・バイブ・ライト
            builder.setDefaults(Notification.DEFAULT_SOUND | Notification.
    DEFAULT_VIBRATE | Notification.DEFAULT_LIGHTS);
            // タップするとキャンセル(消える)
            builder.setAutoCancel(true);

            // NotificationManagerを取得
            NotificationManagerCompat manager = NotificationManagerCompat.
    from(this);
            // Notificationを作成して通知
            manager.notify(0, builder.build());
        }

        /**
         * Notificationを消去.
         */
        private void hideNotification(){
            // NotificationManagerを取得
            NotificationManagerCompat manager = NotificationManagerCompat.
```

```
from(this);
        // Notificationを作成して通知
        manager.cancel(0);
    }
}
```

6 AndroidManifest.xmlを編集する

app/src/main/AndroidManifest.xml ファイルを開いて、リスト4のように編集してください。

リスト4 AndroidManifest.xml

(中略)
```
    package="com.kayosystem.honki.chapter05.lesson21" >
<uses-permission android:name="android.permission.VIBRATE"/>        ①
<application
```
(中略)

7 アプリを実行する

アプリを実行すると、図3のような画面が表示されます。このアプリでは、[SHOW]ボタンをクリックすると❶、MyServiceが実行されて通知バーに通知メッセージを表示し❷、[HIDE]ボタンをクリックすると通知メッセージが消えます。

図3 アプリの実行結果

講義 Serviceについて

》Serviceとは

Serviceはアプリケーションを構成する4つのコンポーネントのうちの1つです。Serviceはバックグラウンドで動作しますが、呼び出されたプロセス(サンプルではActivity)のメインスレッドで動作します。つまり、Serviceで時間のかかる処理をすればユーザーがActivityにあるボタンを押しても反応がなかったり、ANR*ダイアログが表示される原因となります。そのため時間

* ANRとは、Application Not Respondingの略です。Activityのメインスレッド(UIスレッド)が、時間のかかる処理でブロックされ続けた場合、システムはアプリケーションに問題があると判断してアプリの強制終了ダイアログを表示します。

のかかる処理はService内に新しいスレッドを生成して処理するか、IntentServiceという異なるスレッドで処理するServiceを使うといった工夫をしなければなりません（図4）。

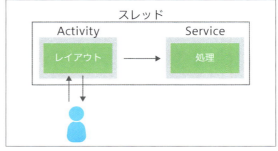

図4 Serviceの概念図

» Serviceのライフサイクル

図5はServiceのライフサイクルですが、Serviceには画面の活性・非活性の状態がないためActivityと比較してとてもシンプルです。2つの図がありますが、Serviceの呼び出し方で若干の違いがあり、比較するために並べています。

まず、図5左はActivityなどからstartServiceメソッドによりServiceが実行された場合のライフサイクルです。呼ばれたServiceは、呼び出し側のActivityが終了してもService内で処理が行われている限り実行し続けます。

一方、図5右はプロセス間通信をするためのバインド処理によって実行されたServiceのライフサイクルです。バインド処理ではActivityの終了時に必ずunbindServiceメソッドを呼ばなければなりません。この時、Serviceをバイ

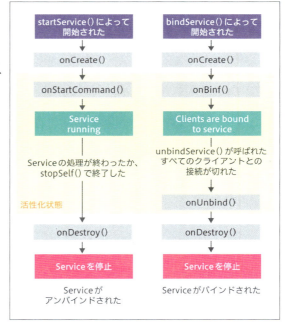

図5 Serviceのライフサイクル

ンドするコンポーネントがなくなった場合にはServiceが終了します。

バインドによるServiceの実行とstartServiceメソッドによるServiceの実行は重複できます。その際は図5左のstartServiceメソッドのライフサイクルが適用されます。

ライフサイクルにおける各メソッドの詳細については、表2を参照してください。

表2 Serviceライフサイクルにおける各メソッドの詳細

メソッド	説明
onCreate	Serviceが生成された時に1回だけ呼ばれる。Serviceの初期化はこのメソッドで行うべき

（続き）

メソッド	説明
onBind	別のコンポーネントからbindServiceメソッドを呼び出し、Serviceとバインドされる時に呼ばれる。バインドが必要とされる場合はIBinderを拡張したクラスを返す必要があるが、そうでない場合はnullで問題ない
onStartCommand	別のコンポーネントからstartServiceメソッドを呼び出し、Serviceが実行された時に呼ばれる
onUnbind	別のコンポーネントからunbindServiceメソッドが呼ばれた時にシステムから呼ばれる
onDestroy	Serviceが使用されなくなり破棄される時に呼ばれる。アプリが強制終了した場合は呼ばれない

» Serviceの実装

Serviceクラスを継承したサブクラスの作成とAndroidManifest.xmlへの<service>要素の追加が主な実装になります。

メニューから[File]→[New]→[Service]→[Service]のようにAndroid Studioの機能でServiceを作成すると、デフォルトでonBindメソッドが実装されます（リスト5①）。Serviceでプロセス間通信を利用する必要がなければ、onBindメソッドはそのままで構いません。

主な処理はonCreateメソッドとonStartCommandメソッドで行います（リスト5②）。特にonStartCommandメソッドはstartServiceメソッドが実行された際には確実に呼ばれるメソッドなので、Intentに関連する処理の実装に適しています（参考：実習のリスト3）。

リスト5 Serviceの実装

```java
public class MyService extends Service {
    public MyService() {
    }

    @Override
    public IBinder onBind(Intent intent) {
        throw new UnsupportedOperationException("Not yet implemented");
    }

    @Override
    public void onCreate() {
    }

    @Override
    public int onStartCommand(Intent intent, int flags, int startId) {
        return START_STICKY;
    }
}
```

onStartCommandメソッドはint型の値を返却しなければなりません。この値はServiceが終了した場合の振る舞いを指定するフラグで、定数として表3のいずれかを使用します。

表3 onStartCommandメソッドで使用するint型の定数

定数	説明
START_NOT_STICKY	Serviceが強制終了されても自動で再起動しない。常にServiceが動作している必要がなければ、このオプションの使用が望ましい
START_STICKY	Serviceが強制終了された場合に自動で再起動するが、Intentはnullで実行される。常にServiceが起動している必要がある場合はこのオプションを使用する
START_REDELIVER_INTENT	Serviceが強制終了された場合に自動で再起動する。その時、最後に渡されたIntentが返される。再起動時に処理を再開したい場合に使用する

Serviceのプログラムを実装したら、AndroidManifest.xmlを開いてリスト6のように<application>要素の子要素として<service>要素を追加①します。なおリスト6の①の部分は、実習の手順❷のServiceの作成時に自動で追加されます。

リスト6 <application>要素の子要素として<service>要素を追加

```
<application ... >
    <service android:name=".MyService"
        android:enabled="true"
        android:exported="false" />                ①
（中略）
</application>
```

<service>要素にはandroid:name属性が必須です。他は特に設定しなくてもデフォルトの設定がありますが、android:exported属性は明示的に設定した方が良いでしょう（表4）。

表4 <service>要素に設定する属性

属性	説明
android:name	作成したServiceのクラス名。パッケージ名を含む名前か名前の最初の1文字をピリオド（例：.MainActivity）にすることで<manifest>要素に設定したパッケージ名に付加され簡略化できる。この項目は必須
android:exported	作成したServiceを外部のアプリから利用できるフラグ。自分のアプリからしか使わない場合はfalseにする

これでServiceの実装は完了です。しかし、Serviceはランチャーアプリには表示されないため、実行するには他のコンポーネントから呼び出す実装が必要です。

≫ Serviceの実行

Serviceを実行するには、2つの方法があります。1つは、startServiceメソッドによる実行です（リスト7）。

リスト7 startServiceメソッドによるServiceの実行

```
Intent intent = new Intent(this, HelloService.class);
startService(intent);
```

　startServiceでServiceが実行されるとonStartCommandメソッドまで実行されるため、Intentによりパラメータを渡すことができます。

　もう1つは、bindServiceメソッドによる実行です(リスト8)。

リスト8 bindServiceメソッドによるServiceの実行

```
private ServiceConnection mConnection = new ServiceConnection() {
    public void onServiceConnected(ComponentName className, 
IBinder service) {
        //バインドが成功した
    }

    public void onServiceDisconnected(ComponentName className) {
        //バインドが終了した
    }
};

void bindService() {
    Intent intent = new Intent(this, HelloService.class);
    bindService(intent, mConnection, Context.BIND_AUTO_CREATE);
}
```

　こちらは別途AIDL*を使用してバインドクラスを定義しなければなりませんが、本書では詳しくは説明しません。bindServiceメソッドによるServiceではインスタンスを生成するところまでは実行されますが、onStartCommandメソッドまでは実行されません。そのため、制御するには、別途startServiceメソッドを使うか、AIDLによってServiceのメソッドを呼ぶことになります。それから注意してほしいのですが、必ずunbindServiceメソッドを実行してください。また、重複してunbindServiceメソッドを呼ぶとエラーになるため、二度呼ばれないように工夫する必要があります。

*
AIDL (Android Interface Definition Language: Androidインターフェース定義言語)は2つの異なるプロセス同士でプロセス間通信をするためのコードを、自動生成するためのIDL言語のことです。これを用いると、ActivityからServiceへ戻り値付きのメソッドを呼び出すことができます。

» Serviceの停止

　startServiceメソッドにより実行されたServiceは、そのままでは自動で終了しません。システムのメモリが不足して削除対象になるまではバックグラウンドに常駐した状態になっています。これをプログラムから強制的に終了したい場合はServiceのstopSelfを呼ぶか(リスト9)、他のコンポーネントからstopServiceメソッドを呼ぶ必要があります。

リスト9 stopSelfを呼ぶ
```
public class MyService extends Service {
(中略)
    stopSelf();
(中略)
}
```

» Serviceの状態を可視化にするには

　Serviceには画面がないため、Serviceの状態を可視化する方法としてNotificationを利用します。NotificationはAndroidのステータスバーに通知アイコンとともにテキストや画像を表示する仕組みで、表示・非表示にはNotificationManagerを利用します。このLESSONのサンプルではリスト3のshowNotificationとhideNotificationがその実装になります。

　サンプルを実行し[SHOW]ボタンをクリックするとshowNotificationが実行され、図6のような通知が表示されます。ステータスバーを引き出すと、ステータスバーに新しく作成したNotificationが表示されます（図7）。

図6 ステータスバーに通知が表示される

図7 ステータスバーに通知の中身が表示される

　Notificationは、そのままにしておくとずっと表示されています。Notificationをタッチするか、ステータスバーの[すべて消去]ボタンをクリックすればクリアされますが、プログラムから削除する場合はNotificationManagerのcancelを使用します。

» Serviceのスレッドに対する優位性

　ServiceがActivityと同じスレッドで動いていると聞いてがっかりされた方もいるかもしれません。しかし、ServiceにはActivityからスレッドを生成して処理するよりも良い面があります。

　まず、ServiceはContextを持っていることです。スレッドでもバックグラウンド処理はできますが、スレッドを生成したActivityが終了すると、そのActivityに関連したContextは使用できなくなります。Activityが終了しても動き続けることができるスレッドではContextを使うべきではないでしょう。そのためContextを利用するバックグラウンド処理はServiceを使うしかありません。

　また、Serviceはプロセス間通信により他のAndroidアプリと双方向にやり取りができます。これまでActivity同士の連携はIntentを使ったデータのやり取りが限界でしたが、プロセス間通信を使うことで戻り値を必要とするやり取りが可能になります。

さらに、Serviceを常にフォアグラウンドで実行することにより、他のコンポーネントよりも終了されにくくできます。Serviceはデフォルトでバックグラウンド処理になるため、いつでも終了される恐れがありますが、フォアグラウンドで実行するとServiceであっても停止しません。これは音楽アプリのような常に実行し続けるような処理に向いています。

» フォアグラウンドでのサービスの実行

Serviceは通常、システムのメモリが不足してくると強制的に終了されます。これはServiceプログラムが実行中であっても同様です。しかし、Notificationと連動しフォアグラウンド*として実行されている場合は、強制終了されにくくなります。フォアグラウンドとして実行(リスト10)するには、Notificationの開始をstartForeground①にします。

リスト10 フォアグラウンドでのサービスの実行

```
NotificationCompat.Builder builder = new
NotificationCompat.Builder(
    getApplicationContext());
(中略)
startForeground(ONGOING_NOTIFICATION, builder.  ──①
build);
```

* フォアグラウンドは、コンポーネントが活性化している状態です。Activityだと表示されている状態になります。一方バックグラウンドは、非活性の状態です。
バックグラウンドの状態はシステムからメモリが足りなくなると優先的に停止させられる可能性があります。
Serviceはデフォルトではバックグラウンドですので、終了されやすいコンポーネントだといえます。

フォアグラウンドでの実行中は、ステータスバーの[すべて消去]ボタンを押してもNotificationの通知は消えません。フォアグラウンドの実行を停止したい場合はstopForegroundを呼び出してください。どちらのメソッドもServiceのメソッドです。

» IntentServiceについて

Serviceはメインスレッドで動作するため、重い処理を行うとActivityに影響が出てきます。これを防ぐためには、Service側で別途スレッドを生成して重い処理を委譲する必要がありますが、これを行うと複数のスレッドが同時に実行される恐れがあるため、注意深く実装しなければなりません。しかし、Serviceをバッチ処理のように順番に処理するだけであれば、IntentServiceを使うと良いでしょう。IntentServiceを使うとメインスレッドに影響がない上、実装も簡単になります(リスト11)。

リスト11 IntentServiceを使ったServiceの実装

```
public class HelloIntentService extends IntentService {

   /**
    * スーパークラスの IntentService(String)を必ず実装しなければならない
```

```java
     * この名前はワーカースレッドの名前になる
     */
    public HelloIntentService() {
        super("HelloIntentService");
    }

    /**
     * Intentの処理を実行する
     * 処理が終了すると自動的にServiceは停止する
     */
    @Override
    protected void onHandleIntent(Intent intent) {
        // 重たい処理を実装
    }
}
```

IntentServiceの特徴を要約すると次のようになります。

- アプリケーションのメインスレッドから分離したデフォルトのワーカースレッド[*1]を作成し、onStartCommandメソッドに配信されるすべてのインテントを実行する
- onHandleIntentメソッドの実装に1つのインテントを渡すワークキュー[*2]を作成することでマルチスレッドに関する心配がなくなる
- 開始要求のすべてをハンドルした後、サービスを停止することでstopSelfを呼び出す必要がなくなる
- null を返す onBind メソッドのデフォルト実装を提供する
- ワークキュー、その後 onHandleIntent メソッドの実装にインテントを送信する onStartCommand メソッドのデフォルト実装を提供する

[*1] 処理をするスレッドのことです。

[*2] ワーカースレッドをキュー形式の待ち行列で管理したものです。

まとめ

- Serviceは画面を必要としない処理を行いたい場合に利用するクラスです。
- Serviceはメインスレッドで動作するので重たい処理は別途スレッドを作るかIntentServiceを使います。
- Serviceからスレッドを派生し、処理を続行してもシステムからはServiceが終了したものとみなされるので、システムの状態によっては破棄される恐れがあります。
- Serviceを破棄されにくくしたいのであれば、Notificationと連動したフォアグラウンドサービスとして実行されるようにします。

CHAPTER 05 Androidのシステムを学ぼう

LESSON 22 Broadcast Receiverを利用する

☐ レッスン終了

システムは、「端末起動完了」や「デバイスのストレージが少なくなった」など、さまざまなタイミングでブロードキャスト（同時通報）を行っています。Broadcast Receiverは、システムやアプリが配信するブロードキャストを受信し、処理するためのコンポーネントです。ここでは、Broadcast Receiverの基本的な動作を知るためにActivityとBroadcast Receiverを連携し、数字をカウントアップするアプリを作成します。

実習　Broadcast Receiverを使ったアプリを実装する

1 新しいプロジェクトを作成する

新しいプロジェクトを作成します。LESSON 20の手順1を参考に、表1の内容にしたがって各項目を入力してください。

表1 新しいプロジェクトの設定項目と内容

項目		入力内容
New Project		
	Application name	Lesson22
	Company Domain	任意
	Package name	任意
	Project location	任意
Target Android Devices		
	Phone and Tablet	チェックを入れる
	Minimum SDK	API 15: Android 4.0.3 (IceCreamSandwich)
Add an activity to Mobile		
	―	[Empty Activity]を選択
Customize the Activity		
	Activity Name	MainActivity
	Generate Layout File	チェックを入れる
	Layout Name	activity_main
	Backwards Compatibility (AppCompat)	チェックを入れる

2 Broadcast Receiverを新規作成する

設定した内容で新しいプロジェクトが作成されるので[1:Project]タブをクリックして（図1 ❶）、[Project]❷→[(Application name)]❸→[app]❹を選択します。メニューから[File]❺→[New]❻→[Other]❼→[Broadcast Receiver]❽を選択してください。続いて[Configure Component]画面が表示されます。表2の内容にしたがって各項目を入力してください❾。入力が完了したら[Finish]ボタンをクリックします❿。

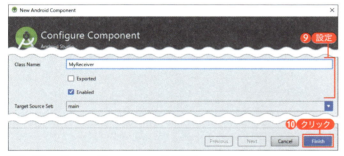

表2 Broadcast Receiverの設定項目と内容

項目	入力内容
Class Name	MyReceiver
Exported	チェックを外す
Enabled	チェックを入れる
Target Source Set	デフォルト（main）

図1 [Configure Component]画面

3 MainActivityのレイアウトを編集する

app/src/main/res/layout/activity_main.xmlを開いて、リスト1のように編集してください。

リスト1 activity_main.xml

```
<?xml version="1.0" encoding="utf-8"?>
<RelativeLayout xmlns:android="http://schemas.android.com/apk/res/android"
    xmlns:tools="http://schemas.android.com/tools"
    android:layout_width="match_parent"
    android:layout_height="match_parent"
    android:gravity="center"
    android:paddingBottom="@dimen/activity_vertical_margin"
    android:paddingLeft="@dimen/activity_horizontal_margin"
    android:paddingRight="@dimen/activity_horizontal_margin"
    android:paddingTop="@dimen/activity_vertical_margin"
    tools:context=".MainActivity">
```

```xml
<!--BroadcastReceiverを実行するButton-->
<Button
    android:id="@+id/button"
    android:layout_width="wrap_content"
    android:layout_height="wrap_content"
    android:text="" />
</RelativeLayout>
```

4 MainActivityのJavaプログラムを編集する

app/src/main/java/(Company Domain名)/MainActivity.javaを開いて、リスト2のように編集してください。

リスト2 MainActivity.java

```java
package com.kayosystem.honki.chapter05.lesson22;

import android.support.v7.app.AppCompatActivity;
import android.content.Intent;
import android.content.SharedPreferences;
import android.os.Bundle;
import android.preference.PreferenceManager;
import android.view.View;
import android.widget.Button;


public class MainActivity extends AppCompatActivity {

    @Override
    protected void onCreate(Bundle savedInstanceState) {
        super.onCreate(savedInstanceState);
        setContentView(R.layout.activity_main);

        //Buttonのインスタンスを取得
        Button button = (Button) findViewById(R.id.button);

        //Buttonにカウントをセット
        SharedPreferences preferences =
PreferenceManager.getDefaultSharedPreferences(this);
        int count = preferences.getInt("count", 0);
        button.setText("Count:" + count);

        //リスナーをセット
        button.setOnClickListener(new View.OnClickListener() {
            @Override
```

```java
                public void onClick(View v) {
                    //BroadcastReceiverでカウントアップを実行
                    Intent intent = new Intent(MainActivity.this, ⏎
MyReceiver.class);
                    intent.setAction("up");
                    sendBroadcast(intent);
                }
            });

    }
}
```

5 MyReceiverのJavaプログラムを編集する

app/src/main/java/（Company Domain名）/MyReceiver.javaを開いて、リスト3のように編集してください。

リスト3 MyReceiver.java

```java
package com.kayosystem.honki.chapter05.lesson22;

import android.content.BroadcastReceiver;
import android.content.Context;
import android.content.Intent;
import android.content.SharedPreferences;
import android.preference.PreferenceManager;
import android.util.Log;

public class MyReceiver extends BroadcastReceiver {

    private static final String TAG = MyReceiver.class.getSimpleName();

    public MyReceiver() {
    }

    @Override
    public void onReceive(Context context, Intent intent) {
        if ("up".equals(intent.getAction())) {

            //カウントを読み込み
            SharedPreferences preferences = ⏎
PreferenceManager.getDefaultSharedPreferences(context);
            int count = preferences.getInt("count", 0);

            //カウントアップ
```

```
            count++;

            //カウントを保存
            SharedPreferences.Editor editor = preferences.edit();
            editor.putInt("count", count);
            editor.apply();

            Log.d(TAG, "count=" + count);
        }
    }
}
```

6 アプリを実行する

アプリを実行すると、図2のような画面が表示されます。[COUNT:0]ボタンをクリックするとMyActivityがブロードキャストを配信します。MyReceiverは、このブロードキャストに反応して、内部で保持しているカウンターをカウントアップします。この時、LogCatに図3の画面のようなログが表示されます。なお、アプリを再起動するとカウンターを再読み込みし、ボタンに表示される数字が更新されます。

図2 アプリの実行結果

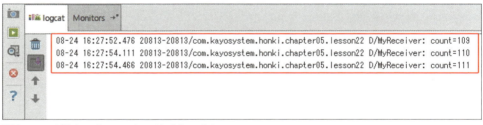

図3 クリック数をカウントしたログが表示される

講義　Broadcast Receiverについて

» Broadcast Receiverとは

　Broadcast Receiverは、システムやアプリが配信するブロードキャストを受信し、処理するためのコンポーネントです。ブロードキャストはIntentとして配信されます。画面を持たない点ではServiceに似ていますが、Broadcast Receiverは実行後に常駐しないため、どちらかというとIntentServiceの方に似ているかもしれません（図4）。

図4 Broadcast Receiverの概念図

　Broadcast ReceiverがServiceと大きく異なるのは、暗黙的Intent＊を受け取ることに適している点と、Broadcast Receiver内で処理しても良い時間に制限があり（せいぜい5秒程度）、制限を超えるとシステムから無応答と判断され強制終了させられる点です。

　暗黙的IntentはServiceも受け取ることができますが、同じ暗黙的Intentに反応するServiceが複数存在する場合は、先にインストールされているServiceのみが実行されます。

＊
対象となるものを不特定多数とするように発行するIntentのことです。明示的Intentとは、対象となるものを特定して発行するIntentのことです。

» Broadcast Receiverの実装

　BroadcastReceiverクラスを継承したサブクラスの作成とAndroidManifest.xmlへの<receiver>要素の追加が主な実装になります。

　BroadcastReceiverのサブクラスの実装（リスト4）はとてもシンプルで、onReceiveメソッドをオーバライド①するだけです（実習のリスト3）。

リスト4 Broadcast Receiverの実装

```
public class MyReceiver extends BroadcastReceiver {
    (中略)
    public MyReceiver() {
    }

    @Override
    public void onReceive(Context context, Intent intent) {
        //Intentに対応した処理を行う
    }
}
```

　ただし、onReceiveメソッドでは重い処理を実装してはいけません。もし重い処理を実装する必要があれば、新しくServiceを作成して呼び出すか、Contextを必要としないのであればスレッドを生成して処理を委譲してください。

　Broadcast Receiverを実装したら、AndroidManifest.xml（リスト5）を開いて<application>要素の子要素として<receiver>要素を追加①します。なおリスト5①の部分は、手順2の作成で自動で追加されます。

リスト5 <application>要素の子要素として<receiver>要素を追加

```
<manifest ... >
    (中略)
    <application ... >
        <receiver android:name=". MyReceiver "
            android:enabled="true"
            android:exported="false" />                        ①
    (中略)
    </application>

</manifest>
```

<receiver>要素に設定できる属性は<service>要素と同じなので、LESSON 21の表4（P.167）を参照してください。

» Broadcast Receiverの実行

Broadcast Receiverは明示的Intentあるいは暗黙的IntentのどちらかによりsendBroadcastメソッド（リスト6①）で実行できます。リスト6は実習のリスト2から引用したものですが、クラスを指定しているので明示的Intentによる実行です。

リスト6 明示的IntentによるBroadcast Receiverの実行

```
Intent intent = new Intent(MainActivity.this, MyReceiver.class);
intent.setAction("up");
sendBroadcast(intent);                                         ①
```

暗黙的Intentの場合もsendBroadcastメソッドを使って実行しますが、こちらは受け取る側を意識しなくては意味がありません。詳細は、次項の解説を参照してください。

» ブロードキャストによる暗黙的Intentの受け取り

ここでは、IntentFilterによる暗黙的Intentの受け取りについて解説します。Broadcast ReceiverだけでなくActivityやServiceにも当てはまる内容となります。

暗黙的Intentを受け取れるようにするには<receiver>要素に<intent-filter>要素を追加して設定するか、プログラム内でContext.registerReceiverメソッドを使用して動的にIntentFilterを設定します。ここでは、AndroidManifest.xmlによるIntentFilterの設定を「静的IntentFilterの設定」、プログラムからContext.registerReceiverメソッドによって設定する方法を「動的IntentFilterの設定」と呼ぶことにします。

まず、共通に言えることとしてIntentFilterにはAction、Category、Dataの3つの項目があり、暗黙的Intentはこれらの項目に対して一致テストを行います。そして、テストが1つでも失敗した場合、Androidシステムはその暗黙的Intentをコンポーネント、つまり

ActivityやService、Broadcast Receiverに配信しません。

リスト7は、静的IntentFilterの設定例です。

リスト7 静的IntentFilterの設定例

```xml
<intent-filter>
    <action android:name="android.intent.action.SEND" />
    <category android:name="android.intent.category.DEFAULT" />
    <data android:mimeType="image/jpeg"/>
    <data android:mimeType="image/jpg"/>
    <data android:mimeType="image/png"/>
    <data android:mimeType="image/bmp"/>
    <data android:mimeType="image/bitmap"/>
</intent-filter>
```

この例では、IntentFilterはActionの文字列「"android.intent.action.SEND"」とCategoryの文字列「"android.intent.category.DEFAULT"」のIntentに<data>で定義されているデータが設定されている場合に受け取ることができます。

例ではわかりにくいかもしれませんが、ActionとCategoryには文字列型を、DataにはUriクラスを設定します。XMLにはクラスを設定できないので、Dataの設定では属性で細かく設定できるようになっています（リスト8）。

リスト8 Data項目の属性

```xml
<data android:host="文字列"
    android:mimeType="文字列"
    android:path="文字列"
    android:pathPattern="文字列"
    android:pathPrefix="文字列"
    android:port="文字列"
    android:scheme="文字列" />
```

IntentFilterはAction、Category、Dataを重複して設定することもできます。重複する要素が複数ある場合、そのうちのいずれかが一致すればテストはクリアとなります。そのため、1つのコンポーネントに複数のデータ形式やアクションに対応したIntentFilterを設定したりします。

次に、動的IntentFilterの設定方法です。一部のブロードキャストはシステム上の制約で静的に設定できないものがあります。例えばIntent.ACTION_BATTERY_CHANGEDはその1つで、このIntentを受け取る場合はリスト9のようにプログラムからregisterReceiverを用いてIntentFilterを設定①します。

リスト9 動的IntentFilterの設定例

```java
@Override
protected void onResume() {
    super.onResume();

    IntentFilter filter = new IntentFilter();                    ─┐
                                                                  │①
    filter.addAction(Intent.ACTION_BATTERY_CHANGED);              │
    registerReceiver(mBroadcastReceiver, filter);                ─┘
}

@Override
protected void onPause() {
    super.onPause();

    unregisterReceiver(mBroadcastReceiver);                      ──②
}
```

　registerReceiverで設定した場合は、必要がなくなった際に必ずunregisterReceiverによって解除②しなければなりません。動的IntentFilterではアプリが起動している間だけブロードキャストを受信するといったことができるので、利用する機会は少なくないでしょう。

まとめ

- Broadcast Receiverは暗黙的Intentに対応するアプリを作るのに適した仕組みです。
- Broadcast Receiverはシステムから5秒程度で応答が返るような処理を行うために設計されているので、重たい処理は別途ServiceやこのLESSONでは触れていないThreadに移譲しなければなりません。
- システムで定義された暗黙的Intentを利用することで、システムの状態をキャッチすることも可能になります。

CHAPTER 05　Androidのシステムを学ぼう

LESSON 23　Fragmentを利用する

☐ レッスン終了

Fragmentとは、Activity上で使うことができるUI部品です。1つのActivityに複数のFragmentを配置したり、複数のActivityで使いまわすことができます。FragmentにはAndroidフレームワーク標準のものとサポートライブラリが提供するものと2種類ありますが、このLESSONでは、多くのデバイスに対応するサポートライブラリのFragmentを使用して解説します。

実習　Fragmentを使ったアプリを実装する

1 新しいプロジェクトを作成する

新しいプロジェクトを作成します。LESSON 20の手順**1**を参考に、表1の内容にしたがって各項目を入力してください。

2 Fragmentを新規作成する

設定した内容で新しいプロジェクトが作成されるので[1:Project]タブをクリックして（図1❶）、[Project]❷→[(Application name)]❸→[app]❹を選択します。メニューから[File]❺→[New]❻→[Fragment]❼→[Fragment (Blank)]❽を選択してください。続いて[Configure Component]画面が表示されます。表2の内容にしたがって各項目を設定してください❾。入力が完了したら[Finish]ボタンをクリックします❿。

表1 新しいプロジェクトの設定項目と内容

項目	入力内容
New Project	
Application name	Lesson23
Company Domain	任意
Package name	任意
Project location	任意
Target Android Devices	
Phone and Tablet	チェックを入れる
Minimum SDK	API 15: Android 4.0.3 (IceCreamSandwich)
Add an activity to Mobile	
―	[Empty Activity]を選択
Customize the Activity	
Activity Name	MainActivity
Generate Layout File	チェックを入れる
Layout Name	activity_main
Backwards Compatibility (AppCompat)	チェックを入れる

図1 [Configure Component]画面

表2 Fragmentの設定項目と内容

項目	入力内容
Fragment Name	MyFragment1
Create layout XML?	チェックを入れる
Fragment Layout Name	fragment_my_fragment1
Include fragment factory methods?	チェックを外す
Include interface callbacks?	チェックを外す
Target Source Set	デフォルト（main）

3 もう1つFragmentを作成する

再度[File]→[New]→[Fragment]→[Fragment(Blank)]を選択し、手順 2 と同様に**表3**の内容にしたがって各項目を入力してください。入力が完了したら[Finish]ボタンをクリックします。

表3 Fragmentの設定項目と内容（2つ目）

項目	入力内容
Fragment Name	MyFragment2
Create layout XML?	チェックを入れる
Fragment Layout Name	fragment_my_fragment2
Include fragment factory methods?	チェックを外す
Include interface callbacks?	チェックを外す
Target Source Set	デフォルト（main）

4 MainActivityのレイアウトを編集する

app/src/main/res/layout/activity_main.xmlを開いて、**リスト1**のように編集してください。

リスト1 activity_main.xml

```xml
<?xml version="1.0" encoding="utf-8"?>
<merge
    xmlns:android="http://schemas.android.com/apk/res/android"
    xmlns:tools="http://schemas.android.com/tools"
```

```xml
        android:layout_width="match_parent"
        android:layout_height="match_parent"
        tools:context=".MainActivity">

    <FrameLayout
        android:id="@+id/contents"
        android:paddingBottom="@dimen/activity_vertical_margin"
        android:paddingLeft="@dimen/activity_horizontal_margin"
        android:paddingRight="@dimen/activity_horizontal_margin"
        android:paddingTop="@dimen/activity_vertical_margin"
        android:layout_width="match_parent"
        android:layout_height="match_parent"/>

</merge>
```

※生成されたファイルから順番を入れ替えてここに移動

5 MainActivity の Java プログラムを編集する

app/src/main/java/(Company Domain名)/MainActivity.java を開いて、リスト2 のように編集してください。Import や extends しているクラスの入力が間違えやすいので注意してください。

リスト2 MainActivity.java

```java
package com.kayosystem.honki.chapter05.lesson23;

import android.support.v7.app.AppCompatActivity;
import android.os.Bundle;
import android.support.v4.app.Fragment;
import android.support.v4.app.FragmentTransaction;

public class MainActivity extends AppCompatActivity {

    @Override
    protected void onCreate(Bundle savedInstanceState) {
        super.onCreate(savedInstanceState);
        setContentView(R.layout.activity_main);

        Fragment fragment = getSupportFragmentManager().findFragmentById(R.id.contents);
        if (fragment == null) {
            fragment = new MyFragment1();
            FragmentTransaction fragmentTransaction = getSupportFragmentManager().beginTransaction();
            fragmentTransaction.add(R.id.contents, fragment);
            fragmentTransaction.commit();
        }
```

        }
}

6 MyFragment1のレイアウトを編集する

app/src/main/res/layout/fragment_my_fragment1.xmlを開いて、**リスト3**のように編集してください。

リスト3 fragment_my_fragment1.xml

```xml
<LinearLayout
    xmlns:android="http://schemas.android.com/apk/res/android"
    xmlns:tools="http://schemas.android.com/tools"
    android:layout_width="match_parent"
    android:layout_height="match_parent"
    android:background="#536DFE"
    android:gravity="center"
    android:orientation="vertical"
    tools:context=".MyFragment1">

    <Button
        android:id="@+id/button"
        android:layout_width="wrap_content"
        android:layout_height="wrap_content"
        android:layout_gravity="center_horizontal"
        android:text="Fragment1"/>

</LinearLayout>
```

7 MyFragment2のレイアウトを編集する

app/src/main/res/layout/fragment_my_fragment2.xmlを開いて、**リスト4**のように編集してください。

リスト4 fragment_my_fragment2.xml

```xml
<LinearLayout
    xmlns:android="http://schemas.android.com/apk/res/android"
    xmlns:tools="http://schemas.android.com/tools"
    android:layout_width="match_parent"
    android:layout_height="match_parent"
    android:background="#FDD835"
    android:gravity="center"
    android:orientation="vertical"
    tools:context=".MyFragment2">

    <Button
        android:id="@+id/button"
```

```xml
            android:layout_width="wrap_content"
            android:layout_height="wrap_content"
            android:layout_gravity="center_horizontal"
            android:text="Fragment2"/>

</LinearLayout>
```

8 MyFragment1のJavaプログラムを編集する

app/src/main/java/(Company Domain名)/MyFragment1.javaを開いて、リスト5のように編集してください。

リスト5 MyFragment1.java

```java
package com.kayosystem.honki.chapter05.lesson23;

import android.os.Bundle;
import android.support.v4.app.Fragment;
import android.support.v4.app.FragmentTransaction;
import android.view.LayoutInflater;
import android.view.View;
import android.view.ViewGroup;

/**
 * A simple {@link Fragment} subclass.
 */
public class MyFragment1 extends Fragment {

    public MyFragment1() {
    }

    @Override
    public View onCreateView(LayoutInflater inflater, ViewGroup container,
                             Bundle savedInstanceState) {
        View view = inflater.inflate(R.layout.fragment_my_fragment1, 
container, false);

        view.findViewById(R.id.button).setOnClickListener(new View.
OnClickListener() {
            @Override
            public void onClick(View v) {
                Fragment fragment = new MyFragment2();
                FragmentTransaction fragmentTransaction = 
getFragmentManager().beginTransaction();
                fragmentTransaction.replace(R.id.contents, fragment);
                fragmentTransaction.addToBackStack(null);
                fragmentTransaction.commit();
```

```
            }
        });

        return view;
    }
}
```

9 MyFragment2のJavaプログラムを編集する

app/src/main/java/(Company Domain名)/MyFragment2.javaを開いて、リスト6のように編集してください。

リスト6 MyFragment2.java

```
package com.kayosystem.honki.chapter05.lesson23;

import android.os.Bundle;
import android.support.v4.app.Fragment;
import android.view.LayoutInflater;
import android.view.View;
import android.view.ViewGroup;

/**
 * A simple {@link Fragment} subclass.
 */
public class MyFragment2 extends Fragment {

    public MyFragment2() {
    }


    @Override
    public View onCreateView(LayoutInflater inflater, ViewGroup container,
                             Bundle savedInstanceState) {
        View view = inflater.inflate(R.layout.fragment_my_fragment2, ↵
container, false);
        view.findViewById(R.id.button).setOnClickListener(new View.↵
OnClickListener() {
            @Override
            public void onClick(View v) {
                getFragmentManager().popBackStack();
            }
        });
        return view;
    }
}
```

10 アプリを実行する

アプリを実行すると、図2のような画面が表示されます。

図2の画面で[FRAGMENT1]ボタンをクリックすると❶、画面が切り替わって[FRAGMENT2]ボタンが表示されます(図3)。[FRAGMENT2]ボタンをクリックすると❷、[FRAGMENT1]ボタンが表示される図2の画面に切り替わります。

図3の画面からは、ハードキーの[Back]ボタンでも図2の画面へ切り替えることができます。

図2 アプリの実行結果①

図3 アプリの実行結果②

講義　Fragmentについて

» Fragmentとは

Fragmentは、Viewをコンポーネント化してActivity上で切り替えられるようにする機能*で、Android 3.0(Honeycomb)で新しく追加されました。Fragmentは複雑になりがちな画面を細かく分割しそれぞれを独立した小さなコンポーネントとして扱い、再利用できるようにします。

これにより異なる画面ごとに準備していたActivityやレイアウトを最小限にすることが可能になります。しかし、標準ではHoneycomb以降のOSでは使用できませんので、それより下位のOSでも利用できるようにするため、サポートライブラリのFragmentが提供されています。

このLESSONでは、多くのデバイスに対応したコードが書けるようにサポートライブラリのFragmentを使用します。

*
Fragmentが登場する以前はActivityで画面を構成し、画面を切り替えるには新たにActivityを作成するか、Viewを追加・削除して独自に切り替えられるように作らなければなりませんでした。しかし、この方法では作成するActivityが多くなりますし、Activityの制約により画面間で状態を共有できないといったデメリットがありました。また、Viewを独自に入れ替えるようにする方法では、Activityは1つで済むものの、Activityのライフサイクルに合わせてViewの状態をコントロールするのは難しいという問題がありました。そこでActivityのために作成したレイアウトをFragmentという形でコンポーネント化し、Activityのライフサイクルとは独立させるようにしました。

» Fragmentの使い方

FragmentはFragmentクラスを継承したクラスを作成し、FragmentManagerを用いて画面に配置します。まずは、Fragmentを継承したクラスを作成してみましょう。

このLESSONでは、Fragmentを自動生成するウィザードを使用したためデフォルトで必要なファイルが自動作成されましたが、Fragmentに必要な実装はFragmentの継承とそれに表示するレイアウトです。

リスト7の例は、単純にFragmentを継承した最もシンプルなプログラムです。

リスト7 Fragmentを継承して画面を表示するシンプルなプログラム
```
public class MyFragment1 extends Fragment {
    @Override
    public View onCreateView(LayoutInflater inflater, ViewGroup container,
                    Bundle savedInstanceState) {
        return inflater.inflate(R.layout.fragment_my_fragment1, container, ↵
false);
    }
}
```

上記の実装の他にapp/src/main/res/layout/fragment_my_fragment1.xmlというレイアウトもありますがこれについてはActivityのレイアウトと同じなので説明を割愛します。

作成したFragmentを使う方法は2つあります。1つは、レイアウトに直接記述する方法です（リスト8）。

リスト8 Fragmentの使用法①：レイアウトに直接記述
```
<FrameLayout
(中略)
    <fragment
        android:layout_width="wrap_content"
        android:layout_height="wrap_content"
        android:name=".MyFragment1"
        android:id="@+id/fragment"
        android:layout_gravity="center_horizontal|bottom"/>
</FrameLayout>
```

任意の場所に、まるでウィジェットを配置するかのようにFragmentを配置できます。これが最も簡単な使い方です。ここでは、このような使い方を「静的なFragment配置」と呼ぶことにします。

静的なFragment配置では、画面の一部をコンポーネント化して複数のActivityでFragmentを再利用でき、プログラムの量を減らすことができます*。

もう1つは、プログラム内でFragmentを配置する方法です。リスト9の例はサポートライブラリのFragmentを使っていますが、基本的な使い方は標準フレームワークのFragmentでも同じです（相互のFragmentの違いは後述する）。

*
同様のことは<include>要素でもできますが、<include>要素の場合、ライフサイクルはActivityに依存しActivity内で処理を実装しなければなりません。FragmentであればFragment内でその処理を実装できるため、より一層カプセル化できます。

リスト9 Fragmentの使用法②：プログラム内でFragmentを配置

```
Fragment fragment = getSupportFragmentManager()
    .findFragmentById(R.id.contents);
if (fragment == null) {
    fragment = new MyFragment1();
    FragmentTransaction fragmentTransaction
        = getSupportFragmentManager().beginTransaction();
    fragmentTransaction.add(R.id.contents, fragment);
    fragmentTransaction.commit();
}
```

　プログラム内で配置する場合は、FragmentManagerを使います。FragmentManagerはActivityのメンバなので、Activityからインスタンスを取得できます。そして、取得したFragmentManagerからFragmentTransactionを取得し、それを用いてFragmentの追加や置き換えをします。FragmentTransactionでは一連のFragment処理をトランザクションとして1つにまとめ、Commitで状態を保存します。リスト9では、新たにMyFragment1を作成し、レイアウトのR.id.contentsの場所にFragmentを追加しています。ここでは、この使い方を「動的なFragment配置」と呼ぶことにします。

　動的なFragment配置では、Fragmentの追加や置き換えといった状態をスタック（積み重ね）することで、Activityのように[Back]ボタンで前の状態に戻すこともできます。使い方は実習のリスト5でも記述しましたが、リスト10のようにFragmentTransactionにスタックを追加する処理①を一行追加します。

リスト10 動的なFragment配置の使用法

```
Fragment fragment = new MyFragment2();
FragmentTransaction fragmentTransaction = getFragmentManager().
beginTransaction();
fragmentTransaction.replace(R.id.contents, fragment);
fragmentTransaction.addToBackStack(null);                    ①
fragmentTransaction.commit();
```

　スタックの追加は、addToBackStackメソッドで行います。リスト10では引数にnullを設定していますが、ここにはスタックの名称を設定できます。名称を設定しておくと、名前を指定して状態を復帰させることができます。
　また、スタックはハードキーの[Back]ボタンを使うか、実習のリスト6のようにプログラムからpopBackStackメソッドで前のFragmentの状態に戻すことができます（リスト11）。

リスト11 popBackStackメソッドによるスタックからの復帰

```
getFragmentManager().popBackStack();
```

» Fragmentのライフサイクル

Fragmentを使うことで、Activityと同様ライフサイクルに対応したプログラムを実装できるようになります。図4はFragmentのライフサイクルのフロー図です。

Fragmentのライフサイクルは Activityのライフサイクルとも連動しているため、同名のメソッドはActivityのメソッドと同じような扱いができます。また Activityにはない Fragment独自のメソッドがいくつかありますが（表4）、これらはFragmentのViewを生成したり破棄したりといったFragmentの切り替え時に呼ばれるメソッドです。

表4 Fragment独自のメソッド

メソッド名	状態
onAttach	FragmentがActivityと関連付けられた時に呼び出される（ここにActivityが渡される）
onCreateView	Fragmentに関連付けされるViewを作成するために呼び出される
onActivityCreated	ActivityのonCreateメソッドからリターンされた時に呼び出される
onDestroyView	Fragmentに関連付けされたViewが取り除かれる時に呼び出される
onDetach	FragmentがActivityからの関連を除かれた時に呼び出される

FragmentからActivityへのアクセスはgetActivityでいつでもインスタンスを取得できますが、実際にActivityが初期化されるのはonActivityCreatedメソッドの直前です。それ以前の状態でActivityのインスタンスにアクセスする場合、ActivityはまだOnCreateメソッドが実施されていないということを意識しておかなければなりません。

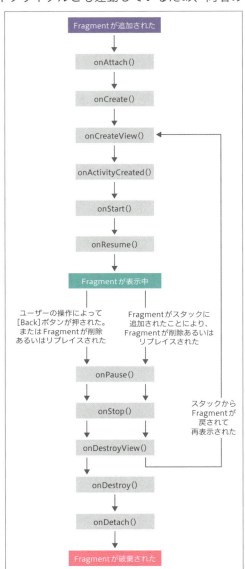

図4 Fragmentのライフサイクルフロー図

≫ Fragmentのパラメータ

　Fragmentはnewで生成するため、Fragmentが表示される前にメンバを初期化できますが、これは推奨されません。Fragmentが生成されるとインスタンスはFragmentManagerで管理され、その後それぞれのライフサイクルでonCreateメソッド〜 onDestroyメソッドが呼ばれます。場合によっては、同じインスタンスに対してonCreateメソッドが何度も呼ばれるケースもあるので、意図していない初期データが設定されている時もあります。

　もし初期化に必要なパラメータをFragmentに設定したいのであれば、Bundleを生成しFragmentにsetArgumentsをしてください(リスト12)。

リスト12 パラメータ付きのFragmentを生成するメソッド

```java
public static MyFragment1 createInstance(String type){
    MyFragment1 fragment = new MyFragment1();
    Bundle bundle = new Bundle();
    bundle.putString("type", type);
    fragment.setArguments(bundle);
    return fragment;
}

@Override
public void onCreate(Bundle savedInstanceState) {
    super.onCreate(savedInstanceState);

    Bundle bundle = getArguments();
    if(bundle!=null && bundle.containsKey("type")){
        String type = bundle.getString("type");
    }
}
```

　パラメータはonCreateメソッドなどでgetArgumentsメソッドを使用して取得すると良いでしょう。

≫ サポートライブラリのFragment

　Fragmentを使うにあたり、標準フレームワークのものを選ぶべきか、サポートライブラリのものを選ぶべきか悩むところです。機能的には同じなので、標準のものを選ぶ方がアプリサイズを小さくできて良いとは思いますが、実際のアプリ開発ではサポートライブラリのFragmentを使うしかありません。その理由は、サポートライブラリにしかない便利なクラスのうち、いくつかはサポートライブラリのFragmentの使用を前提としているものがあるためです。

　例えば、本書でも解説したViewPagerはサポートライブラリにしか含まれていませんし、

Material Design（詳細はCHAPTER 07で解説）に関連するクラスもサポートライブラリに含まれるクラスです。最近のAndroidデバイスの普及状況を見ると、Fragmentが導入されたHoneycomb以前の端末はほとんど使われていないため、Fragmentに対応していないデバイスを切り捨てることも可能なのですが、Fragment以外のクラスがサポートライブラリのFragmentを必要としているためサポートライブラリを選択せざるを得ないのです。

ここで、サポートライブラリを使う上での注意点を説明します。

サポートライブラリのFragmentと標準フレームワークのFragmentとはパッケージが異なり、まったく別のクラスです。そのため関連するクラスやメソッドも違うものを利用する必要があります（表5）。

表5 標準フレームワークとサポートライブラリにおける利用クラスの違い

標準フレームワーク	サポートライブラリ
android.app.Fragment	android.support.v4.app.Fragment
android.app.FragmentTransaction	android.support.v4.app.FragmentTransaction
android.app.FragmentManager	android.support.v4.app.FragmentManager
android.app.Activity getFragmentManagerを使用	android.support.v4.app.FragmentActivity android.support.v7.app.AppCompatActivity getSupportFragmentManagerを使用

ほとんどはインポートするパッケージが違うだけなので、インポート部分を修正すれば良いのですが、Activityは継承するクラスもFragmentManagerの取得メソッドも違います。特にFragmentActivityはスーパークラスがandroid.app.Activityであるため、両方のメソッドが利用できる点も混乱の元になっています。この部分は勘違いしやすく、またAndroid StudioでFragmentを自動生成すると標準フレームワークのFragmentをインポートした状態で作成することも特に失敗しやすい理由の1つです。本書のサンプルでも、これが原因でコンパイルエラーを起こす場合があるので注意してください。

まとめ

- Fragmentを使うと画面の中に別の画面を挿入できます。
- Fragmentによって作成された画面はActivityと同じようにライフサイクルを持っています。
- Fragmentの生成・破棄はシステムによって自動で行われるので、初期化に必要なデータはBundleに保存し、FragmentのsetArgumentsで保存することを推奨します。

CHAPTER 05　Androidのシステムを学ぼう

LESSON 24 HandlerThreadで逐次処理をする

☐ レッスン終了

HandlerThreadは内部にLooperクラスを持ち、Handlerによって送られてきたメッセージを逐次処理するための仕組みです。HandlerThreadでは、HandlerとLooperの動作をしっかりと理解することが重要です。

実習　HandlerThreadを使ったアプリを実装する

1 新しいプロジェクトを作成する

新しいプロジェクトを作成します。LESSON 20の手順①を参考に、表1の内容にしたがって各項目を入力してください。

2 Applicationを新規作成する

設定した内容で新しいプロジェクトが作成されるので、[Project]→[app]→[src]→[main]→[java]→[(Company Domain名)]を選択します。メニューから[File]（図2 ❶）→[New]❷→[Java Class]❸を選択します。すると[Create New Class]ダイアログが表示されるので、「Name」に「MyApplication」と入力し❹、「Kind」はデフォルトのままにして❺[OK]ボタンをクリックします❻。これでMyApplicationクラスが作成できます❼。

表1　新しいプロジェクトの設定項目と内容

項目	入力内容
New Project	
Application name	Lesson24
Company Domain	任意
Package name	任意
Project location	任意
Target Android Devices	
Phone and Tablet	チェックを入れる
Minimum SDK	API 15: Android 4.0.3 (IceCreamSandwich)
Add an activity to Mobile	
—	[Empty Activity]を選択
Customize the Activity	
Activity Name	MainActivity
Generate Layout File	チェックを入れる
Layout Name	activity_main
Backwards Compatibility (AppCompat)	チェックを入れる

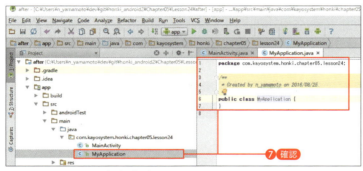

図1 Applicationの新規作成

3 MyApplicationのJavaプログラムを編集する

app/src/main/java/（Company Domain名）/MyApplication.javaを開いて、リスト1のように編集してください。

リスト1 MyApplication.java

```java
package com.kayosystem.honki.chapter05.lesson24;

import android.app.Application;
import android.os.Handler;
import android.os.HandlerThread;
import android.os.Message;
import android.util.Log;

import java.util.Random;

public class MyApplication extends Application{
    private static final String TAG = MyApplication.class.getSimpleName();

    private HandlerThread mHandlerThread;

    private Handler mHandler;
```

```java
    private int mCounter;
    private Random mRand = new Random();


    @Override
    public void onCreate() {
        super.onCreate();

        //Handlerを生成
        mHandlerThread = new HandlerThread("myLooper");
        mHandlerThread.start();
        mHandler = new Handler(mHandlerThread.getLooper());

        handlerMessage();
    }


    public void countUp() {
        mHandler.post(new Task(mCounter++));
    }

    private class Task implements Runnable {

        private int mIndex;

        public Task(int index) {
            mIndex = index;
        }

        @Override
        public void run() {
            try {
                //スレッドをランダムにスリープ
                int sleepTime = mRand.nextInt(5) * 1000;
                Log.d(TAG, "sleep " + sleepTime);
                Thread.sleep(sleepTime);
            } catch (InterruptedException e) {
                e.printStackTrace();
            }
            Log.d(TAG, "My Index is " + mIndex);
        }
    }

    private void handlerMessage(){
        Handler myHandler = new Handler(new Handler.Callback() {
```

```java
            @Override
            public boolean handleMessage(Message msg) {
                if(msg.what == 100){
                    Log.d(TAG, String.format("%d %d %s", msg.arg1, msg.↵
arg2, (String)msg.obj));
                }
                return false;
            }
        });

        myHandler.sendMessage(myHandler.obtainMessage(100, 1, 2, "test"));
    }
}
```

4 MyApplicationをAndroidManifest.xmlに設定する

app/src/main/AndroidManifest.xmlを開いて、**リスト2**のように<application>要素にコードを追加①してください。

リスト2 AndroidManifest.xml

```xml
<?xml version="1.0" encoding="utf-8"?>
<manifest xmlns:android="http://schemas.android.com/apk/res/android"
    package="com.kayosystem.honki.chapter05.lesson24" >

    <application
        android:name=".MyApplication"                                         ①
        android:allowBackup="true"
        android:icon="@mipmap/ic_launcher"
        android:label="@string/app_name"
        android:supportsRtl="true"
        android:theme="@style/AppTheme" >
    (中略)
    </application>

</manifest>
```

5 MainActivityのレイアウトを編集する

app/src/main/res/layout/activity_main.xmlを開いて、**リスト3**のように編集してください。

リスト3 activity_main.xml

```xml
<?xml version="1.0" encoding="utf-8"?>
<RelativeLayout xmlns:android="http://schemas.android.com/apk/res/android"
    xmlns:tools="http://schemas.android.com/tools"
```

```xml
        android:layout_width="match_parent"
        android:layout_height="match_parent"
        android:gravity="center"
        android:paddingBottom="@dimen/activity_vertical_margin"
        android:paddingLeft="@dimen/activity_horizontal_margin"
        android:paddingRight="@dimen/activity_horizontal_margin"
        android:paddingTop="@dimen/activity_vertical_margin"
        tools:context=".MainActivity">

        <!--Handlerを実行するButton-->
        <Button
            android:id="@+id/button"
            android:layout_width="wrap_content"
            android:layout_height="wrap_content"
            android:text="Count Up!" />
</RelativeLayout>
```

6 MainActivityのJavaプログラムを編集する

app/src/main/java/（Company Domain名）/MainActivity.java を開いて、リスト4のように編集してください。

リスト4 MainActivity.java

```java
package com.kayosystem.honki.chapter05.lesson24;

import android.support.v7.app.AppCompatActivity;
import android.os.Bundle;
import android.view.View;

public class MainActivity extends AppCompatActivity {

    @Override
    protected void onCreate(Bundle savedInstanceState) {
        super.onCreate(savedInstanceState);
        setContentView(R.layout.activity_main);

        //Buttonのリスナーを設定
        findViewById(R.id.button).setOnClickListener(new View.
OnClickListener() {
            @Override
            public void onClick(View v) {
                //MyApplicationを取得しCountUpを実行
                MyApplication myApplication = (MyApplication) 
getApplication();
                myApplication.countUp();
            }
```

```
        });
    }
}
```

7 アプリを実行する

アプリを実行すると、図2のような画面が表示されます。図2の画面で[COUNT UP!]ボタンをクリックすると、HandlerThreadに新しくタスクが追加されて一定時間スリープします。図3の[LogCat]画面を見ると、順番にカウントアップされていることが確認できます。

図2 アプリの実行結果

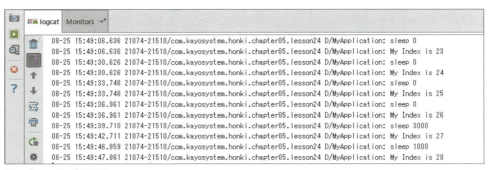

図3 [LogCat]画面

講義　HandlerThreadについて

≫ HandlerThreadについて

　HandlerThreadは内部にLooperを持ち、Handlerによって送られてきたメッセージを逐次処理するための仕組みです。ここまで読み進めてきた読者ならHandlerThreadとIntentServiceが似ていることに気づくと思いますが、実はIntentServiceも内部でHandlerThreadを用いて逐次処理を行っています。つまり、このLESSONのサンプルはHandlerThreadを用いて独自にIntentServiceを実装したようなものと言えます。

　それでは、まずは「Looperとは何か」「Handlerとは何か」について解説します。

» LooperとHandlerについて

　Looperは内部にMessageキューを持ち、順番にキューから取り出したMessageを処理する仕組みです。これはAndroidのMessage処理システムにおける根本的な仕組みで、ActivityやServiceなどもこのLooper上で動作しています。特に主要なコンポーネントであるActivityやService、Broadcast Receiverは特別なメインルーパー（メインスレッド）上で動作しており、画面に関わるウィジェットの変更などはメインルーパーでしか行うことができないといった制約もあります。

　Handlerは、そのLooperにMessageを届けるメッセンジャーです。Handlerが届けるMessageには、いくつかのパラメータと処理のコールバックを設定できます。Looperは受け取ったMessageからコールバックを取得し、そのスレッドで実行します（図4）。

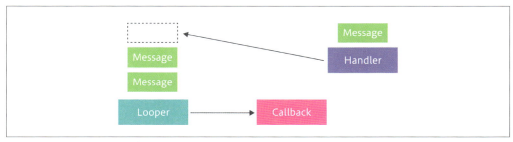

図4 HandlerとLooperの相関図

　リスト5は、Handlerを使ってメインルーパーで処理を実行する例です。

リスト5 Handlerを使用した処理例

```java
Handler handler = new Handler(Looper.getMainLooper());———①
handler.post(new Runnable() {
    @Override
    public void run() {
        // メインルーパー上で実行させたい内容
    }
});
```

　この例では引数にLooper.getMainLooper①を渡していますが、引数を設定しない場合、その処理が実行しているThreadで動作しているLooperを初期値として設定します。ActivityやServiceではメインルーパーがスレッド上で動作しているので、引数なしではLooper.getMainLooper()が設定されます。そして、HandlerのpostメソッドでLooperにメッセージを送信します。

» HandlerThreadの使い方

　HandlerThreadにより独自のLooperを作成し、Looperによって逐次処理を簡単に実装できます。もちろん、HandlerThreadを使わなくても自前でLooperを作成してメッセージを処理するように実装することもできますが、あらかじめ提供されているHandlerThreadを使う方がより安心です。

　リスト6はHandlerThreadを生成する例です。HandlerThreadを使うには、まずHandlerThreadを生成①し、開始②します。一度動き出すと、次にquitが呼ばれるまで動き続けるので、アプリの中で一度しか実行されないような箇所で開始し、必要なくなったら終了できるようにすべきです。実習のリスト1ではApplicationのonCreateメソッドで開始しているので、アプリが最初に起動した時に一度だけ実行されます。

リスト6 HandlerThreadの生成

```
mHandlerThread = new HandlerThread("myLooper");          ①
mHandlerThread.start();                                   ②
```

　次に、このHandlerThreadにMessageを送信するHandlerの生成です（リスト7）。Handlerのコンストラクタに先ほど作成したHandlerThreadのLooperを渡しています。これで、HandlerThreadのLooperにMessageを送るHandlerが生成できました。

リスト7 Handlerの生成

```
mHandler = new Handler(mHandlerThread.getLooper());
```

　あとは、HandlerのpostメソッドでMessageを送信するだけです（リスト8）。

リスト8 Messageの送信

```
mHandler.post(new Task(mCounter++));
```

» Handlerを使ったメッセージ処理

　Handlerに処理を行うRunnableオブジェクトを渡すと、Looperで逐次実行してくれます。しかし頻繁にメッセージを送信するような場合には毎回インスタンスを生成するような処理はしたくないので、MessageをハンドリングするCallbackを使うと良いでしょう。使い方としては、実習のリスト1のようにHandlerを生成する時にCallback用のインスタンスを渡します（リスト9）。

リスト9 Callbackの使用例

```java
Handler myHandler = new Handler(new Handler.Callback() {
    @Override
    public boolean handleMessage(Message msg) {
        if(msg.what == 100){
            Log.d(TAG,
String.format("%d %d %s", msg.arg1, msg.arg2, (String)msg.obj));
        }
        return false;
    }
});
```

リスト9の例では、CallbackクラスのhandlerMessageにHandlerへ渡したMessageが届きます。Messageにはint型のwhatとarg1、arg2、任意のobject型のobjを持たせることができるので、それらの値を基に処理を行うことができます。

そして、Handlerにメッセージを送信する時は、実習のリスト1のようにsendMessageを使用します(リスト10)。

リスト10 sendMessageを使用してメッセージを送付

```java
myHandler.sendMessage(myHandler.obtainMessage(100, 1, 2, "test"));
```

sendMessageには、この他にも引数の数によっていろいろとあるので、用途に合わせて使い分けてください。

まとめ

- HandlerThreadを用いると独自のLooperスレッドを生成することができます。
- 重たい処理はメインのLooperスレッドで処理するべきではありません。このような場合はHandlerThread等によって生成した独自のスレッドで処理をするべきです。
- Looperスレッドにメッセージを投げる仕組みとしてHandlerがあります。

練習問題

練習問題を通じてこのCHAPTERで学んだ内容の確認をしましょう。解答は「kaitou.pdf」（Webからダウンロード）を参照してください。

「Service」について説明している文が正しければ○を、間違っていれば×をつけなさい。

① ServiceとはUIを持たないコンポーネントである。［　］
② Serviceは「Context」を持つため、スレッドとは違いContextの生存期間を考慮しなくても良い。［　］
③ Serviceはバックグラウンドで重い処理を行うのに適しているため、画面がフリーズするような重たい処理をしてもかまわない。［　］
④ Serviceはプロセス間通信により他のAndroidアプリと双方向にやり取りができる。［　］

「Fragment」について説明している文で正しいのはどれか？

① Fragmentは、Activity上で画面を切り替えられるようにする機能である。
② FragmentはAndroid 3.0以降のOSでしか使用できない。
③ FragmentからActivityへのアクセスはFragmentManagerでいつでもインスタンスを取得できる。

「Looper」と「Handler」の説明がそれぞれ正しい組み合せになるように線で結びなさい。

Looper ・　　　　　・Messageを届けるメッセンジャーであり、そのMessageにはいくつかのパラメータと処理のコールバックを設定できる。

Handler ・　　　　　・内部にMessageキューを持ち、順番にキューから取り出したMessageを処理する仕組みである。

CHAPTER 06

Androidアプリを作ってみよう

本章はこれまで学習した内容を応用してアプリを作成します。
作成するアプリはメモ帳、電卓、TODOリスト、壁紙チェンジャーといった系統の異なるアプリです。講義ではこれらのアプリから、これまで習っていない箇所にフォーカスを当てて解説をしていますが、プログラムのソースコードからはそれ以上のことが得られるはずです。前章までの解説と併せてプログラムも見て、アプリの作り方を学んでみましょう。

CHAPTER 06　Androidアプリを作ってみよう

LESSON 25　メモ帳アプリを作る

□ レッスン終了　　サンプルファイル　📁 Chapter06 > 📁 Lesson25 > 📁 before

ここでは入力したテキスト情報を保存するメモ帳アプリを作成します。

サンプルについて
このLESSONのサンプルはプロジェクトをインポートしてプログラムの一部を記入する形式になっています。

メモ帳の実行画面

実習　メモ帳アプリの作成

1　サンプルプロジェクトをインポートする

サンプルプロジェクト「Chapter06/Lesson25/before」をインポートします。[Welcome to Android Studio]画面から[Import project(Eclipse ADT, Gradle, etc.)]を選択します（図1 ❶）。[ファイル選択]ダイアログが表示されるので、インポートしたいプロジェクトのフォルダ（Lesson25/before）を選択して ❷、[OK]ボタンをクリックします ❸。読み込みが完了するとプロジェクトを開いた状態になるので、[Android]から[Project]に変更しておきます ❹。

 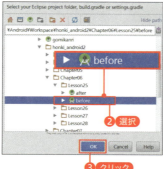 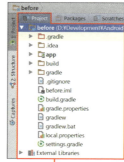

図1 サンプルプロジェクトのインポート

2 MainActivityのオーバーフローメニューを編集する

app/src/main/res/menu/menu_main.xmlを開いて、リスト1のように編集してください。

リスト1 menu_main.xml

```xml
<menu xmlns:android="http://schemas.android.com/apk/res/android"
    xmlns:app="http://schemas.android.com/apk/res-auto"
    xmlns:tools="http://schemas.android.com/tools"
    tools:context=".MainActivity">

    <!--共有-->
    <item
        android:id="@+id/action_send"
        android:icon="@android:drawable/ic_menu_search"
        android:orderInCategory="100"
        android:title="@string/lb_menu_send"
        app:showAsAction="never" />

    <!--ウェブで検索-->
    <item
        android:id="@+id/action_google"
        android:icon="@android:drawable/ic_menu_search"
        android:orderInCategory="101"
        android:title="@string/lb_menu_web"
        app:showAsAction="never" />

    <!--Playストアで検索-->
    <item
        android:id="@+id/action_store"
        android:icon="@android:drawable/ic_menu_search"
        android:orderInCategory="102"
        android:title="@string/lb_menu_play_store"
        app:showAsAction="never" />
</menu>
```

3 MainActivityのJavaプログラムを編集

app/src/main/java/(Company Domain名)/MainActivity.javaを開いて、リスト2のように編集してください。

リスト2 MainActivity.java

```java
package com.kayosystem.honki.chapter06.lesson25;

import android.support.v7.app.AppCompatActivity;
import android.os.Bundle;
```

```java
(中略)
import android.widget.Toast;
import android.app.SearchManager;
import android.content.ActivityNotFoundException;
import android.content.Intent;
import android.net.Uri;


public class MainActivity extends AppCompatActivity {

    (中略)

    @Override
    public boolean onOptionsItemSelected(MenuItem item) {
        //入力されているテキストを取得
        String keyword = mEditText.getText().toString();

        //連携処理を実施
        int itemId = item.getItemId();
        try {
            if (itemId == R.id.action_send) {
                //テキスト連携
                if (!checkEmpty(keyword)) {
                    Intent intent = new Intent(Intent.ACTION_SEND);
                    intent.setType("text/plain");
                    intent.putExtra(Intent.EXTRA_TEXT, keyword);
                    startActivity(intent);
                }
            } else if (itemId == R.id.action_google) {
                //ウェブ検索
                if (!checkEmpty(keyword)) {
                    Intent intent = new Intent(Intent.ACTION_WEB_SEARCH);
                    intent.putExtra(SearchManager.QUERY, keyword);
                    startActivity(intent);
                }
            } else if (itemId == R.id.action_store) {
                // Playストア検索
                if (!checkEmpty(keyword)) {
                    Uri uri = Uri.parse("https://play.google.com/store/↵
search")
                            .buildUpon().appendQueryParameter("q", ↵
keyword).build();
                    startActivity(new Intent(Intent.ACTION_VIEW, uri));
                }
            }
```

```
        } catch (ActivityNotFoundException e) {
            //開こうとしているアプリが見つからないエラー
            Toast.makeText(MainActivity.this, getString(R.string.lb_↵
activity_not_found), Toast
            .LENGTH_SHORT).show();
        }

        return super.onOptionsItemSelected(item);
    }

    (中略)
}
```

4 アプリを実行する

アプリを実行すると、図2のような画面が表示されます。アプリの入力フォームにテキストを入力するとメモを取ることができます❶。また右上のメニューをタップしてテキスト連携、Web検索、Playストア検索などの機能が利用できます❷。

図2 メモ帳アプリの実行画面

講義　メモ帳アプリの解説

≫ メモ帳アプリについて

　スマートフォンアプリのメモ帳アプリでは、入力・保存・表示に加えて共有機能を搭載したアプリが多く見受けられます。PCではソフトウェア（アプリ）間で情報を共有すると聞いてもピンときませんが、スマートフォンではこのシェア機能がOSでサポートされており、アプリ同士の強力な連携手段として利用できます。図3はメモ帳アプリの動作をイメージにしたものです。図からもわかるように、メモ帳アプリ部分はEditTextにテキストを入力するだけのシンプルな仕組みで、そこから先はIntentを用いたアプリ連携によってさまざまな機能を実現しています。このLESSONでは共有機能であるアプリ間連携の実装方法を中心に解説していきます。

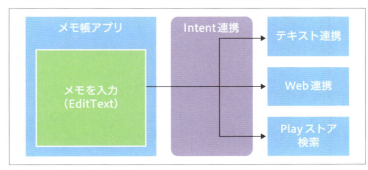

図3 メモ帳アプリの動作

» Intent連携について

　Intent連携はLESSON 20のActivity連携でも使用しましたが、メモ帳アプリで行っていることも同じです。両者の違いは呼び出し先のActivityが自身のアプリではなく、Google製アプリやサードパーティ製のアプリであることです。次にIntentを使用して実際にどのようなアプリと連携できるのかを、プログラムと併せて紹介していきます。いろいろな種類のアプリと連携できることを確認してみましょう。

Web検索連携

　メモ帳アプリでも使用しているWeb検索連携はリスト3のようなプログラムで実現します。Intent連携実行後、Android端末のGoogle検索アプリが起動し検索結果を表示してくれます（図4）。

リスト3 Web検索連携の例

```
Intent intent = new Intent(Intent.ACTION_WEB_SEARCH);
intent.putExtra(SearchManager.QUERY, "猫のえさ");
startActivity(intent);
```

図4 Web検索連携

Facebookシェア連携

　Facebookアプリのシェア機能と連携できます（図5）。Facebook側の仕様でメッセージは受け付けず、渡せるのはURLのみとなっています（リスト4）。

リスト4 Facebookシェア連携の例

```
try {
    Intent intent = new Intent(Intent.ACTION_SEND);
    intent.setType("text/plain");
    intent.setPackage("com.facebook.katana");
    intent.putExtra(Intent.EXTRA_TEXT, "http://www.shoeisha.co.jp/");
    startActivity(intent);
} catch (ActivityNotFoundException e) {
    //アプリがなかった時のエラー処理
}
```

図5 Facebookシェア連携

LINE連携

　LINEアプリは外部アプリとの連携方法として専用のURLスキーム（line://msg/text/）が準備されています（リスト5）。友達やタイムラインにメッセージを投稿できます（図6）。

リスト5 LINE連携の例

```
try {
    Intent intent = new Intent(Intent.ACTION_VIEW);
    intent.setData(Uri.parse("line://msg/text/"
        + "猫のえさまだ買ってない！"));
    startActivity(intent);
} catch (ActivityNotFoundException e) {
    //アプリがなかった時のエラー処理
}
```

図6 LINE連携

Googleマップ連携

自身のアプリに地図表示を組み込む場合、Google Play Servicesの導入やGoogleMaps AndroidAPIv2で使用するAPIキーの生成など手間がかかりますが、Intent連携を使えば数行のプログラムでGoogleマップアプリ上に地図を表示できるので(図7)、単純な地図表示であれば簡単に実装できます(リスト6)。

リスト6 Googleマップ連携の例

```
try {
    Uri uri = Uri.parse(
        "geo:0,0?q=" + URLEncoder.encode("東京タワー", 
"UTF-8"));
    Intent intent = new Intent(Intent.ACTION_VIEW, 
uri);
    startActivity(intent);
} catch (UnsupportedEncodingException e) {
    //検索ワードが正しくエンコードできなかった時のエラー処理
} catch (ActivityNotFoundException e) {
    //アプリがなかった時のエラー処理
}
```

図7 Googleマップ連携

カメラ連携

テキストだけでなく画像とも連携できます。例えばリスト7のプログラムでカメラアプリと連携して写真を撮影し、撮影結果を取得できます(図8、リスト8)。もしカメラの撮影機能を自身のアプリに実装しようとするとプログラム量がかなり多くなります。単純にカメラで撮影した結果データが欲しいだけであれば、Intent連携を使用した方が結果的に多機能で安定した写真を撮ることができます。

リスト7 カメラ呼び出しの例

```java
private Uri mImgUri;

String fileName = System.currentTimeMillis() + ".jpg";
ContentValues values = new ContentValues();
values.put(MediaStore.Images.Media.TITLE, fileName);
values.put(MediaStore.Images.Media.MIME_TYPE, 
"image/jpeg");
mImgUri = getContentResolver().insert(
    MediaStore.Images.Media.EXTERNAL_CONTENT_URI, 
values);
Intent intent = new Intent(MediaStore.ACTION_IMAGE_
CAPTURE);
intent.putExtra(MediaStore.EXTRA_OUTPUT, mImgUri);
startActivityForResult(intent, 100);
```

図8 カメラ連携

リスト8 結果データ受け取りの例

```java
@Override
protected void onActivityResult(int requestCode, int resultCode, Intent 
data) {
    if (requestCode == 100) {
        //ImageViewに表示する場合
        ImageView imageView = (ImageView) findViewById(R.id.imageview);
        imageView.setImageURI(mImgUri);
    }
}
```

　カメラ連携では撮影した画像を保存するので、リスト9のパーミッションをAndroid Manifest.xmlに追加してください。

リスト9 AndroidManifest.xml

```xml
<uses-permission android:name="android.permission.WRITE_EXTERNAL_STORAGE " />
```

≫いろいろな連携アプリ

　ここで紹介したもの以外でもダイアラー、SMS、メール、メディア再生、YouTubeなどさまざまなアプリと連携できます。本LESSONでは紹介しきれていませんが、Androidアプリを使っていて、よく見る連携や共有機能であればGoogleで検索するとすぐに見つかるので、気になる連携機能があった時は検索してみると良いでしょう。

　このようにIntent連携を使用すれば、容易に他のアプリと連携できます。これはある意味、技術面、クオリティ面で「楽」ができるようなものです。アプリ開発をはじめたばかりの方で

も、時間をかけずに面白いアプリを作成できます。アプリを作りたいという気持ちとアイデアがあれば、あとは簡単な実装プログラムだけでアプリが作れるので、とりあえずアプリを作ってみたいという人はIntent連携を主軸にしたアプリにチャレンジしてみると良いでしょう。

≫オーバーフローメニューとは

メモ帳アプリではIntent連携を呼び出す導線としてオーバーフローメニューを使用しています。簡単に表現するとアプリのメニューのことを指します。Androidのメニューは歴史を辿ると意外にも乱雑無章で、Android 2.3までは「オプションメニュー」と呼ばれ、呼び出し方法もハードウェアボタン主体でした。Android 3.0から抜本的なUIの変更がはじまり、Android 4.0で現在のソフトウェアボタン制御のメニュー表示に完全移行しました。表示方法もActionBar上にオーバーフローする形で表示されるようになったことから、現在のオーバーフローメニューという名称になっています。

≫オーバーフローメニューの使い方

オーバーフローメニューはonCreateOptionsMenuメソッド①内でMenuを生成し、onOptionsItemSelectedメソッド②でクリック判定を行います（リスト10）。

リスト10 Menuの作成とクリック処理

```java
@Override
public boolean onCreateOptionsMenu(Menu menu) {
    //メニューを生成
    getMenuInflater().inflate(R.menu.menu_main, menu);
    return super.onCreateOptionsMenu(menu);
}

@Override
public boolean onOptionsItemSelected(MenuItem item) {
    int itemId = item.getItemId();
    if (itemId == R.id.action_send) {
        //ここに処理を書く
    }
    return super.onOptionsItemSelected(item);
}
```

Menuの生成は、レイアウト用ファイルをapp/src/main/res/layout/ディレクトリに作成するのと同じように、app/src/main/res/menu/ディレクトリにmenu_○○.xml（○○はメニューの表示対象の画面名を付けることが多い）という形でメニュー用ファイルを作成します。表1はMenuでよく使用するXMLの属性です。

表1 オーバーフローメニューの属性

属性	値	説明
id	@+id/XXXX （ウィジェットと同等の命名方法）	メニューの識別ID
icon	drawableリソース内の画像を指定	メニューボタンに設定するアイコン。ActionBar上にメニューを表示する際はメニューボタンがこのアイコンに置き換わる
title	任意の文字列	メニューに表示されるタイトル
orderIn Category	任意の値。一般的には100、101、102……と割り振る	メニュー表示の順番。若い数字ほど優先的に表示される
showAs Action	always 常にActionBar上に表示する ifRoom 上に表示するスペースがあれば表示する never 常にActionBar上に表示しない withText titleで設定したテキストを表示。「|」で他の属性と併用できる	基本的には表示優先度の高いメニューは「always」でActionBar上に常に表示し、そうでもない時は「never」でメニュー内に配置すると各メニューの重要性がはっきりしてわかりやすい配置になる。withTextは「always|withText」と書くことでアイコンとテキストを両方表示することができる。ただしアイコンとテキストの同時表示は横画面レイアウトに限る
	collapseActionView タップすると指定したウィジェットを展開。「|」で他の属性と併用できる	collapseActionViewを使用する場合は、actionViewClass属性を追加する必要がある。例えばapp:actionViewClass="android.support.v7.widget.SearchView"と記述すれば、メニューをクリックすることでサーチビューが展開される。表示の違いについては図9を参照

図9 showAsActionの違いによるオーバーフローメニューの見え方

オーバーフローメニューは用途としては現在の画面からすぐに実行したい機能を呼び出す際に利用することが多いです。メモ帳アプリでも入力したテキストを即座にIntent連携するために利用しています。

　逆に、画面と関連性がなくあまり呼び出さない機能（例えば、設定画面へのリンクなど）は、最近の傾向ではNavigationDrawer＊に含めるデザインが流行っています。アプリにオーバーフローメニューを追加する際はメニューが画面と関連しているか、また表示の優先度が高いかを念頭に配置すると、使いやすい配置になるでしょう。

　Androidではユーザー体験に応じてデザインや実装するウィジェットを使い分ける必要があります。オーバーフローメニューの場合は、現在の画面に関連したもので、アクションの優先度が高くない機能を配置するのに適しています。つまり「画面上で利用する機能として必須ではないけど、たまに呼ぶ必要がある機能」のような項目に適しています。なお、オーバーフローメニューよりアクションの優先度が高くなる場合はフローティングアクションボタン、低くなる場合はナビゲーションドロワーといったウィジェットを利用すると良いでしょう。

＊
画面の左側から出てくるスライド式のメニューのことです。MaterialDesign（詳しくはCHAPTER 07）が策定されて以降、Google製アプリのデザインパターンとしてよく使用されています。

> **まとめ**
> - Intent連携を使用すれば簡単にさまざまなアプリと連携することができます。
> - カメラ連携のように、連携機能によっては自身で実装するよりも簡単かつ高クオリティなものがあります。
> - オーバーフローメニューにはいろいろな表示方法が設定できます。
> - オーバーフローメニューは表示中の画面と関連したそこまで優先度の高くない機能を配置するのに適しています。

CHAPTER 06 Androidアプリを作ってみよう

LESSON 26 電卓アプリを作る

☐ レッスン終了   サンプルファイル 📁 Chapter06 > 📁 Lesson26 > 📁 before

ここでは入力した数値を計算する電卓アプリを作ってみましょう。

サンプルについて
このLESSONのサンプルはプロジェクトをインポートしてプログラムの一部を記入する形式になっています。

電卓アプリの実行画面

実習　電卓アプリの作成

1 サンプルプロジェクトをインポートする

サンプルプロジェクト「Chapter06/Lesson26/before」をインポートします。[Welcome to Android Studio]画面から[Import project(Eclipse ADT, Gradle, etc.)]を選択します（図1 ❶）。[ファイル選択]ダイアログが表示されるので、インポートしたいプロジェクトのフォルダ（Lesson26/before）を選択して❷、[OK]ボタンをクリックします❸。読み込みが完了するとプロジェクトを開いた状態になるので、[Android]から[Project]に変更しておきます❹。

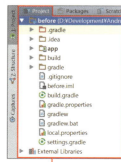

図1 サンプルプロジェクトのインポート

2 MainActivityのレイアウトを編集する

app/src/main/res/layout/activity_main.xmlを開いて、リスト1のように編集してください。

リスト1 activity_main.xml

```xml
<RelativeLayout xmlns:android="http://schemas.android.com/apk/res/android"
    xmlns:app="http://schemas.android.com/apk/res-auto"
    xmlns:tools="http://schemas.android.com/tools"
    android:layout_width="match_parent"
    android:layout_height="match_parent"
    android:background="@color/material_grey_600"
    tools:context=".MainActivity">

    (中略)

    <!--計算Buttonをインクルード-->
    <include
        layout="@layout/include_calc_buttons"
        android:layout_width="match_parent"
        android:layout_height="match_parent"
        android:layout_below="@+id/fabFrame" />

</RelativeLayout>
```

3 MainActivityのJavaプログラムを編集する

app/src/main/java/(Company Domain名)/MainActivity.javaを開いて、リスト2のように編集してください。

リスト2 MainActivity.java

```java
package com.kayosystem.honki.chapter06.lesson26;

import android.os.Bundle;
import android.support.v7.app.AppCompatActivity;
(中略)
import android.widget.GridLayout;

public class MainActivity extends AppCompatActivity implements View.OnClickListener {
    (中略)
    @Override
    protected void onCreate(Bundle savedInstanceState) {
        super.onCreate(savedInstanceState);
        setContentView(R.layout.activity_main);

        //インスタンスを取得
```

```
        mTvPreview = (TextView) findViewById(R.id.preview);
        for (int i = 0; i < mBtnResIds.length; i++) {
            findViewById(mBtnResIds[i]).setOnClickListener(this);
        }
    }

    @Override
    public void onWindowFocusChanged(boolean hasFocus) {
        super.onWindowFocusChanged(hasFocus);

        // GridLayout内のアイテムをレイアウトサイズに合わせてストレッチ
        final GridLayout gl = (GridLayout) findViewById(R.id.calcFrame);
        int childWidth = gl.getWidth() / gl.getColumnCount();
        int childHeight = gl.getHeight() / gl.getRowCount();
        for (int i = 0; i < gl.getChildCount(); i++) {
            gl.getChildAt(i).setMinimumWidth(childWidth);
            gl.getChildAt(i).setMinimumHeight(childHeight);
        }
    }
    (中略)
}
```

4 アプリを実行する

アプリを実行すると図2のような画面が表示されます。使い方は一般的な電卓と同じです。数字と演算子で計算を実行すると❶、計算結果が表示されます❷。[DEL]をクリックすると❸、表示をリセットします。

図2 電卓アプリの実行画面

講義　電卓アプリの解説

》電卓アプリについて

電卓アプリは、大きく分けると「インプット」「計算処理」「アウトプット」の3つの役割に分けることができます。これらはユーザーが操作し、それに基づいて情報を処理し、画面に結果が反映されるというAndroidアプリのベーシックな処理の流れをくんでいるので、Androidアプリ開発の練習に向いています。

また、デザイン面でも数字キーやディスプレイ表示を規則的に並べる必要があるため、どのようにレイアウトを作成していくかを学ぶのにも適しています。図3は電卓アプリの動作をイメージ化したものです。

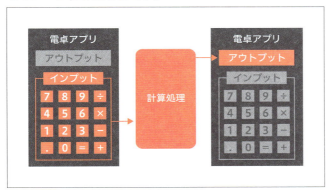

図3 電卓アプリの動作イメージ

電卓の計算処理自体はプログラムの世界では古くから存在し珍しいものではないので、このLESSONではAndroidで電卓アプリを作るにあたってどのように画面を作成するか、そのデザイン手法や画面構成の考え方などを中心に解説します。

》デザインをイメージする

電卓のデザインと聞くと、大多数の人が数字とディスプレイが並んだ一般的な電卓をイメージすると思います。それは電卓が世の中に普及している上に、デザインも確立されているからです。しかし、まったく新しいアプリを生み出す時や、これといった形を持たないアプリを開発する場合は、自分でデザインを考える必要があります。

アプリのデザインを考えていく際は、ワイヤーフレーム＊を作成して画面と機能の役割を整理してからはじめるとスムーズにアプリ開発を進めることができます。以下にデザイン手法の一例をまとめたので、参考にしてください。

＊
画面のデザインや機能を大まかに示した構成図のことです。

手書き

アナログな手法ですが、身近にある紙とペンで作成できるため最もベーシックな方法と言えます。自分が理解できる内容であれば描き方は自由です。本格的な利用例だと端末に見立てた紙や付箋で全ての画面を作成し、実際に操作をシミュレーションしてUI/UX*1を詰めていくペーパープロトタイピングを導入している企業もあります。

*1
UIはユーザーインターフェースのことでアプリでいうと画面やデザインを指します。UXはユーザービリティのことで、アプリでいうと使用感・操作性を指します。

ワイヤーフレーム作成ツール

オンラインでワイヤーフレームを作成・共有できるツールはいくつかありますが、筆者はAdobe Experience Design CC（Adobe XD）*2をよく使用します。ワイヤーフレーム作成ツールの大きな特徴は初めから画面の部品がプリセットとして準備されていることです。Adobe XDでもWindows/Android/iOSのUIが初めから準備されていて、簡単に綺麗な画面を設計できるようになっています。またAdobe XDの場合、画面遷移も作成可能で、実際に動作する状態をWebで共有でき、UI/UXの確認が視覚的に確認しやすいのが魅力的です。

*2
執筆時点ではMac版しか提供されていませんがWindows版も開発中で2016年中に公開予定となっています。Windowsは優秀なワイヤーフレーム作成ツールが少ないので筆者としては期待のワイヤーフレームツールの1つです。

Excel

「Excel」の図形描画機能を使用してワイヤーフレームを作成します。仕様書やドキュメントの作成などで使い慣れている人も多いと思います。作成したイメージ図などをそのままドキュメントに落としこむこともできるため、デジタルツールとしては最も導入しやすいかもしれません。

プレゼンソフト

「PowerPoint」や「Apple Keynote」などのプレゼンソフトの図形描画機能を使用します。Excelと比較してグラフィカルな図形が簡単に作成できるのが特徴です。筆者はワイヤーフレームやイメージ図を作成する場合は専らKeynoteを利用しています。

≫ デザイン構成を考える

どのようなデザインにするかが決まったら、次は実際に画面を作成する方法を考えます。例えば電卓アプリの場合、次のような画面を実現しなくてはなりません。

- ・画面上部にディスプレイを配置
- ・数字と演算子のButtonを格子状に配置

このうち、ディスプレイ表示はTextViewを配置するだけなので簡単ですが、数字ボタンと演算ボタンを格子状に配置するのは複雑で、実現するためには「どのレイアウトを利用するか」を検討する必要があります。図4は各レイアウトを使った配置イメージです。

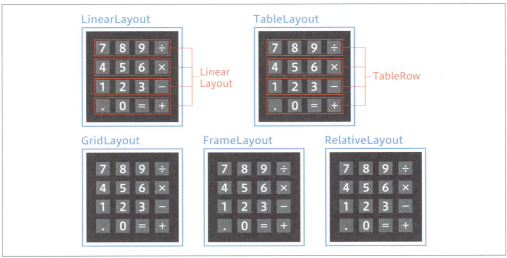

図4 電卓レイアウトに使用するレイアウトを比較

　一見するとLinearLayoutとTableLayoutは他のレイアウトよりも複雑そうに感じます。実際、この2つのレイアウトで実装するとレイアウト階層が深くなってしまいます。一方、GridLayout、FrameLayout、RelativeLayoutはすっきり配置できそうに見えます。ただし、図4だけではどこに違いがあるのかわかりません。そこで、もう少し違いがわかるように各レイアウトで実装する場合の違いを表1にまとめました。

表1 電卓レイアウトに使用した場合の各レイアウトの特徴

レイアウト	電卓レイアウトとの相性	説明
LinearLayout	△	LinearLayoutの横配置でButtonをまとめて行を表現、それらをさらにLinearLayoutの縦配置で列として表現する。LinearLayoutを複数使用するのでレイアウト階層が深く、プログラム量は多くなる。ただしLinearLayoutのweight属性でButtonの幅・高さを均等にできるので、端末のディスプレイの違いによるレイアウト崩れに強くなる
TableLayout	○	テーブル配置で行と列を表現できるので、簡単に格子状の配置が作成できる。ただし、列ごとに＜TableRow＞要素を書かないといけないので、レイアウト階層は多めになる。横幅をTableLayoutのstretchcolumns属性で、縦幅をTableRowのweight属性でストレッチさせることができるので、端末のディスプレイの違いによるレイアウト崩れにも強い
GridLayout	◎	格子配置ができるレイアウトなので最低限のプログラム量で格子配置が作成できる。プログラム側で縦幅と横幅のストレッチが可能で、端末のディスプレイの違いによるレイアウト崩れにも強い

（続き）

レイアウト	電卓レイアウト との相性	説明
FrameLayout	×	Layout階層は少ないが、Buttonの幅・高さ、配置座標をすべて数値で指定する必要がある。端末のディスプレイの違いを吸収しづらく、レイアウトは崩れやすい
RelativeLayout	×	Layout階層は少ないが、どれか1つのButtonの幅・高さを具体的な数値でサイズ指定し、それを基準に残りのButtonのサイズと配置場所を相対的に決めていく必要がある。端末のディスプレイの違いを吸収しづらく、レイアウトが崩れやすい。またレイアウトは相対的な配置指定になっているので、Buttonを1つ移動させただけで残りのButtonの配置まで変更される可能性があるため、メンテナンス性もあまりよくない

　表1を見ると、少し考えが変わったのではないかと思います。実際にはGridLayoutかTableLayoutを使えば電卓のレイアウトが作りやすく、デバイスのインチ数や解像度の違いによるレイアウト崩れにも強いことがわかります。このように、イメージしたデザインを実際の画面に落としこむ際には、どのレイアウトあるいはウィジェットが適しているか考えてから作成をはじめる必要があります*。

＊
レイアウトはLESSON 17で、ウィジェットはLESSON 16で解説しているので、画面作成でわからないことや迷うことがあれば戻って読み返してください。特にレイアウトの使い分けは、何度もやって回数をこなすことで慣れて身につくようになります。

≫ GridLayoutで均等に配置する

　GridLayout内に配置されているウィジェットを均等に配置するには、リスト3のように記述します（実習のリスト2）。方法としてはGridLayoutの幅と高さを取得し①、GridLayout内のウィジェット数で割ってウィジェット1つあたりの幅と高さを求めます②。そして、それらをウィジェットの幅と高さにセット③しています。

　なお、この処理はonCreateメソッドやonResumeメソッドで実行しようとすると幅と高さに0が返り正しく動作しません。読み込んだレイアウトの正しい幅と高さを取得するには、レイアウトが読み込まれたタイミングで実行する必要があります。そのため、ここではonWindowFocusChangedメソッド内に処理を記述しています。

リスト3　GridLayout内のウィジェットを均等に配置

```
@Override
public void onWindowFocusChanged(boolean hasFocus) {
    super.onWindowFocusChanged(hasFocus);

    // GridLayout内のアイテムをレイアウトサイズに合わせてストレッチ
    final GridLayout gl = (GridLayout) findViewById(R.id.calcFrame);
    int childWidth = gl.getWidth() / gl.getColumnCount();         ──┐
    int childHeight = gl.getHeight() / gl.getRowCount();          ──┘ ①
    for (int i = 0; i < gl.getChildCount(); i++) {                ── ②
```

```
            gl.getChildAt(i).setMinimumWidth(childWidth);    ┐
            gl.getChildAt(i).setMinimumHeight(childHeight);  ┘ ③
        }
    }
}
```

≫ 電卓の処理について

　電卓アプリでは、MainActivityクラスでButton入力による「インプット」とEditText表示による「アウトプット」を行い、実際の「計算処理」は全てCalculatorクラスが担当しています。表2はCalculatorクラスのメソッドとその役割を一覧にしたものです。

表2 Calculatorクラスのメソッド

メソッド	説明
input	MainActivityから文字列が入力されるたびに呼ばれるメソッド。入力された文字列が数値か演算子かで処理を分岐させ、「＝」か二度目の演算子が入力されたタイミングで計算して結果を返している
doCalc	入力された演算子を元に実際に計算を行うメソッド。すでに入力されている数値と演算子を元に、最後に入力された数値を組み合わせて計算している
reset	現在計算中の数値や演算子をリセットする
isNumber	入力された文字列が数値であるかどうかを判定するメソッド。判定方法としてIntegerクラスのparseIntメソッドを使用している。このメソッドは文字列を数値に変換する際に使用するが、数値にできなかった場合は例外(NumberFormatException)が発生することから、それを判定処理に用いている
isOperator	入力された文字列が演算子かどうか判定するメソッド。このLESSONでは＋、－、×、÷、＝だけをサポートする。それ以外は演算子とみなさない

まとめ

- アプリを作成する前に、ワイヤーフレームを作って画面と機能を整理してください。
- 自分のやり方にあったアプリのデザイン手法を見つけてください。
- 電卓アプリのような格子状配置にはGridLayoutやTableLayoutが向いています。
- RelativeLayoutはデザイン性が高いレイアウトですが、ウィジェットを相対的に配置しないといけないので、電卓アプリのようなデザインには不向きです。
- レイアウトやウィジェットの使い分けは回数をこなすと自然と身につきます。

CHAPTER 06 Androidアプリを作ってみよう

LESSON 27 TODOリストアプリを作る

□ レッスン終了　　サンプルファイル　📁 Chapter06 ＞ 📁 Lesson27 ＞ 📄 before

ここでは、「本日のやることリスト」などを記載するTODOリストアプリを作ってみましょう。

サンプルについて
このLESSONのサンプルはプロジェクトをインポートしてプログラムの一部を記入する形式になっています。

TODOリストアプリの実行画面

実習　TODOリストアプリの作成

1 サンプルプロジェクトをインポートする

サンプルプロジェクト「Chapter06/Lesson27/before」をインポートします。[Welcome to Android Studio]画面から[Import project（Eclipse ADT, Gradle, etc.）]を選択します（図1 ❶）。[ファイル選択]ダイアログが表示されるので、インポートしたいプロジェクトのフォルダ（Lesson27/before）を選択して❷、[OK]ボタンをクリックします❸。読み込みが完了するとプロジェクトを開いた状態になるので、[Android]から[Project]に変更しておきます❹。

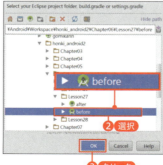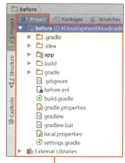

図1 サンプルプロジェクトのインポート

2 MainActivityのタブレット用レイアウトを編集する

app/src/main/res/layout-w820dp/activity_main.xmlを開いて、リスト1のように編集してください。

リスト1 activity_main.xml

```xml
<LinearLayout xmlns:android="http://schemas.android.com/apk/res/android"
    xmlns:tools="http://schemas.android.com/tools"
    android:layout_width="match_parent"
    android:orientation="horizontal"
    android:layout_height="match_parent"
    tools:context=".MainActivity">

    <!--TodoListFragmentを表示する器となるFrameLayout-->
    <FrameLayout
        android:id="@+id/container"
        android:layout_weight="0.7"
        android:layout_width="match_parent"
        android:layout_height="match_parent" />

    <!--TodoFormFragmentを表示する器となるFrameLayout-->
    <FrameLayout
        android:id="@+id/container2"
        android:layout_weight="0.3"
        android:layout_width="match_parent"
        android:layout_height="match_parent" />

</LinearLayout>
```

3 MainActivityのJavaプログラムを編集する

app/src/main/java/(Company Domain名)/MainActivity.javaを開いて、onCreateメソッドをリスト2のように編集してください。

リスト2 MainActivity.java

```java
package com.kayosystem.honki.chapter06.lesson27;
(中略)
import java.util.List;
import android.widget.FrameLayout;


public class MainActivity extends AppCompatActivity {
        (中略)
    @Override
    protected void onCreate(Bundle savedInstanceState) {
        super.onCreate(savedInstanceState);
        setContentView(R.layout.activity_main);
```

```java
        //ダミーデータ作成
        mTodoList = Todo.addDummyItem();

        //TODOリスト一覧を表示
        showTodoList();

        //タブレットレイアウトなら右側にフォーム画面を表示
        FrameLayout container2 = (FrameLayout) findViewById(R.
id.container2);
        if (container2 != null) {
            mIsTablet = true;
            showTodoForm(mTodoList.get(0));
        }
    }
    (中略)
    /**
     * TODOフォーム画面を表示
     *
     * @param item TODOリストデータ
     */
    public void showTodoForm(Todo item) {
        (中略)
        if (!mIsTablet) {
            //スマートフォンレイアウトの場合はcontainerに表示
            getSupportFragmentManager().beginTransaction().replace(R.
id.container,
                    fragment, tag).addToBackStack(tag).commit();
        }else{
            //タブレットレイアウトの場合はcontainer2に表示
            getSupportFragmentManager().beginTransaction().replace(R.
id.container2,
                    fragment, tag).addToBackStack(tag).commit();
        }
    }
    (中略)
}
```

4 **TodoFormFragmentのJavaプログラムを編集する**

app/src/main/java/（Company Domain名）/TodoFormFragment.javaを開いて、onOptionsItemSelectedメソッドをリスト3のように編集してください。

リスト3 TodoFormFragment.java

```java
package com.kayosystem.honki.chapter06.lesson27;
(中略)
public class TodoFormFragment extends Fragment implements View.
OnClickListener {
    (中略)
    @Override
    public boolean onOptionsItemSelected(MenuItem item) {
        if (item.getItemId() == MENU_ADD) {
            (中略)
                boolean isTablet = ((MainActivity) getActivity()).isTablet();
                if (!isTablet) {
                    //スマートフォンレイアウトの場合はリスト画面に戻る
                    getFragmentManager().popBackStack();
                } else {
                    //タブレットレイアウトで新規TODOを作成した場合はテキストをクリア
                    if (getArguments() == null) {
                        mEtInput.getText().clear();
                    }
                }

                //ソフトウェアキーボードを閉じる
                InputMethodManager inputMethodManager = 
(InputMethodManager) getActivity()
                    .getSystemService(Context.INPUT_METHOD_SERVICE);
                inputMethodManager.hideSoftInputFromWindow(mEtInput.
getWindowToken(), 0);

                return true;
            }
        }
        return super.onOptionsItemSelected(item);
    }
    (中略)
}
```

5 **TodoListFragmentのJavaプログラムを編集する**

app/src/main/java/(Company Domain名)/TodoListFragment.javaを開いて、onCreateContextMenuメソッドとonContextItemSelectedメソッドをリスト4のように編集してください。

リスト4 TodoListFragment.java

```java
package com.kayosystem.honki.chapter06.lesson27;
(中略)
public class TodoListFragment extends Fragment implements AdapterView.
OnItemClickListener {
        (中略)
    public static TodoListFragment newInstance() {
        return new TodoListFragment();
    }
        (中略)
    @Override
    public void onCreateContextMenu(ContextMenu menu, View view,
                                    ContextMenu.ContextMenuInfo menuInfo) {
        super.onCreateContextMenu(menu, view, menuInfo);

        //ListViewのコンテキストメニューを作成
        if (view.getId() == R.id.todo_list) {
            menu.setHeaderTitle("選択アイテム");
            menu.add(0, MENU_ID_DELETE, 0, "削除");
        }
    }

    //コンテキストメニュークリック時のリスナー
    @Override
    public boolean onContextItemSelected(MenuItem item) {
        AdapterView.AdapterContextMenuInfo info =
                (AdapterView.AdapterContextMenuInfo) item.getMenuInfo();
        int itemId = item.getItemId();
        if (itemId == MENU_ID_DELETE) {
            //アイテムを削除
            mTodoList.remove(info.position);
            mAdapter.notifyDataSetChanged();
            return true;
        }
        return super.onContextItemSelected(item);
    }
    (中略)
}
```

6 アプリを実行する

アプリを実行すると図2、図3のような画面が表示されます。[+]をクリックするとTODOリストの新規作成、リストアイテムのクリックでTODOの編集、ロングクリックでコンテキストメニューを表示してアイテムを削除できます。なお、アプリの起動時はダミーのTODOリストが5件登録された状態になっています。

図2 TODOアプリの実行画面（スマートフォンレイアウト）

図3 TODOアプリの実行画面（タブレットレイアウト）

講義　TODOリストアプリの解説

≫ TODOアプリについて

　このLESSONのアプリは、TODOリストを表示する一覧画面とTODOを入力するフォーム画面の2つの画面で構成されています。LESSON 20で画面はActivityで作成することを学習しましたが、このLESSONではタブレット対応がメインなので、各画面をパーツ化してFragment（LESSON 23で学習）で作成しています。

　また、TODOリストの更新処理にはActivityに依存しないBroadcast Receiver（LESSON 22で学習）を使用しています。こうすることで、同じActivity上で画面を左右に並べて表示できるようになっています。

　図4は、TODOリストアプリの動作イメージを表したものです。

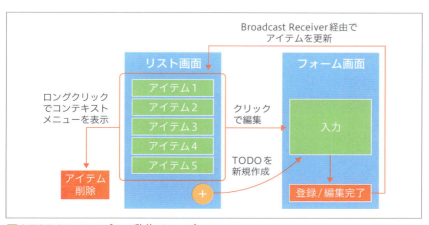

図4 TODOリストアプリの動作イメージ

TODOリストアプリでは画面や機能のActivityの結合度を下げて作成していますが、その理由はタブレット対応にあります。Androidアプリ開発においてタブレット対応は避けて通れません。そこでこのLESSONではタブレット対応を中心に解説していきます。

またリストアイテムの削除操作として新たにコンテキストメニューと呼ばれる機能を利用しているので、こちらについても解説します。

≫タブレット対応の必要性

スマートデバイスの需要動向調査によると、近年タブレット端末を利用するユーザーは増え続けており、2016年現在、ノートPCの出荷台数に追いつくまでになっています。またマネタイズにおいてもタブレット端末の影響力は高く、Googleデベロッパーアドボケイトの松内良介氏の報告によると、2014年の時点でタブレットユーザーはスマホユーザーの1.7倍アプリに課金しているとまで言われています。こうしたことから、Androidアプリ開発でタブレット端末は意外にも無視できない存在になってきています。

≫タブレット対応とは

通常Androidアプリを開発する場合はスマートフォンを主ターゲットにするため、タブレットでの動作をあまり意識しないケースが多々あります。「とりあえずエラーなく動く」という意味では問題ないのですが、いざタブレット端末でアプリを起動してみると画面に余白が多く出ていたり、レイアウト自体が崩れていて正しく使えなかったりすることがあります。これを防止するには、タブレット端末にはタブレット専用の対応を行う必要があります。

≫レイアウトをタブレットに対応させる

Androidアプリのタブレット対応では、まず何よりレイアウトをスマートフォン用とタブレット用で別々に作成する必要があります。タブレット用のレイアウトはresフォルダ内にディレクトリを追加することで自動的に判定されるようになっています。ディレクトリの名前の付け方には表1に示すような意味があります。

表1 タブレットレイアウト用のディレクトリ

ディレクトリ	対象データ	説明
app/src/main/res/layout-w820dp	レイアウト	一般的な7～10インチタブレットの横画面用レイアウトファイル。タブレット専用レイアウトが必要なケースは7インチ以上の横画面がほとんどなので、現在ではこのディレクトリの使用が推奨されている
app/src/main/res/values-w820dp	値	一般的な7～10インチタブレットの横画面用の値ファイル。タブレット用レイアウトに最適化された値をここに定義する。必ずapp/src/main/res/layout-w820dpとセットで使用する

表1のディレクトリで、名前の「w」やそれに続く「◯◯dp」という記述は、図5のような意味を持っています。

図5 ディレクトリに用いる命名規則

組み合わせがたくさんあってどれを使えば良いかよくわからなくなりますが、これはあくまでも多種多様なAndroidデバイスに柔軟に対応するためのものです。2016年10月現在、Androidプロジェクトを作成するとタブレット用ディレクトリとして「w820dp」が自動で生成されるようになっています。「w」は横幅を示し、タブレットは横向きで使うことを想定していると捉えることができます。実際にタブレットの縦向き使用でわざわざレイアウトを変えるメリットはないので、wを選択して横幅（横画面）で判定しようとする意図は理解できます。

「820dp」は砕けた表現で言えば、「普通の画質のタブレットの横幅が820ピクセル以上、あるいは高画質のタブレットの横幅が1640ピクセル以上のもの」が該当します。現在まで国内で販売されたタブレットに当てはめると、ほとんどが820dpに該当します。つまり、一般的に「タブレット対応」と言った場合はw820dpであると考えておくと良いでしょう。

≫ プログラムをタブレットに対応させる

スマートフォンとタブレットでアプリの動作に変更が生じる場合は、レイアウトファイルの切り替えだけでは対応できないため、プログラム側でも対応する必要があります。プログラム側で端末がスマートフォンかタブレットか確認する簡単な方法として、タブレット用のレイアウトファイルにしか存在しないウィジェットやインスタンスを取得できるかどうかで判断する方法があります。例えばTODOリストアプリの場合、実習のリスト2のようにonCreateメソッド内でFrameLayoutのcontainer2のインスタンスを取得しています（リスト5）。

リスト5 container2のインスタンスを取得

```
        //タブレットレイアウトなら右側にフォーム画面を表示
        FrameLayout container2 = (FrameLayout) findViewById(R.
id.container2);
        if (container2 != null) {
            mIsTablet = true;
```

```
            showTodoForm(mTodoList.get(0));
        }
```

container2はres/layout-w820dp内のactivity_main.xml、つまりタブレット用レイアウト内にしか存在しないので、container2が存在すればタブレット、存在しなければスマートフォンと判断することができます。

なお、判断したタイミングでフラグを持たせておくと、他の場所でも判定に利用できます。ここではboolean型のmIsTablet変数を宣言してfalseならスマートフォン、trueならタブレットと判定できるようにしています。

» コンテキストメニューとは

ポップアップで表示されるメニューを「コンテキストメニュー」と呼びます。これはメニュー版ダイアログといったイメージで、Windowsで言うならば右クリックメニューに近いものです。コンテキストメニューはウィジェットであれば何にでもセットでき、ウィジェットを長押しして呼び出すことができます。利用シーンとしてはListViewなどのリストアイテムを個別に操作したい場合によく用いられます（図6）。

図6 コンテキストメニューの表示

» コンテキストメニューの登録

コンテキストメニューを使用するには、まず呼び出す対象のウィジェットを登録する必要があります（リスト6①②）。

リスト6 コンテキストメニューの登録

```
//登録したいウィジェット（ここではListView）
ListView listView = (ListView) rootView.findViewById(R.id.listview);————①

//コンテキストメニューの呼び出し対象にListViewを登録
registerForContextMenu(listView);————②
```

コンテキストメニューの作成

コンテキストメニューの登録が完了したら、呼び出すコンテキストメニューを作成します。コンテキストメニューの作成はonCreateContextMenuメソッドをオーバーライドします。

追加方法は、対象のActivityあるいはFragmentプログラム上で右クリックし（図7❶）、[Generate]❷→[Override Methods]❸を選択するとオーバーライドできるメソッドの一覧が表示されます。[onCreateContextMenu]を選択して❹、[OK]ボタンをクリックすると❺プログラム上に自動で挿入されます。

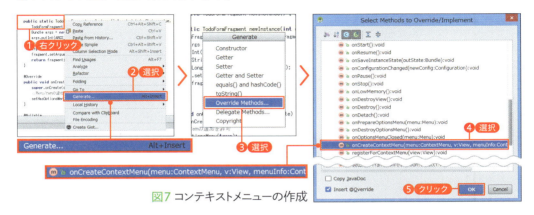

図7 コンテキストメニューの作成

実習のリスト4でも触れていますが、onCreateContextMenuメソッドでは、リスト7のように第1引数のmenu①に対して処理を追加することでコンテキストメニューを生成します。TODOリストアプリではsetHeaderTitleメソッド②を使用してコンテキストメニューのタイトルを変更し、addメソッド③でメニューを追加しています。

また、コンテキストメニューを複数登録している場合は第2引数のview①のidを取得し、if文で条件式にすれば種類の違う複数のコンテキストメニューを作成できます。

コンテキストメニューの作成では、表2に示すメソッドを主に使用しています。

リスト7 コンテキストメニューの作成

```java
@Override
public void onCreateContextMenu(ContextMenu menu, View view,
                                ContextMenu.ContextMenuInfo menuInfo) {
    super.onCreateContextMenu(menu, view, menuInfo);                    ①

    //ListViewのコンテキストメニューを作成
    if (view.getId() == R.id.todo_list) {
        menu.setHeaderTitle("選択アイテム");                              ②
        menu.add(0, MENU_ID_DELETE, 0, "削除");                          ③
    }
}
```

表2 コンテキストメニューでよく使用するメソッド

ContextMenuのメソッド	説明
setHeaderTitle	コンテキストメニューのヘッダータイトルをセット
setHeaderIcon	コンテキストメニューのヘッダーアイコンをセット
add	コンテキストメニューを追加

≫コンテキストメニューのクリック処理について

　コンテキストメニューのクリック処理はonContextItemSelectedメソッドをオーバーライドして実装します（リスト8）。どのメニューをクリックしたかは、第1引数のitemのidを取得①することで判別できます。ここで取得されるidはコンテキストメニューの作成時に登録したIDなので、このIDを元にif文で各メニューのクリックを適切に処理できます。

　また、itemのgetMenuInfoメソッドでAdapterContextMenuInfoを取得②できます。このクラスはより詳細なコンテキストメニューの情報を取得できる他、AdapterContextMenuInfoのメンバ変数positionを使用すれば「ListViewの何番目がタップされたか」という情報も取得③できます。

リスト8 コンテキストメニューのクリック処理

```java
    public boolean onContextItemSelected(MenuItem item) {
        AdapterView.AdapterContextMenuInfo info =
                (AdapterView.AdapterContextMenuInfo) item.getMenuInfo();  ②
        int itemId = item.getItemId();  ①
        if (itemId == MENU_ID_DELETE) {
            //アイテムを削除
            mTodoList.remove(info.position);  ③
            mAdapter.notifyDataSetChanged();
            return true;
        }
        return super.onContextItemSelected(item);
    }
```

まとめ

- アプリを開発する時はタブレット対応も意識したプログラムにしてください。
- タブレット対応レイアウトはタブレットの横画面での使用を前提に考えるようにしましょう。
- タブレット用リソースのディレクトリはw820dpを使用してください。
- コンテキストメニューを使用するとウィジェット上にポップアップでメニューを表示できます。

CHAPTER 06　Androidアプリを作ってみよう

LESSON 28　壁紙チェンジャーを作る

レッスン終了　サンプルファイル　Chapter06 > Lesson28 > before

ここではスマートフォンのトップ画面の壁紙を手軽に変更できる壁紙チェンジャーを作ってみましょう。

サンプルについて
このLESSONのサンプルはプロジェクトをインポートしてプログラムの一部を記入する形式になっています。

壁紙チェンジャーの実行画面

実習　壁紙チェンジャーの作成

1　サンプルプロジェクトをインポートする

サンプルプロジェクト「Chapter06/Lesson28/before」をインポートします。[Welcome to Android Studio]画面から[Import project(Eclipse ADT, Gradle, etc.)]を選択します（図1 ❶）。[ファイル選択]ダイアログが表示されるので、インポートしたいプロジェクトのフォルダ（Lesson28/before）を選択して ❷、[OK]ボタンをクリックします ❸。読み込みが完了するとプロジェクトを開いた状態になるので、[Android]から[Project]に変更しておきます ❹。

図1 サンプルプロジェクトのインポート

2 MainActivityのJavaプログラムを編集する

app/src/main/java/(Company Domain名)/MainActivity.javaを開いて、リスト1のように編集してください。

リスト1 MainActivity.java

```java
package com.kayosystem.honki.chapter06.lesson28;
(中略)
import android.content.Intent;
import com.kayosystem.honki.chapter06.lesson28.net.ConnectionService;

public class MainActivity extends AppCompatActivity {
    (中略)
    /**
     * 壁紙の変更を開始
     */
    private void startSearch() {
        // 検索キーワード固定
        final String keyword = "スマホ壁紙";

        // バックグラウンドで検索と画像の取得を行う
        Intent intent = new Intent(this, ConnectionService.class);
        intent.setAction(ConnectionService.ACTION_START);
        intent.putExtra(ConnectionService.EXTRA_SEARCH_KEYWORD, keyword);
        startService(intent);
    }

    /**
     * 壁紙の変更を停止
     */
    private void stopSearch() {
        Intent intent = new Intent(this, ConnectionService.class);
        intent.setAction(ConnectionService.ACTION_STOP);
        startService(intent);
    }
}
```

3 ConnectionServiceのJavaプログラムを編集する

app/src/main/java/(Company Domain名)/net/ConnectionService.javaを開いて、リスト2のように編集してください。

リスト2 ConnectionService.java

```java
package com.kayosystem.honki.chapter06.lesson28.net;

import android.app.IntentService;
```

```
(中略)
import com.kayosystem.honki.chapter06.lesson28.↵
WallpaperBroadcastReceiver;
(中略)
import org.json.JSONException;

/**
 * バックグラウンドで通信を行うサービス
 */
    (中略)
    @Override
    protected void onHandleIntent(Intent intent) {
        if (intent == null) {
            Log.i(TAG, "onHandleIntent is null.");
            return;
        }

        if (ACTION_START.equals(intent.getAction())) {
            //壁紙の変更を開始
            Log.v(TAG, "キーワード検索");
            String keyword = intent.getStringExtra(EXTRA_SEARCH_KEYWORD);
            if (!TextUtils.isEmpty(keyword)) {
                startSearch(keyword);
            }
            Log.v(TAG, "壁紙の変更開始");
            WallpaperBroadcastReceiver.startPolling↵
(getApplicationContext());
        } else if (ACTION_STOP.equals(intent.getAction())) {
            //壁紙の変更を停止
            Log.v(TAG, "壁紙の変更を停止");
            WallpaperBroadcastReceiver.cancelPolling↵
(getApplicationContext());
            WallpaperManager wm = WallpaperManager.getInstance↵
(getApplicationContext());
            try {
                wm.clear();
            } catch (IOException e) {
                Log.e(TAG, "壁紙のクリアに失敗しました。", e);
            }
        } else {
            // 画像のダウンロード
            String url = intent.getStringExtra(EXTRA_IMAGE_URL);
            if (!TextUtils.isEmpty(url)) {
                startDownloadImage(url);
            }
```

```java
        }
    }

    /**
     * 壁紙の検索を開始．
     *
     * @param keyword
     */
    private void startSearch(String keyword) {
        (中略)
        // ダウンロードする画像一覧をキューに詰める
        if (items.size() > 0) {
            for (CustomSearchApiItem item : items) {
                String link = item.getLink();
                Intent intent = new Intent(this, getClass());
                intent.putExtra(EXTRA_IMAGE_URL, link);
                this.startService(intent);
            }
        }
    }
    (中略)
}
```

4 **WallpaperBroadcastReceiver の Java プログラムを編集する**

app/src/main/java/(Company Domain 名)/WallpaperBroadcastReceiver.java を開いて、リスト3のように編集してください。

リスト3 WallpaperBroadcastReceiver.java

```java
package com.kayosystem.honki.chapter06.lesson28.net;
(中略)
import android.app.PendingIntent;
import android.app.WallpaperManager;
import android.content.BroadcastReceiver;
(中略)
import java.io.File;
import java.io.FileInputStream;
import java.io.IOException;
import java.io.InputStream;

/**
 * 定期的に壁紙を変更するクラス
 */
public class WallpaperBroadcastReceiver extends BroadcastReceiver {
    (中略)
    @Override
```

```java
    public void onReceive(final Context context, Intent intent) {
        (中略)
                // どの画像を表示するのかを選択
                String filePath = nextWallpaperPath(imageDir);
                if (TextUtils.isEmpty(filePath)) {
                    // 表示する画像がなかった場合
                    Log.i(TAG, "壁紙がまだダウンロードされていない");
                    return;
                }

                // 壁紙の変更を行う
                InputStream wpStream = new FileInputStream(filePath);
                WallpaperManager wm = WallpaperManager.getInstance(context);
                wm.setStream(wpStream);
                wpStream.close();

                Log.v(TAG, "壁紙変更完了");
            } catch (IOException e) {
                Log.e(TAG, "壁紙の変更に失敗", e);
            }
        }
    }
    (中略)
}
```

5 アプリを実行する

アプリを実行すると、図2のような画面が表示されます。「壁紙を自動的に変更する」スイッチをオンにすると、バックグラウンドで壁紙の収集を開始し、10秒ごとに自動的に壁紙を変更します。Androidの待ち受け画面に戻り確認してください。

図2 壁紙チェンジャーアプリの実行画面

講義　壁紙チェンジャーの解説

≫壁紙チェンジャーアプリについて

　壁紙チェンジャーアプリの機能は、大きく「壁紙機能のオン／オフ」「壁紙のダウンロード」「壁紙の設定」の3つに分けることができます。このうち、壁紙機能のオン／オフは画面上で行いますが、それ以外の2つはバックグラウンドで処理を行います。
　図3は壁紙チェンジャーアプリの動作イメージを示したものです。

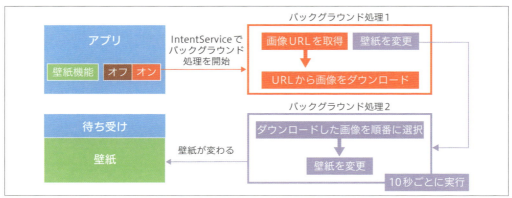

図3 壁紙チェンジャーアプリの動作イメージ

　Androidは画面操作をメインとしたアプリだけではなく、バックグラウンド処理をメインとしたアプリも作成できます。このLESSONでは壁紙チェンジャーアプリでも使用されているバックグラウンド処理を中心に学習します。

≫バックグラウンド処理の種類

　一般的に「バックグラウンド処理」とは、スクリーンに表示している画面とは別に裏で動作する処理を指します。Javaのバックグラウンド処理ではThreadを使用するのが一般的ですが、Androidのバックグラウンド処理ではメインスレッド（UIスレッド）上で行う「Service」「BroadcastReceiver」と、別スレッド上で行う「IntentService」「AsyncTask」「AsyncTaskLoader」がそれぞれ準備されています。それぞれの特徴は、以下のようになっています。

Service

　Activityに依存せず、長時間のバックグラウンド処理に向いています。メインスレッド上で動作するため、重い処理を続けると画面のレスポンスに影響することがあります。用途としては常駐型のアプリを作成する場合に向いています。詳しくはLESSON 21で解説しています。

Broadcast Receiver

Activityに依存せず、短時間のバックグラウンド処理に向いています。Serviceと同じくメインスレッド上で動作し、onReceiveメソッド内の処理を終えるか5秒程度が経過すると自動的に終了します。用途としては軽いバックグラウンド処理を実行したり、ActivityやServiceを起動するトリガーに向いています。詳しくはLESSON 22で解説しています。

IntentService

Activityに依存せず、非同期の処理に向いています。内部にHandlerThreadを持っており、メインスレッドとは別のスレッド上で逐次処理します。処理が完了すると自動的に終了します。詳しくはLESSON 24で解説しています。

AsyncTask

Activityに強く依存するバックグラウンド処理に向いています。開始前・後の画面への進捗表示をメインスレッド上で実行でき、その間の処理だけを別スレッドで非同期に実行します。UI処理を意識した作りになっていることから、Activityとの結合度が高いバックグラウンド処理とも言えます。

用途としては画面上に進捗を表示しつつ、バックグラウンドでデータをダウンロードするような処理に向いています。なお、AsyncTaskはAPIレベル*1によってデフォルトの挙動が変化します。APIレベル13までは複数のAsyncTaskを実行しても並列処理されていましたが、APIレベル14以降は逐次処理されるようになっています(プログラムで並列処理に変更可能)。

AsyncTaskLoader

Activityに依存するバックグラウンド処理に向いています。AsyncTaskと似ていますが、中身はLoader*2を使用して作られた非同期処理になっています。

AsyncTaskとの違いはバックグラウンド処理のみの実装が可能でUI処理を必須としないところにあります。別途コールバックを実装することでUI処理を行うことも可能ですが、AsyncTaskのように進捗処理を実装する仕組みはありません。用途としてはバックグラウンドでデータをダウンロードし、その結果だけを画面に反映させる処理に向いています。

---

*1
Androidプラットフォームのバージョンで提供されるフレームワークを識別するのに用いる値です。

*2
APIレベル11で追加された非同期データをロードする仕組みを提供する抽象クラスです。ActivityとFragmentで利用できます。データの情報源を監視して、変更があった場合は自動で結果を反映する特徴を持ちます。より詳しい解説は下記のドキュメントを参照してください。

・Loaders
URL http://developer.android.com/guide/components/loaders.html

≫バックグラウンド処理の選び方

　バックグラウンド処理を実現する方法がいくつかあることはわかりました。それでは壁紙チェンジャーアプリではどのバックグラウンド処理が最適なのでしょうか？ 図3を元に各バックグラウンド処理に必要な条件をピックアップし整理してみましょう。

壁紙のダウンロード（バックグラウンド処理1）

- 一連の処理に画面は不要なのでActivityに依存せずに処理したい
- ファイルのダウンロード処理を実装するのでレスポンスを考慮して別スレッドにしたい
- 壁紙の保存が完了したらバックグラウンド処理を終了したい

　上記の条件で考えるとIntentServiceが該当します。もしServiceで実装する場合は、非同期処理や終了タイミングを自身で管理する必要がありプログラム量が増えてしまいます。

　AsyncTaskやAsyncTaskLoaderを使う場合でも、Activityのライフサイクルに依存してしまうので、バックグラウンド処理中にアプリを終了してしまった時などの異常系パターンを考慮しなくてはなりません。このようなことから"Activityに依存せずに別スレッドで動作して自動終了する"と考えるとIntentServiceが最適なことがわかります。

壁紙の変更（バックグラウンド処理2）

- 一連の処理に画面は不要なのでActivityに依存せずに処理したい
- 10秒ごとに実施したい（AlarmManagerを使用する）

　上記の条件で考えるとBroadcast Receiverのみが該当します。Activityに依存しないという条件だけであればServiceとIntentServiceも該当しますが、今回は10秒ごとに壁紙を変更するためにAlarmManagerを使用しています。AlarmManagerでは定めた時間になるとBroadcast Receiverを呼び出すようになっているので、壁紙の変更処理にはこの時に呼ばれるBroadcast Receiverをそのまま利用しています。

　なお、Broadcast Receiverのプロセスは非常に終了しやすいので、バックグラウンド処理に用いる場合は軽い処理、あるいは同期処理に限定する必要があります。ここでは壁紙の変更だけなので問題ありませんが、もし重い処理を実行する場合は、Broadcast Receiver内でServiceあるいはIntentServiceを呼び出し、そこで処理するようにプログラムを実装する必要があります。

≫壁紙を変更する

　Androidの壁紙を変更するには、WallpaperManagerクラスを使用します。Androidにおける壁紙の操作は全てWallpaperManagerクラスに集約されており、機能を使用する場合はgetInstanceメソッドでインスタンスを取得します。実習のリスト3ではsetStreamメソッドを使用して壁紙データをセットしています。操作が完了したらcloseメソッドで終了処理を行う必要があります（リスト4）。

リスト4 壁紙の変更

```
InputStream wpStream = new FileInputStream(filePath);
WallpaperManager wm = WallpaperManager.getInstance(context);
wm.setStream(wpStream);
wpStream.close();
```

　setStreamメソッド以外にも、壁紙を変更する場合に利用できる一般的なメソッドには表1のようなものがあります。

表1 WallpaperManagerクラスで使用できる壁紙を変更するメソッド

メソッド	説明
setBitmap	Bitmap形式で壁紙をセット
setResource	リソースIDで壁紙をセット

　なお、壁紙の変更にはAndroidManifest.xmlにリスト5のパーミッション（権限）を追加する必要があります。

リスト5 壁紙を変更するパーミッションを追加

```xml
<uses-permission android:name="android.permission.SET_WALLPAPER" />
```

　本来Androidは端末の種類がとても多く、解像度を考慮すると壁紙のセットは大変な作業ですが、WallpaperManagerクラスは寸法などの計算も自動で行ってくれるので、簡単に壁紙を変更できます。

まとめ

- バックグラウンド処理には種類があるので適切なものを選びましょう。
- IntentServiceを使用すればActivityに依存せず別スレッドでバックグラウンド処理を実行できます。
- Broadcast Receiverはプロセスが終了しやすいバックグラウンド処理です。使用する場合は、軽い処理にしましょう。
- 壁紙に関する処理はWallpaperManagerクラスを使用します。

補講

» Google Custom Search APIについて

このLESSONのサンプルでは壁紙検索の仕組みとしてGoogle Custom Search APIを利用しています。Google Custom Search APIは、パラメータを指定してGoogle検索の結果をカスタマイズできるAPIで1日あたり100リクエスト以下であれば無料で使用でき、サンプルプログラムや勉強用途の試作アプリであれば実質無料で使用できます。

Google Custom Search
URL https://developers.google.com/custom-search/

ここでは、Google Custom Search APIを使用するために必要なAPIキーの取得方法と検索エンジンIDの作成手順を解説します。

» APIキーの取得方法

はじめに、Google Custom Search APIで使用するAPIキーを取得します。なお、Googleアカウントは所有済みという前提で進めます。下記URLからGoogle Developer Consoleにアクセスします。

Google Developer Console
URL https://console.developers.google.com/project

1 新規プロジェクトを作成する

Google Developer Console(図4)にアクセスし、[プロジェクトを作成]をクリックすると❶、[新しいプロジェクト]画面が表示されるので(図5)、任意のプロジェクト名とプロジェクトIDを入力し❷、[すべてのサービスと関連APIについて…]で[はい]を選択して❸、[作成]ボタンをクリックします❹。

図4 プロジェクトを作成

図5 プロジェクトIDの入力

作成されたプロジェクト上(図6)で[ライブラリ]を選択し❶、[Custom Search API]をクリックします❷。図7の画面に切り替わるので[有効にする]をクリックします❸。

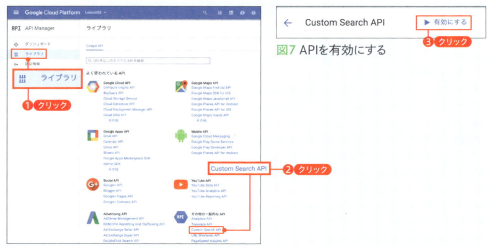

図7 APIを有効にする

図6「Custom Search API」を選択

次に図8 の[認証情報]を選択し❶、[認証情報を作成]❷→[APIキー]❸を選択します。新しいAPIキーが生成されるのでそのまま右下にある[キーを制限]ボタンをクリックし(図9❹)、[IPアドレス(ウェブサーバー、cronジョブなど)]を選択し(図10❺)、[保存]ボタンをクリックします❻。

ここで生成したAPIキーをGoogle Custom Search APIで使用します(図11❼)。

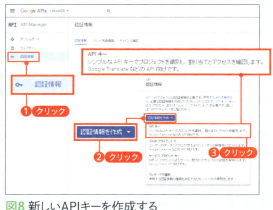

図8 新しいAPIキーを作成する

図9「サーバーキー」を選択

図10 APIキーの作成を実行

図11 作成したAPIキーを確認

2 カスタム検索エンジンIDの作成

下記のURLにアクセスし、カスタム検索エンジンIDを作成します。表2を参考に図12の画面で必要な箇所を記入して❶、[作成]ボタンをクリックします❷。

カスタム検索エンジンの作成
URL https://cse.google.com/cse/create/new

表2 新しい検索エンジンの作成に入力する情報

項目	説明
検索するサイト	自身のサイトURL。ない場合はwww.google.com等を入力する
言語	[日本語]を選択
検索エンジンの名前	任意の名前

図12 新しい検索エンジンの作成

作成が完了すると図13の画面に切り替わるので、[コントロールパネル]ボタンをクリックします❶。図14の画面が表示されるので[基本]タブ❷にある「画像検索」を[オン]にして❸、[更新]ボタンをクリックします❹。これで画像検索が利用できるようになるので、次に「詳細」項目の[検索エンジンID]をクリックすると❺、カスタム検索エンジンIDを取得できます❻。

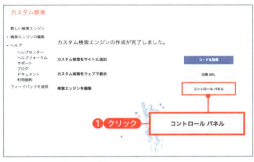

図13 作成完了画面

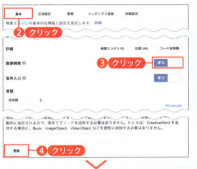

図14 コントロールパネル画面

取得したAPIキー①とカスタム検索エンジンID②は実際のプログラム上でGoogle Custom Search APIを実行する時に使用します（リスト6）。

リスト6 RequestGoogleCustomSearchApi.java内での使用例

```
Uri uri = Uri.parse("https://www.googleapis.com/customsearch/v1").
buildUpon()
    .appendQueryParameter("key","APIキー")──────────────①
    .appendQueryParameter("cx", "カスタム検索エンジンID")──②
    .appendQueryParameter("q", searchWord)
    .appendQueryParameter("searchType", "image") // 画像検索にする
    .appendQueryParameter("imgSize", "huge") // 巨大な画像のみをヒットさせる
    .appendQueryParameter("safe", "high") // セーフサーチレベル
    .appendQueryParameter("alt", "json") // JSON形式で結果を受け取る
    .build();
```

これでGoogle Custom Search APIを使用する準備が整いました。このLESSONのサンプルだけでなく、自分でもいろいろと試してみてください。

練習問題

練習問題を通じてこのCHAPTERで学んだ内容の確認をしましょう。解答は「kaitou.pdf」（Webからダウンロード）を参照してください。

電卓アプリを作る際に、作りやすいレイアウトは次のうちどれか。

- LinearLayout
- TableLayout
- GridLayout
- FrameLayout
- RerativeLayout

次のプログラムを見本の画面になるよう①〜⑤を埋めて完成させなさい。

完成見本

```
<LinearLayout
        android:layout_width="   ①   "
        android:layout_height="match_↵
parent"
        android:gravity="   ②   "
        android:orientation="   ③   "
        tools:context=".MainActivity">

    <TextView
        android:layout_width="wrap_↵
content"
        android:layout_height="   ④   "
        android:layout_margin="4dp"
        android:text="Hello world!"
        android:textSize="20dp"/>

    <Button
        android:layout_width="   ⑤   "
        android:layout_height="wrap_↵
content"
        android:text="CLICK ME!"/>

</LinearLayout>
```

CHAPTER 07

Material Designを使ってみよう

本章は、Material Designを導入するにあたり必要な設定や、基本となる色の使い方、それから関連するクラスとしてToolbar、RecyclerView、Animationについて解説します。

CHAPTER 07　Material Designを使ってみよう

LESSON 29 Material Designのコンポーネントを使う

☐ レッスン終了　　サンプルファイル　📁 Chapter07 ＞ 📁 Lesson29 ＞ 📁 before

このLESSONでは、一部の主要なMaterial Designのコンポーネントを実際に触れながら、実装に慣れていきます。

サンプルについて
このLESSONのサンプルはプロジェクトをインポートしてプログラムの一部を記入する形式になっています。

Material Designのコンポーネントを使ったアプリ

実習　Material Designのコンポーネントを動かしてみよう

1　サンプルプロジェクトをインポートする

サンプルプロジェクト「Chapter07/Lesson29/before」をインポートします。[Welcome to Android Studio]画面から[Import project(Eclipse ADT, Gradle, etc.)]を選択します(図1❶)。[ファイル選択]ダイアログが表示されるので、インポートしたいプロジェクトのフォルダ(Lesson29/before)を選択して❷、[OK]ボタンをクリックします❸。読み込みが完了するとプロジェクトを開いた状態になるので、[Android]から[Project]に変更しておきます❹。

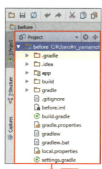

図1 サンプルプロジェクトをインポートする

2 CardViewサンプルを完成させる

サンプルを開いた状態では、単純に画像が並んだリストが表示されています。これをカードビューに置き換えます。まず、app/build.gradle を開き、dependencies 部分の記述を修正してください（リスト1）*。

＊
build.gradle を変更した際にメッセージが表示された場合は、LESSON 34 の実習の手順2を参考にしてください。

リスト1 app/build.gradle

```
dependencies {
    compile fileTree(dir: 'libs', include: ['*.jar'])
    compile 'com.android.support:appcompat-v7:24.+'
    compile 'com.android.support:design:24.+'
    compile 'com.android.support:cardview-v7:24.+'
}
```

app/src/main/res/layout/row_card.xml を開いて、リスト2のように編集してください。カードのような見た目になることがわかります。

リスト2 row_card.xml

```
<?xml version="1.0" encoding="utf-8"?>
<android.support.design.widget.CoordinatorLayout
    xmlns:android="http://schemas.android.com/apk/res/android"
    xmlns:card_view="http://schemas.android.com/apk/res-auto"
    android:layout_width="match_parent"
    android:layout_height="wrap_content"
    android:orientation="vertical">

    <android.support.v7.widget.CardView                            ─┐
        android:id="@+id/card"
        android:layout_width="match_parent"
        android:layout_height="wrap_content"
        android:layout_gravity="center"
        android:layout_marginBottom="12dp"
        android:layout_marginEnd="12dp"
        android:layout_marginLeft="12dp"                             ①
        android:layout_marginRight="12dp"
        android:layout_marginStart="12dp"
        android:layout_marginTop="12dp"
        card_view:cardCornerRadius="4dp"
        android:foreground="?android:attr/selectableItemBackground">

        <include layout="@layout/row_card_contents"/>
    </android.support.v7.widget.CardView>                          ─┘

</android.support.design.widget.CoordinatorLayout>
```

続けて、CardViewをスワイプで消す機能を実装してみましょう。app/src/main/java/（Company Domain名）/samples/card/CardViewHolder.javaを開いて、リスト3のように編集してください。

リスト3 CardViewHolder.java

```java
（中略）
import android.support.design.widget.CoordinatorLayout;
import android.support.design.widget.SwipeDismissBehavior;
import android.support.v4.view.ViewCompat;
import android.support.v7.widget.CardView;
import android.support.v7.widget.RecyclerView;
import android.view.View;
import android.view.ViewGroup;
（中略）
public class CardViewHolder extends RecyclerView.ViewHolder implements View.OnClickListener {
    （中略）
    ImageView image;
    CardView card;

    private CardViewHolderListener listener;

    public CardViewHolder(final View itemView) {
        super(itemView);
        userName = (TextView) itemView.findViewById(R.id.user_name);
        userIcon = (ImageView) itemView.findViewById(R.id.user_icon);
        image = (ImageView) itemView.findViewById(R.id.image);

        card = (CardView) itemView.findViewById(R.id.card);
        card.setOnClickListener(this);

        // ドラッグして消えるBehaviorを取り付ける。
        // スワイプする要素は、親ビューがCoordinatorLayoutである必要がある。
        SwipeDismissBehavior behavior = new SwipeDismissBehavior();
        behavior.setStartAlphaSwipeDistance(0.1f);
        behavior.setEndAlphaSwipeDistance(0.6f);
        behavior.setSwipeDirection(SwipeDismissBehavior.SWIPE_DIRECTION_START_TO_END);
        behavior.setListener(new SwipeDismissBehavior.OnDismissListener() {
            @Override
            public void onDismiss(View view) {
                if (listener != null) {
                    listener.onCardDismiss(CardViewHolder.this);
                }
            }
```

```java
            @Override
            public void onDragStateChanged(int state) {
                if (listener != null) {
                    listener.onDragStateChanged(CardViewHolder.this, ⏎
state);
                }
            }
        });
        final ViewGroup.LayoutParams cardViewLayoutParams = card.⏎
getLayoutParams();
        ((CoordinatorLayout.LayoutParams) cardViewLayoutParams).⏎
setBehavior(behavior);
    }

    /**
     * Swipeしたカードの情報位置を初期化する
     */
    public void initCard() {
        if (card != null) {
            card.setLeft(0);
            ViewCompat.setAlpha(card, 1f);
        }
    }

    (中略)
}
```

3 アプリを実行する①

アプリを実行すると図2のような画面が表示されます。CardViewによってカードのように立体的な角丸のフレームで写真が覆われていることが確認できます。

図2 CardViewサンプルの完成形

4 BottomSheetサンプルを完成させる

BottomSheetとは、画面の下側から現れるビューです。まずはその定義を追加してみましょう。app/src/main/res/layout/activity_bottom_sheet.xmlを開いて、リスト4のように編集してください。

リスト4 activity_bottom_sheet.xml

```xml
<?xml version="1.0" encoding="utf-8"?>
<android.support.design.widget.CoordinatorLayout
    xmlns:android="http://schemas.android.com/apk/res/android"
    xmlns:app="http://schemas.android.com/apk/res-auto"
    android:id="@+id/main_content"
    android:layout_width="match_parent"
    android:layout_height="match_parent"
    android:fitsSystemWindows="true">

    <LinearLayout
        xmlns:android="http://schemas.android.com/apk/res/android"
        android:layout_width="match_parent"
        android:layout_height="wrap_content"
        android:orientation="vertical"
        android:paddingTop="24dp">

        (中略)

    </LinearLayout>

    <!-- BottomSheetの定義 -->
    <LinearLayout
        android:id="@+id/bottom_sheet"
        android:layout_width="match_parent"
        android:layout_height="wrap_content"
        android:background="?android:windowBackground"
        android:elevation="4dp"
        android:orientation="vertical"
        app:layout_behavior="@string/bottom_sheet_behavior">

        <include layout="@layout/row_view_bottom_sheet"/>
        <include layout="@layout/row_view_bottom_sheet"/>
        <include layout="@layout/row_view_bottom_sheet"/>
        <include layout="@layout/row_view_bottom_sheet"/>
        <include layout="@layout/row_view_bottom_sheet"/>
        <include layout="@layout/row_view_bottom_sheet"/>

    </LinearLayout>
```

```xml
</android.support.design.widget.CoordinatorLayout>
```

では、このプログラムを呼び出して使用しましょう。app/src/main/java/(Company Domain 名)/samples/bottomsheet/BottomSheetActivity.java を開き、リスト 5 のようにプログラムを追加しましょう。

リスト5 BottomSheetActivity.java

(省略)
```java
public class BottomSheetActivity extends AppCompatActivity implements View.OnClickListener {

    private BottomSheetBehavior<View> mBottomSheetBehavior;

    @Override
    protected void onCreate(@Nullable Bundle savedInstanceState) {
        super.onCreate(savedInstanceState);
        setContentView(R.layout.activity_bottom_sheet);

        findViewById(R.id.btn_behavior).setOnClickListener(this);
        findViewById(R.id.btn_dialog).setOnClickListener(this);

        // BottomSheetの設定
        View bottomSheet = findViewById(R.id.bottom_sheet);
        mBottomSheetBehavior = BottomSheetBehavior.from(bottomSheet);
        mBottomSheetBehavior.setPeekHeight(0);
        mBottomSheetBehavior.setState(BottomSheetBehavior.STATE_COLLAPSED);
        mBottomSheetBehavior.setBottomSheetCallback(new BottomSheetBehavior.BottomSheetCallback() {
            @Override
            public void onStateChanged(@NonNull View bottomSheet, int newState) {
            }

            @Override
            public void onSlide(@NonNull View bottomSheet, float slideOffset) {
            }
        });
    }

    @Override
    public void onClick(View v) {
        if (v.getId() == R.id.btn_behavior) {
            if (mBottomSheetBehavior.getState() == BottomSheetBehavior.
```

```
                STATE_COLLAPSED) {
                    mBottomSheetBehavior.setState(BottomSheetBehavior.STATE_↵
EXPANDED);
                } else {
                    mBottomSheetBehavior.setState(BottomSheetBehavior.STATE_↵
COLLAPSED);
                }
            } else {
                BottomSheetDialogFragment fragment = new ↵
MyBottomSheetDialogFragment();
                fragment.show(getSupportFragmentManager(), ↵
"MyBottomSheetDialogFragment");
            }
        }
    }
}
```

5 アプリを実行する②

アプリを実行すると図3のような画面が表示されます。
［BOTTOMSHEET WITH BEHAVIOR］ボタンをクリック
すると❶、画面下部からBottomSheetが出てくるのが確
認できます❷。

図3 BottomSheetサンプルの完成形

6 NavigationViewサンプルを完成させる

NavigationViewは、画面サイドからスワイプして表示するためのビューです。これを
完成させます。app/src/main/res/layout/activity_navigation_view.xmlの最後に、
リスト6のように記述を追加してください。

リスト6 activity_navigation_view.xml

```xml
<?xml version="1.0" encoding="utf-8"?>
<android.support.v4.widget.DrawerLayout
    xmlns:android="http://schemas.android.com/apk/res/android"
    xmlns:app="http://schemas.android.com/apk/res-auto"
```

```
    android:id="@+id/drawer"
    android:layout_width="match_parent"
    android:layout_height="match_parent"
    android:fitsSystemWindows="true">

    <RelativeLayout
        android:layout_width="match_parent"
        android:layout_height="match_parent"
        android:orientation="vertical">

        <android.support.v7.widget.Toolbar
            android:id="@+id/toolbar"
            android:layout_width="match_parent"
            android:layout_height="wrap_content"
            android:background="?attr/colorPrimary"
            android:minHeight="?attr/actionBarSize"
            app:theme="@style/AppTheme.Toolbar"/>

        <FrameLayout
            android:id="@+id/content"
            android:layout_width="match_parent"
            android:layout_height="wrap_content"
            android:layout_alignParentBottom="true"
            android:layout_alignParentEnd="true"
            android:layout_alignParentLeft="true"
            android:layout_alignParentRight="true"
            android:layout_alignParentStart="true"
            android:layout_below="@id/toolbar"/>

    </RelativeLayout>

    <android.support.design.widget.NavigationView
        android:id="@+id/navigation_view"
        android:layout_width="wrap_content"
        android:layout_height="match_parent"          ①
        android:layout_gravity="start"
        app:headerLayout="@layout/header_navigation_view"
        app:menu="@menu/menu_navigation_view"/>

</android.support.v4.widget.DrawerLayout>
```

メニューが表示されるようになりました。続けてメニュー上部に背景を付けましょう。app/src/main/res/layout/header_navigation_view.xmlに、ImageViewの記述を追加してください(リスト7)。

リスト7 header_navigation_view.xml

```xml
<?xml version="1.0" encoding="utf-8"?>
<RelativeLayout xmlns:android="http://schemas.android.com/apk/res/android"
    android:layout_width="match_parent"
    android:layout_height="200dp"
    android:background="@color/colorPrimary">

    <ImageView
        android:id="@+id/user_icon"
        android:layout_width="match_parent"
        android:layout_height="wrap_content"
        android:scaleType="fitCenter"
        android:background="@drawable/header_shadowed" />

    <TextView
        android:layout_width="match_parent"
        android:layout_height="wrap_content"
        android:layout_alignParentBottom="true"
        android:layout_alignParentLeft="true"
        android:layout_alignParentStart="true"
        android:layout_marginStart="20dp"
        android:layout_marginLeft="20dp"
        android:layout_marginBottom="8dp"
        android:ellipsize="end"
        android:lines="2"
        android:text="@string/app_name"
        android:textColor="@android:color/white"
        android:textSize="20sp"
        android:textStyle="bold" />

</RelativeLayout>
```

最後にメニューを1つ増やしてみましょう。app/src/main/res/menu/menu_navigation_view.xmlを編集し、「マイタスク」という項目を追加してみましょう(リスト8)。

リスト8 menu_navigation_view.xml

```xml
<?xml version="1.0" encoding="utf-8"?>
<menu xmlns:android="http://schemas.android.com/apk/res/android">
    <group android:checkableBehavior="single">
        <item
            android:id="@+id/menu_home"
            android:icon="@drawable/ic_home_24dp"
            android:title="ホーム"/>

        <item
```

```xml
            android:id="@+id/menu_todo"
            android:icon="@drawable/ic_assignment_24dp"
            android:title="マイタスク"/>
    </group>
    <item android:title="その他">
        <menu android:checkableBehavior="single">

            <item
                android:id="@+id/menu_settings"
                android:title="設定"/>
        </menu>
    </item>
</menu>
```

7 アプリを実行する③

アプリを実行すると図4のような画面が表示されます。画面の左端から右へスワイプすると❶、綺麗にデザイン化されたドロワーメニューが表示されるのが確認できます❷。

図4 NavigationViewサンプルの完成形

8 Snackbarサンプルを完成させる

app/src/main/java/(Company Domain名)/samples/snackbar/SnackbarActivity.java を開いてください。リスト9の①のコードを追加してください。

リスト9 SnackbarActivity.java

```java
    @Override
    public void onClick(View v) {
        int id = v.getId();
        if (id == R.id.btn_simple) {
            Snackbar.make(mCoordinatorLayout, "text", Snackbar.LENGTH_
SHORT).show();                                                          ①
        } else if (id == R.id.btn_multiple_line) {
            (中略)
        }
    }
```

9 アプリを実行する④

アプリを実行すると図5のような画面が表示されます。[シンプル表示]ボタンをクリックすると❶、画面下部からSnackbarが出てくるのが確認できます❷。

図5 Snackbarサンプルの完成形

10 TextInputサンプルを完成させる

app/src/main/res/layout/activity_text_input.xmlを開いてください。このサンプルはログイン画面ですが、入力部分が欠けています。リスト10の①の箇所に下記のプログラムを入力してください。

リスト10 activity_text_input.xml

```xml
<?xml version="1.0" encoding="utf-8"?>
<ScrollView xmlns:android="http://schemas.android.com/apk/res/android"
            android:layout_width="match_parent"
            android:fillViewport="true"
            android:layout_height="match_parent">

    <LinearLayout
        android:layout_width="match_parent"
        android:layout_height="wrap_content"
        android:layout_gravity="center"
        android:gravity="center"
        android:orientation="vertical">

        <android.support.design.widget.TextInputLayout
            android:id="@+id/layout_username"
            android:layout_width="match_parent"
            android:layout_height="wrap_content"
            android:layout_marginEnd="@dimen/text_input_layout_margin_width"
            android:layout_marginLeft="@dimen/text_input_layout_margin_width"
            android:layout_marginRight="@dimen/text_input_layout_margin_width"
            android:layout_marginStart="@dimen/text_input_layout_margin_width">
```

```xml
        <EditText
            android:id="@+id/username"
            android:layout_width="match_parent"
            android:layout_height="wrap_content"
            android:hint="@string/text_input_username"
            android:inputType="text"
            android:minHeight="@dimen/text_input_caption_size"
            android:textSize="@dimen/text_input_caption_size"/>

        </android.support.design.widget.TextInputLayout>

        (中略)

    </LinearLayout>
</ScrollView>
```

11 アプリを実行する⑤

アプリを実行すると図6のような画面が表示されます。文字を入力すると入力フォームがインタラクティブに変化することが確認できます。

図6 TextInputLayoutサンプルの完成形

講義 Material Designの解説

» Material Designとは

　Material Designは、GoogleがAndroidアプリのデザインの方向性を示したガイドラインです。Material Designの発表以降、Android OSに搭載される同社のアプリはMaterial Designに準拠したアプリに刷新されました。同時にGoogleはこのガイドラインを公開し、アプリ開発者にもガイドラインに準拠したアプリの開発を推奨しています。今やGoogleはAndroidアプリだけでなく、Webサイトにもこのデザインを一部適用しています。

　本LESSONでは、Material DesignのComponentsセクションで紹介されているものの

うち、Googleから公式ライブラリが公開されている主要ないくつかを選定して紹介しています。公式ドキュメントは画像と動画がふんだんに使われていて、英語が読めなくても使いどころや使い方がわかりやすくまとまっています。Material Designをアプリに取り込む際は必ず一度目を通しましょう。

Google Design
URL http://www.google.com/design/

≫ 本LESSONで触れたコンポーネントについて

CardView

CardView（カードビュー）は、その名の通り「カードのような見た目」を提供してくれるビューです。このビューは、執筆時点でGoogle Now（図7）やGoogleニュース（図8）などに使われています。

このビューの特徴は、角丸を簡単に再現できる点にあります。プログラムからでもXMLからでも、角丸の大きさを指定することが可能です。XMLでは、CardViewに対してcard_view:cardCornerRadius属性を付けることで動作します（リスト11）。

図7 Google Now

図8 Googleニュース

リスト11 XMLから角丸指定をする（実習のリスト2①）

```
<android.support.v7.widget.CardView
    android:id="@+id/card"
    android:layout_width="match_parent"
    android:layout_height="wrap_content"
    （中略）
    card_view:cardCornerRadius="4dp"
    （中略）
</android.support.v7.widget.CardView>
```

角丸の大きさは、プログラムからでもCardView.setRadiusメソッドを使うとXMLと同じことが実現できます。ただし、このメソッドの引数に指定する角丸サイズの値はピクセル（px）単位になっています。そのため、値はdp単位に変換してから渡します（リスト12）。

リスト12 プログラムから角丸を実装する方法

```
Context context = myView.getContext();
CardView card = (CardView) myView.findViewById(R.id.card);

float dpValue = 4.f * context.getResources().getDisplayMetrics().density;
card.setRadius(dpValue);
```

　また、背景色はandroid:backgroundではなく、card_view:cardBackgroundColor属性で指定します。前者だけだと色が変わらないので注意が必要です。

BottomSheet

　BottomSheetは画面下部から出現し、スワイプ動作によってシートの出し入れが可能なコンポーネントです。主に追加のコンテンツをユーザーに提供する時に使用します。追加のコンテンツには、コンテンツの詳細やメニューなどがあります。

　BottomSheetは2種類あり、ビューとしてBottomsheetを表示する場合と、ダイアログとしてBottomsheetを表示する場合があります。前者はGoogle Mapsが代表的な例です（図9）。後者はChromeブラウザで、Webページをシェアする際に表示される画面などに使用されています（図10）。Android 5.0以降でChromeブラウザをお使いの方は見たことがあるでしょう。また、iOSでも似た役割のUIがあり、ActionSheetという名前で知られています。このLESSONの実習では、ビューとして実装する方法を行いました。ダイアログとしての表示はサンプルに実装済みなので触ってみてください。

図9 Google Maps

図10 Chromeブラウザの「共有」画面

Bottomsheetの実装には注意点があります。実装してみてすでにお気づきの方もいるかもしれませんが、Bottomsheetは他と比べて特別なビューではなく、通常のビューに動きを与えたものです。レイアウトリソースを記述する際に、下記のルールを守ることでBottomSheetとして動作させることができます（リスト13）。

> ・BottomSheetのビューの親ビューは、android.support.design.widget.CoordinatorLayoutであること
> ・BottomSheetのビューの属性として、app:layout_behavior="@string/bottom_sheet_behavior"を付けること

リスト13 BottomSheet部分だけを抜粋（実習のリスト4から抜粋）

```xml
<?xml version="1.0" encoding="utf-8"?>
<android.support.design.widget.CoordinatorLayout
    xmlns:android="http://schemas.android.com/apk/res/android"
    xmlns:app="http://schemas.android.com/apk/res-auto"
    android:layout_width="match_parent"
    android:layout_height="match_parent">

    <LinearLayout
        android:layout_width="match_parent"
        android:layout_height="wrap_content"
        android:background="?android:windowBackground"
        app:layout_behavior="@string/bottom_sheet_behavior">

        (中略)

    </LinearLayout>

</android.support.design.widget.CoordinatorLayout>
```

　リスト13でハイライトした部分が該当箇所です。app:layout_behavior属性は、属性値にクラス完全修飾名を指定すると、指定したビューを触った時の処理を一部肩代わりし、何らかの動きをしてくれます。今回は@string/bottom_sheet_behaviorを指定したので、その値であるandroid.support.design.widget.BottomSheetBehaviorクラスが肩代わりし、BottomSheetとしての動きをしてくれます。

　このbehaviorは、他にもCardViewで出てきていたSwipeDismissBehaviorがあったり、さらには自分で作成することもできます。もう少し変わった動きをさせたい場合には、このbehaviorをカスタマイズする方法も視野に入れてみましょう。

NavigationView

　NavigationViewは、Material Designに即したドロワーメニューを簡単に実装するためのビューです。ドロワーメニューとは画面の端からスワイプすると表示されるビューの総称です。さまざまなアプリで利用されているので、一度は目にしたことがあるのではないでしょうか。

　NavigationViewを利用しているアプリには、執筆時点ではGoogle+（図11）やGoogle Maps（図12）などがあります。Googleはかなり積極的に使っている印象があります。

図11 Google+

図12 Google Maps

　このNavigationViewの特徴は、メニューリソースを使用できる点です。app/src/main/res/menu/ディレクトリに入れたメニューリソースを、レイアウトリソース内のNavigationView要素のapp:menu属性を使って指定すると、そのファイルを基にメニューをきちんとした幅で実装してくれます。また、app:headerLayout属性を使用すると、NavigationViewの一番上に自由にレイアウトを差し込むことが可能です（リスト14）。

リスト14 サンプルで使用したNavigationViewの定義例（実習のリスト6①）

```
<android.support.design.widget.NavigationView
    android:id="@+id/navigation_view"
    android:layout_width="wrap_content"
    android:layout_height="match_parent"
    android:layout_gravity="start"
    app:headerLayout="@layout/header_navigation_view"
    app:menu="@menu/menu_navigation_view"/>
```

　ドロワーメニューを実装する方法は他にもNavigationDrawerを使うなど方法がありますが、これを使うともっと簡単に実装が可能です（逆にいうとカスタマイズしづらいともいえる）。

Snackbar

Snackbarは、呼び出すとアプリ画面下部からスライドして出てくるビューです（図13、14）。ユーザー操作に対するフィードバックを行う仕組みとしての役割を担います。フィードバックの例には、通信エラーが発生した時、メモを保存した時、ユーザーの操作が完了した時などがあります。

図13 Asanaでタスクを完了した時　　図14 Google Keepでメモを削除した時

このビューは役割的にもToastと似ており、さらにはビューの使い方も似ています。しかし、Snackbarではボタンの設置が想定されています。また、前述したBottomSheetと下から出てくる動きは似ていますが、これとは違いSnackbarは指でスライドすることはできません。

実際の使い方はToastとそっくりですが、Contextの代わりにCoordinatorLayoutクラスのインスタンスを渡します（リスト15）。

リスト15 Snackbarの使い方とToastとの比較
```
// Snackbarを表示する
Snackbar.make(mCoordinatorLayout, "Hello!!", Snackbar.LENGTH_SHORT).show();

// Toastを表示する
Toast.makeText(mContext, "Hello!!", Toast.LENGTH_SHORT).show();
```

サンプルでは、ボタンも設置できるプログラムを書いています。状況に応じて、使用してみましょう。

TextInputLayout

TextInputLayoutは、EditTextをMaterial Designに即した形に変更してくれるビューです。中にEditTextを入れておくと、EditTextのヒント文字列をアニメーション表示してくれます（図15、16）。Googleのアプリではあまりみかけません。

図15 フォーカス前

図16 フォーカス後

　TextInputLayoutの実装はとても簡単で、通常の文字入力のためのビュー（EditText）を、TextInputLayoutで囲むだけです（リスト16）。

リスト16 TextInputLayoutの使用例
```
<android.support.design.widget.TextInputLayout
    android:id="@+id/layout_username"
    android:layout_width="match_parent"
    android:layout_height="wrap_content">

    <EditText
        android:id="@+id/username"
        android:layout_width="match_parent"
        android:layout_height="wrap_content"
        android:hint="@string/text_input_username"
        android:inputType="text"/>

</android.support.design.widget.TextInputLayout>
```

　TextInputLayoutの注意点としては、EditTextにもandroid:id属性を使ってidを振る必要があることです。EditTextはもともと画面回転が発生した時に、テキストの値が保存されるようになっています。そのため、ここでidを振っておかないと値が復元されません。

> **まとめ**
> - Material Designは、GoogleがAndroidアプリのデザインの方向性を示したガイドラインです。
> - Material Designのコンポーネントを実現するためのライブラリが用意されている場合があります。
> - Behaviorは、ビューを触った時の処理を一部肩代わりしてくれます。

CHAPTER 07　Material Designを使ってみよう

LESSON 30　Themeの色を変更するアプリを作る

□ レッスン終了　　サンプルファイル　📁 Chapter07 > 📁 Lesson30 > 📁 before

このLESSONでは、アプリのテーマの色を写真ごとに変更するアプリを作成し、テーマ色を変更する方を学びます。

サンプルについて
このLESSONのサンプルはプロジェクトをインポートしてプログラムの一部を記入する形式になっています。

テーマ色の変更

実習　Paletteを使う

1　サンプルプロジェクトをインポートする

サンプルプロジェクト「Chapter07/Lesson30/before」をインポートします。[Welcome to Android Studio]画面から[Import project(Eclipse ADT, Gradle, etc.)]を選択します(図1 ❶)。[ファイル選択]ダイアログが表示されるので、インポートしたいプロジェクトのフォルダ(Lesson30/before)を選択して ❷、[OK]ボタンをクリックします ❸。読み込みが完了するとプロジェクトを開いた状態になるので、[Android]から[Project]に変更しておきます ❹。

図1 サンプルプロジェクトをインポートする

2 Themeの色を設定する

app/src/main/res/values/styles.xml を開き（リスト1）、AppThemeの要素にcolorPrimary①と colorPrimaryDark②の属性を設定してください。

リスト1 styles.xml

```xml
<resources>
    <color name="deep_teal_200">#80cbc4</color>
    <color name="deep_teal_500">#009688</color>
    <color name="deep_teal_700">#00796b</color>

    <!-- Base application theme. -->
    <style name="AppTheme" parent="Theme.AppCompat.Light.NoActionBar">
        <item name="colorPrimary">@color/deep_teal_500</item>       ——①
        <item name="colorPrimaryDark">@color/deep_teal_700</item>   ——②
    </style>
</resources>
```

3 パレットのサポートライブラリの参照を追加する

app モジュールの app/build.gradle ファイルを開き（リスト2）、①のコードを追加します＊。

＊ build.gradle を変更した際にメッセージが表示された場合は、LESSON 34の実習の手順2を参考にしてください。

リスト2 build.gradle

```
dependencies {
    compile fileTree(dir: 'libs', include: ['*.jar'])
    compile 'com.android.support:appcompat-v7:24.+'
    compile 'com.android.support:palette-v7:24.+'       ——①
}
```

4 画像のパレット解析処理を追加する

app/src/main/java/（Company Domain名）/PaletteActivity.java を開き（リスト3）、①〜④のコードを追加してください。

リスト3 PaletteActivity.java

```java
package com.kayosystem.honki.chapter07.lesson30;

import android.graphics.Bitmap;
import android.graphics.Color;
import android.graphics.drawable.BitmapDrawable;
import android.os.Build;
import android.os.Bundle;
import android.support.v7.app.AppCompatActivity;
import android.support.v7.graphics.Palette;
import android.support.v7.widget.Toolbar;
import android.view.MenuItem;
import android.view.View;
import android.view.Window;
import android.view.WindowManager;
import android.widget.ImageView;
import android.widget.TextView;


public class PaletteActivity extends AppCompatActivity {

    public static final String KEY_IMAGE = "key-image";

    private Toolbar mToolbar;

    @Override
    protected void onCreate(Bundle savedInstanceState) {
        super.onCreate(savedInstanceState);

        setContentView(R.layout.activity_palette);

        //ツールバーの初期化
        mToolbar = (Toolbar) findViewById(R.id.toolbar);
        setSupportActionBar(mToolbar);

        //Toolbar上に戻る矢印を追加
        getSupportActionBar().setDisplayHomeAsUpEnabled(true);

        //画像リソースを遷移元のActivityから取得(-1は空を意味する)
        int resId = -1;
        if (getIntent() != null) {
            resId = getIntent().getIntExtra(KEY_IMAGE, -1);
        }

        //画像リソースが確認できなかったら終了
```

①

```java
        if (resId == -1) {
            finish();
        }

        //画像をセット
        ImageView imageView = (ImageView) findViewById(R.id.imagePicture);
        imageView.setImageResource(resId);

        //画像のパレットを解析
        Bitmap bitmap = ((BitmapDrawable) imageView.getDrawable()).getBitmap();
        Palette.from(bitmap).generate(new Palette.PaletteAsyncListener() {
            @Override
            public void onGenerated(Palette palette) {
                // Mutedな色情報を取得してToolbarにセット
                Palette.Swatch muted = palette.getMutedSwatch();
                if (muted != null) {
                    mToolbar.setBackgroundColor(muted.getRgb());
                    TextView tvTitle = (TextView) findViewById(R.id.textTitle);
                    tvTitle.setTextColor(muted.getTitleTextColor());
                    //ステータスバーのカラーを変更(Lollipop以降のみ動作)
                    if (Build.VERSION.SDK_INT >= Build.VERSION_CODES.LOLLIPOP) {
                        Window window = getWindow();
                        window.addFlags(
                                WindowManager.LayoutParams.FLAG_DRAWS_SYSTEM_BAR_BACKGROUNDS);
                        window.clearFlags(WindowManager.LayoutParams.FLAG_TRANSLUCENT_STATUS);
                        window.setStatusBarColor(muted.getRgb());
                    }
                }

                //カラーブロックをセット
                setPalletBlock(palette.getLightVibrantColor(Color.TRANSPARENT), R.id.viewPalette1);
                setPalletBlock(palette.getVibrantColor(Color.TRANSPARENT), R.id.viewPalette2);
                setPalletBlock(palette.getDarkVibrantColor(Color.TRANSPARENT), R.id.viewPalette3);
                setPalletBlock(palette.getLightMutedColor(Color.TRANSPARENT), R.id.viewPalette4);
                setPalletBlock(palette.getMutedColor(Color.TRANSPARENT), R.id.viewPalette5);
```

②

Themeの色を変更するアプリを作る

```java
            setPalletBlock(palette.getDarkMutedColor(Color.
TRANSPARENT), R.id.viewPalette6);
        }
    });
}

@Override
public boolean onOptionsItemSelected(MenuItem item) {
    switch (item.getItemId()) {
        case android.R.id.home:
            finish();
            return true;
    }
    return super.onOptionsItemSelected(item);
}

/**
 * 指定したViewにカラーをセット(色がない場合は非表示).
 *
 * @param color   カラー
 * @param viewId  ビューID
 */
private void setPalletBlock(int color, int viewId) {
    View view = findViewById(viewId);
    if (color == Color.TRANSPARENT) {
        view.setVisibility(View.GONE);
    } else {
        view.setBackgroundColor(color);
    }
}
}
```

5 アプリを実行する

アプリを実行すると図2左のような画面が表示されます。画像の一覧が表示され、Themeに設定したカラーがツールバーとステータスバー*に反映されています❶。どれか画像をクリックすると❷、図2右の画面に遷移し、画像の中で使われている色を解析して代表的な色をもとにツールバーの色を変更します❸。また、代表的な色はパレットとして画面下部にも表示されます❹。

*
primaryColorDark属性で設定した色がステータスバーに反映されるのはAndroid 5.0以降のOSバージョンからです。

図2 アプリの実行結果

講義　Material Designの色について

» Themeの色について

　Material Designでは、アプリで使用するカラーにもガイドラインが策定されています。その中にMaterial Themeにおける色の取り扱いについても記述されており、代表的なカラー指定として、図3の「colorPrimary」「colorPrimaryDark」「colorAccent」の3つの属性について記述されています。それぞれの属性の詳細は表1の通りです。

図3 Material Themeのカラー指定

表1 Material Themeで指定できる代表的なカラー属性

属性	説明	設定値
colorPrimary	アプリの基本カラー。ActionBarやアプリ履歴画面のタイトル色に使用される	500
colorPrimaryDark	基本カラーの暗色バージョン。ステータスバーに使用。colorPrimaryで指定したカラーと同じもので暗めの色を選択する	700
colorAccent	アプリのアクセントカラー。各ウィジェットの基本色に使用する。基本カラーと一緒に使用すると色が映えるようなカラーを選択する	A200

Material Designでは、これらの属性でアプリのカラーを3つの色相に制限することが推奨されています。実際のアプリの見え方では背景が白か黒のどちらかになり、アプリが与える印象はcolorPrimaryとcolorPrimaryDarkで設定したカラーリングが前面に押し出されます。ウィジェットの色はcolorAccentをベースとしたものとなり、全体で見るとメインカラー、アクセントカラー、背景（白か黒）の3色に収まるイメージとなります。

　なお、表1の500や700といった設定値は色の濃さを表しています。詳細は次項で説明しますので、ここではMaterial Designは単にカラーだけでなく濃さも指定があるものと認識しておいてください。

» Materialカラーについて

　では、Material Themeに色を設定するとして、具体的にどのような色を指定すれば良いのでしょうか。その点もMaterial DesignガイドラインのColorの項目に詳細が書かれています。

Material Design Color（英語）
URL http://material.google.com/style/color.html

　Material Designのカラーの組み合わせは白黒含めて全21色のカラーチャートが公開されており、色の濃さは段階に分けて各色のカラーコードと濃さを示す設定値が表記されています。例えば、レッドとピンクであれば図4のような色見本が掲載されています。

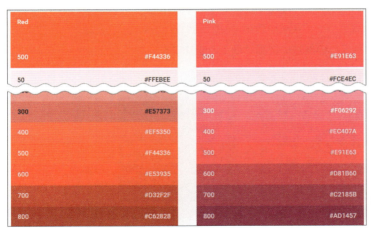

図4 Material Designの色見本（レッド、ピンク）

　実際にアプリで使用する場合は、カラーチャートの左側に書かれている数値を基に濃さを決定し、右側に書かれているカラーコードを指定します。濃さの設定値には500を基準に使うよう推奨されており、表1の各カラー属性の設定値もこの色見本が基準になっています*。

＊
Android 5.0のフレームワークでは、何も設定していない場合のアクセントカラーとして「Pink」が使用されています。

また、MaterialカラーではThemeの色だけでなく、コンテンツ内のテキストやアイコン、区切り線についてもガイドラインが作成されています（図5）。

図5 テキスト、アイコン、区切り線の表現

　例えば、画面の背景が明るい場合、コンテンツ内のテキスト（アイコン）や区切り線には暗い色を使用します。しかし、単に黒一色ではなく、標準的な文章は不透明度87%の黒、ヒント表示は不透明度26%の黒、区切り線は不透明度12%の黒といった感じで不透明度を使用してそれぞれを重み付けし、コンテンツの重要度を表現するようにします。

　このようにMaterialカラーではベースとなるカラーチャートや色の濃さ、テキストコンテンツに対する配色などが細かく定められています。ただしこれらのカラー表現は必ずしもガイドライン通りにしたがう必要はありません。Androidでは日々いくつものアプリが作成・公開されていますが、もしそれらのアプリがすべてガイドライン通りに作られたらどうなるでしょうか。恐らく"似たようなアプリ"が量産され、没個性化が進むでしょう。カラーに関しては21色種類しかないので、ガイドライン通りに作成すると必ず他のアプリと被ってしまいます。デザインやカラーはそれ自体がアプリの個性であり、差別化を生み出すものです。実際にGoogle+、Hangout、Inbox、KeepといったGoogle製のアプリを例に見ても独自のカラーパレットでカラーリングされており、Material Designに書かれているカラーチャートは使用されていません。

　ガイドラインは「あくまで指針であり仕様ではない」ことを理解した上で、自分の個性を交えてアプリ作りに活かすことが重要と言えます。

» Palette について

　Material DesignではMaterial Themeのカラー設定とは別にもう1つカラーに対するアプローチがあります。それは画像付きのコンテンツを扱う場合、画像に合わせてテキストカラーや背景色を流動的に使い分けるという表現方法です。画像とテキストをただ規則的に表示するよりも画像と調和性の高いテキストカラーや背景色にした方が、ユーザーに与える没入感が高まるというのがその理由です。「百聞は一見にしかず」ということで、図6を見てみましょう。この画面はGoogle I/O 2014のデモで紹介された、画像付きコンテンツに流動的な色の変化を与えたものです。

　実際に図6のように画像に合わせて流動的にコンテンツの色を変えてみると、アプリの画

面というよりも雑誌のカラーページを見ているかのような印象を受けると思います。

このような流動的なカラー表現を実現できるのが、サポートライブラリで提供されている「Palette」です。このライブラリを使用すると、画像内で使用されている主要な色情報を抽出できるほか、画像のタイトル文や説明文に最適なカラーを自動で割り出すことができます。アプリで1つずつの画像に合う色を選ぶことができるため、簡単に図6のような配色を実現できます。

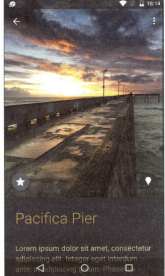

図6 Paletteを使用した画像付きコンテンツの例

» Paletteの使い方

Paletteはサポートライブラリの1つとして提供されていますが、標準のSDKには含まれていません。そのため、サポートライブラリの使用有無にかかわらず、モジュールにpaletteを追加します（リスト4）。

リスト4 Paletteのインポート（実習のリスト2①）

```
dependencies {
    compile fileTree(dir: 'libs', include: ['*.jar'])
    compile 'com.android.support:appcompat-v7:24.+'
    compile 'com.android.support:palette-v7:24.+'
}
```

Paletteを使用して色を抽出するには、抽出対象のビットマップを指定してPalette.Builderのインスタンスを生成し、generateメソッドで色情報を抽出します。抽出が成功すると色情報がPaletteクラスに格納された状態で渡されます（リスト5）。

リスト5 Palette.Builderクラスを使用して色情報を抽出（実習のリスト3②）

```
Palette.from(bitmap).generate(new Palette.PaletteAsyncListener() {
    @Override
    public void onGenerated(Palette palette) {
        (中略)
    }
});
```

また、generateメソッドは同期処理で行うものと非同期処理で行うものの2種類が用意されています。サンプルではPaletteAsyncListenerによる非同期処理で取得しています（表2）。

表2 generateメソッドの種類

メソッド	説明
generate	同期処理で色情報を抽出。戻り値としてPaletteを返却する
generate（PaletteAsyncListener）	非同期処理で色情報を抽出。パラメータで設定したPaletteAsyncListenerを経由してPaletteを渡す

　なぜ非同期処理なのかというと、色の抽出には時間がかかるためです。ビットマップのサイズが大きくなればなるほど、かかる時間も大きくなります（筆者の実行環境ではサンプル画像1つに平均50ms、写真など大きい画像で600msほど）。もし単純に色情報を取得したいだけであれば、PaletteAsyncListenerを使用する非同期処理のgenerateメソッドを使用するようにしてください。

　同期処理のgenerateメソッドは、自分で作成した非同期処理の中で使用したい場合などに利用するようにしましょう。いずれにせよ抽出処理には時間がかかるので、UIスレッド（メインスレッド）をブロックして画面のレスポンスに影響を与えることだけは避ける必要があります。

» Paletteから取得できる色情報

　generateメソッドから取得したPaletteデータでは、抽出した色情報を基に「画像で使用されている目立つ色」と「画像を基に作られた色見本」の2種類の情報を取得できます。前者は全部で6種類の色があり、取得するメソッドもそれぞれ異なります。表3はそれらを一覧化したものです。

表3 Paletteで取得できる目立つ色の種類

項目	取得メソッド
色調を抑えた色	getMutedColor
色調を抑えた暗めの色	getDarkMutedColor
色調を抑えた明るめの色	getLightMutedColor
鮮やかな色	getVibrantColor
鮮やかな暗めの色	getDarkVibrantColor
鮮やかな明るめの色	getLightVibrantColor

　各色の取得メソッドでは、パラメータにデフォルトカラーをセットします。これは、画像によって対象の色が存在しない場合があるためです（例えば、暗い画像では鮮やかな明るめの色は取得できない、など）。その際は、指定されたデフォルトカラーがそのまま返却されます。

　なお、サンプルでは表3の各メソッドを使用してカラーブロックをセットしています（リスト6）。

リスト6 画像から目立つ色を取得してカラーブロックとしてセット(実習のリスト3②)

```
setPalletBlock(palette.getLightVibrantColor(Color.TRANSPARENT), ↵
R.id.viewPalette1);
setPalletBlock(palette.getVibrantColor(Color.TRANSPARENT), ↵
R.id.viewPalette2);
setPalletBlock(palette.getDarkVibrantColor(Color.TRANSPARENT), ↵
R.id.viewPalette3);
setPalletBlock(palette.getLightMutedColor(Color.TRANSPARENT), ↵
R.id.viewPalette4);
setPalletBlock(palette.getMutedColor(Color.TRANSPARENT), ↵
R.id.viewPalette5);
setPalletBlock(palette.getDarkMutedColor(Color.TRANSPARENT), ↵
R.id.viewPalette6);
```

　画像を基に作られた色見本はPalette.Swatchクラスを入れ物として、抽出対象の画像から自動的に生成されます。表4は生成される色見本の種類と取得メソッドです。

表4 生成される色見本の種類と取得メソッド

項目	取得メソッド
色調を抑えた色見本	getMutedSwatch
色調を抑えた暗めの色見本	getDarkMutedSwatch
色調を抑えた明るめの色見本	getLightMutedSwatch
鮮やかな色見本	getVibrantSwatch
鮮やかな暗めの色見本	getDarkVibrantSwatch
鮮やかな明るめの色見本	getLightVibrantSwatch

　「画像を基に作られた色見本」と言われてもピンと来ないかもしれませんが、ここでいう色見本は画像で使用されている代表的なRGB値、画像に合うタイトルテキストカラー、ボディテキストカラーなどを1つにまとめたものだと思ってください。それが色調を抑えたタイプであったり、鮮やかなタイプであったりと最大で6種類あるといった感じです。これらの色見本は対象の画像を基に自動で生成されているので、取得した各カラーを背景色やテキストカラーに使用するだけで図5のような画面を簡単に作成できるようになります。

　サンプルでは画像の解析情報を表示する際に、ステータスバーおよびToolbarの背景色とタイトルカラーを、色調を抑えた色見本(Muted Swatch)を基に流動的に変化させています(リスト7)。

リスト7 色見本を基にToolbarなど画面の配色を変更（実習のリスト3②）

```
Palette.Swatch muted = palette.getMutedSwatch();
if (muted != null) {
    mToolbar.setBackgroundColor(muted.getRgb());
    TextView tvTitle = (TextView) findViewById(R.id.textTitle);
    tvTitle.setTextColor(muted.getTitleTextColor());
    //ステータスバーのカラーを変更(Lollipop以降のみ動作)
if (Build.VERSION.SDK_INT >= Build.VERSION_CODES.LOLLIPOP) {
        Window window = getWindow();
        window.addFlags(
        WindowManager.LayoutParams.FLAG_DRAWS_SYSTEM_BAR_BACKGROUNDS);
        window.clearFlags(WindowManager.LayoutParams.FLAG_TRANSLUCENT_⏎
STATUS);
        window.setStatusBarColor(muted.getRgb());
    }
}
```

　なお、色見本も画像で使用されている目立つ色と同様に、画像によっては生成されないものがあります。その場合は色見本を取得しようとしてもnullが返されます。色見本を使用する場合は必ず事前にnullチェックを行い、利用可能か確認するようにしてください。

> **まとめ**
> - Material ThemeはcolorPrimary、colorPrimaryDark、colorAccent属性を使用してThemeカラーを設定します。
> - Materialカラーには細かい決まりがあります。ただし必ずしも守る必要はありません。
> - Paletteを使用すれば画像に合わせた流動的な画面配色を実現できます。
> - Paletteで取得できる代表色と色見本はそれぞれ6種類ずつあります。
> - Paletteは画像が大きいほど解析処理に時間がかかります。利用する際は画面のレスポンスに影響を与えないようにしましょう。

CHAPTER 07　Material Designを使ってみよう

LESSON 31 RecyclerViewを利用したアプリを作る

レッスン終了　サンプルファイル　📁 Chapter07 > 📁 Lesson31 > 📁 before

このLESSONでは、Material Designのコンポーネントに着目し、RecyclerViewを使用してListViewとの使い方の違いを学習します。

サンプルについて
このLESSONのサンプルはプロジェクトをインポートしてプログラムの一部を記入する形式になっています。

RecyclerViewを利用したアプリ

実習　RecyclerViewを使う

1 サンプルプロジェクトをインポートする

サンプルプロジェクト「Chapter07/Lesson31/before」をインポートします。[Welcome to Android Studio]画面から[Import project(Eclipse ADT, Gradle, etc.)]を選択します(図1 ❶)。[ファイル選択]ダイアログが表示されるので、インポートしたいプロジェクトのフォルダ(Lesson31/before)を選択して❷、[OK]ボタンをクリックします❸。読み込みが完了するとプロジェクトを開いた状態になるので、[Android]から[Project]に変更しておきます❹。

  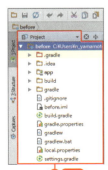

図1 サンプルプロジェクトをインポートする

2 RecyclerViewのサポートライブラリの参照を追加する

appモジュールのapp/build.gradleファイルを開いて、リスト1のようにコードを編集してください※。

※コンパイルエラー回避のため、手順 2 は実施済みです。

*build.gradleを変更した際にメッセージが表示された場合は、LESSON 34の実習の手順 2 を参考にしてください。

リスト1 app/build.gradle

```
dependencies {
    compile fileTree(dir: 'libs', include: ['*.jar'])
    compile 'com.android.support:appcompat-v7:24.+'
    compile 'com.android.support:recyclerview-v7:24.+'
}
```

3 RecyclerViewを使うようレイアウトを変更する

app/src/main/res/layout/activity_recycler_view_list.xmlを開き、リスト2のようにListViewの箇所をRecyclerViewに変更してください。

リスト2 activity_recycler_view_list.xml

```xml
<?xml version="1.0" encoding="utf-8"?>
<android.support.v7.widget.RecyclerView
    xmlns:android="http://schemas.android.com/apk/res/android"
    android:id="@+id/recycler"
    android:layout_width="match_parent"
    android:layout_height="match_parent"
    android:scrollbars="vertical"/>
```

4 RecyclerViewを呼び出す

app/src/main/java/(Company Domain名)/samples/list/RecyclerViewListActivity.javaを開き、リスト3のように編集してください。

リスト3 RecyclerViewListActivity.java

```java
package com.kayosystem.honki.chapter07.lesson31.samples.list;

import android.os.Bundle;
import android.support.annotation.Nullable;
import android.support.v7.app.AppCompatActivity;
import android.support.v7.widget.LinearLayoutManager;
import android.support.v7.widget.RecyclerView;

import com.kayosystem.honki.chapter07.lesson31.R;
import com.kayosystem.honki.chapter07.lesson31.item.BaseItem;
import com.kayosystem.honki.chapter07.lesson31.samples.SampleDataGenerator;
```

```java
import java.util.List;

public class RecyclerViewListActivity extends AppCompatActivity {

    private RecyclerView mRecyclerView;

    @Override
    protected void onCreate(@Nullable Bundle savedInstanceState) {
        super.onCreate(savedInstanceState);
        setContentView(R.layout.activity_recycler_view_list);

        mRecyclerView = (RecyclerView) findViewById(R.id.recycler);
        mRecyclerView.setLayoutManager(new LinearLayoutManager(getApplicationContext()));

        // サンプルのデータを作成
        final List<BaseItem> items = new SampleDataGenerator(this).generateIndexList();

        // ListViewスタイルのAdapterを設定
        mRecyclerView.setAdapter(new MyListAdapter(items));
    }
}
```

①

5 RecyclerViewの中身を実装する

表示する中身を決定する、Adapterクラスを実装しましょう。app/src/main/java/（Company Domain名）/samples/listの下に、MyListAdapter.javaというクラスを作成し、リスト4のように実装してください。

リスト4 MyListAdapter.java

```java
package com.kayosystem.honki.chapter07.lesson31.samples.list;

import android.support.v7.widget.RecyclerView;
import android.view.LayoutInflater;
import android.view.ViewGroup;

import com.kayosystem.honki.chapter07.lesson31.R;
import com.kayosystem.honki.chapter07.lesson31.holders.ImageViewHolder;
import com.kayosystem.honki.chapter07.lesson31.holders.IndexViewHolder;
import com.kayosystem.honki.chapter07.lesson31.item.BaseItem;
import com.kayosystem.honki.chapter07.lesson31.item.ImageItem;
import com.kayosystem.honki.chapter07.lesson31.item.IndexItem;

import java.util.List;
```

```java
public class MyListAdapter extends RecyclerView.Adapter<RecyclerView.⏎
ViewHolder> {
    private List<BaseItem> mItems;

    public MyListAdapter(List<BaseItem> items) {
        // 表示するアイテム一覧を受け取る
        mItems = items;
    }

    @Override
    public int getItemViewType(int position) {
        // アイテムの種別を受け取る
        return mItems.get(position).getType();
    }

    @Override
    public int getItemCount() {
        // メソッドを実装して、アイテム数をRecyclerViewに伝える
        if (mItems != null) {
            return mItems.size();
        } else {
            return 0;
        }
    }

    @Override
    public RecyclerView.ViewHolder onCreateViewHolder(ViewGroup ⏎
viewGroup, int type) {
        // 中身のViewとViewHolderを作成する
        LayoutInflater inflater = LayoutInflater.from(viewGroup.getContext());
        if (type == R.id.index_type) {
            return new IndexViewHolder(inflater.inflate(R.layout.⏎
row_index, viewGroup, false));
        } else {
            return new ImageViewHolder(inflater.inflate(R.layout.row_list, ⏎
viewGroup, false));
        }
    }

    @Override
    public void onBindViewHolder(RecyclerView.ViewHolder viewHolder, int ⏎
position) {
        // 中身のViewに値を設定する
        BaseItem item = mItems.get(position);
        if (item.getType() == R.id.index_type) {
```

```
            IndexItem indexItem = (IndexItem) item;
            IndexViewHolder indexViewHolder = (IndexViewHolder) viewHolder;
            indexViewHolder.getTextView().setText(indexItem.getName());
        } else {
            ImageItem imageItem = (ImageItem) item;
            ImageViewHolder imageViewHolder = (ImageViewHolder) viewHolder;
            imageViewHolder.getTextView().setText(imageItem.getName());
            imageViewHolder.getImageView().setImageResource(imageItem.↵
getId());
        }
    }
}
```

6　タッチできるようにする

ここまででアプリを実行できるようになりました。続けてタップした時のイベントを拾ってみます。まずはビューにタップ時のイベントを設定して、処理を受け取れるようにします。app/src/main/java/(Company Domain名)/holders/ImageViewHolder.javaを開き、リスト5のように編集してください。

リスト5 ImageViewHolder.java

```java
package com.kayosystem.honki.chapter07.lesson31.holders;

import android.support.v7.widget.RecyclerView;
import android.view.View;
import android.widget.ImageView;
import android.widget.TextView;

import com.kayosystem.honki.chapter07.lesson31.R;

public class ImageViewHolder extends RecyclerView.ViewHolder
    implements View.OnClickListener, View.OnLongClickListener {
    private ImageViewHolderListener mListener;

    private ImageView mImageView;
    private TextView mTextView;

    public ImageViewHolder(View itemView) {
        super(itemView);

        mImageView = (ImageView) itemView.findViewById(R.id.imageView);
        mTextView = (TextView) itemView.findViewById(R.id.textView);

        itemView.setOnClickListener(this);
        itemView.setOnLongClickListener(this);
```

```java
    }

    public void setListener(ImageViewHolderListener listener) {
        mListener = listener;
    }

    public ImageView getImageView() {
        return mImageView;
    }

    public TextView getTextView() {
        return mTextView;
    }

    @Override
    public void onClick(View view) {
        if (mListener != null) {
            mListener.onClick(this);
        }
    }

    @Override
    public boolean onLongClick(View view) {
        if (mListener != null) {
            return mListener.onLongClick(this);
        }
        return false;
    }

    public interface ImageViewHolderListener {
        void onClick(ImageViewHolder holder);

        boolean onLongClick(ImageViewHolder holder);
    }
}
```

続けて、先ほど作成した MyListAdapter.java（リスト4）を再度開き、リスト6のように編集してください。

リスト6 MyListAdapter.java

（中略）
```java
import com.kayosystem.honki.chapter07.lesson31.R;

public class MyListAdapter extends RecyclerView.Adapter<RecyclerView.↵
ViewHolder>
```

```java
        implements ImageViewHolder.ImageViewHolderListener {
    private List<BaseItem> mItems;

    (中略)
    @Override
    public void onBindViewHolder(RecyclerView.ViewHolder viewHolder, int ⏎
position) {
        // 中身のViewに値を設定する
        BaseItem item = mItems.get(position);
        if (item.getType() == R.id.index_type) {
            IndexItem indexItem = (IndexItem) item;
            IndexViewHolder indexViewHolder = (IndexViewHolder) viewHolder;
            indexViewHolder.getTextView().setText(indexItem.getName());
        } else {
            ImageItem imageItem = (ImageItem) item;
            ImageViewHolder imageViewHolder = (ImageViewHolder) viewHolder;
            imageViewHolder.getTextView().setText(imageItem.getName());
            imageViewHolder.getImageView().setImageResource(imageItem.⏎
getId());

            imageViewHolder.setListener(this);
        }
    }

    @Override
    public void onClick(ImageViewHolder holder) {
    }

    @Override
    public boolean onLongClick(ImageViewHolder holder) {
        return false;
    }
}
```

最後に、Activity側でイベントを受け取りましょう。app/src/main/java/(Company Domain名)/samples/list/RecyclerViewListActivity.javaを開いて、リスト7のように編集してください。

リスト7 RecyclerViewListActivity.java

```java
package com.kayosystem.honki.chapter07.lesson31.samples.list;

import android.os.Bundle;
import android.support.annotation.Nullable;
import android.support.v7.app.AppCompatActivity;
import android.support.v7.widget.LinearLayoutManager;
```

```java
import android.support.v7.widget.RecyclerView;
import android.widget.Toast;

import com.kayosystem.honki.chapter07.lesson31.R;
import com.kayosystem.honki.chapter07.lesson31.holders.ImageViewHolder;
import com.kayosystem.honki.chapter07.lesson31.item.BaseItem;
import com.kayosystem.honki.chapter07.lesson31.samples.SampleDataGenerator;

import java.util.List;

public class RecyclerViewListActivity extends AppCompatActivity {

    private RecyclerView mRecyclerView;

    @Override
    protected void onCreate(@Nullable Bundle savedInstanceState) {
        super.onCreate(savedInstanceState);
        setContentView(R.layout.activity_recycler_view_list);

        mRecyclerView = (RecyclerView) findViewById(R.id.recycler);
        mRecyclerView.setLayoutManager(new LinearLayoutManager(getApplicationContext()));

        // サンプルのデータを作成
        final List<BaseItem> items = new SampleDataGenerator(this).generateIndexList();

        // ListViewスタイルのAdapterを設定
        mRecyclerView.setAdapter(new MyListAdapter(items) {
            @Override
            public void onClick(ImageViewHolder holder) {
                int position = mRecyclerView.getChildAdapterPosition(holder.itemView);
                BaseItem baseItem = items.get(position);
                Toast.makeText(getApplicationContext(), "onClick:item=" + baseItem.getName(), Toast.LENGTH_SHORT).show();
            }

            @Override
            public boolean onLongClick(ImageViewHolder holder) {
                int position = mRecyclerView.getChildAdapterPosition(holder.itemView);
                BaseItem baseItem = items.get(position);
                Toast.makeText(getApplicationContext(), "onLongClick:item=" + baseItem.getName(), Toast.LENGTH_SHORT).show();
```

```
                return true;
            }
        });
    }
}
```

7 アプリを実行する

アプリを実行すると図2のような画面が表示されます。セクション区切り付きで、かわいい犬の画像がリスト表示されれば完成です。それぞれ別の画像が、スムーズにスクロール表示できていることがわかります。

図2 アプリの実行結果

講義　RecyclerViewについて

≫ RecyclerViewについて

　RecyclerViewは、Lollipopのリリースと同じ時期にサポートライブラリの1つとして追加された新しいウィジェットで、ListViewのようにたくさんのデータを効率的にリスト表示するのに適しています。これまでリスト表示する代表的なウィジェットとしてListView、GridViewなどを学習してきましたが、これらのウィジェットはAndroidフレームワーク側で多くの処理を担いすぎており、例えば特定のリスト項目にアニメーションを付けるといった実装が困難でした。これらの問題を解決するため、新たにRecyclerViewが作られました。

　RecyclerViewは、基本的にはListViewを踏襲したAPIとなっており、ListViewと同じくパフォーマンスのために「複数のレイアウトを再利用」する機能が実装されています。さらに、リスト内のビューの追加・削除時のアニメーション、リストをスクロールした際のアニメーションの実装が容易になるなど、カスタマイズ性が飛躍的に向上されています。

≫ RecyclerViewとListViewの違い

　RecyclerViewは利用用途からListViewと比較され、登場した当初はニックネームのように「ListView2」などと呼ばれていました。しかし、RecyclerViewはListViewの上位互換ではありません。

クリック処理に関するAPIがない

　RecyclerViewにはタッチ時のイベントを拾うAPIがありません。対して、ListViewにはsetOnItemClickListenerメソッドがあり、これを使うとリスト内の各ビューをタッチした時のイベントが取得可能です。さらに、タップした時のエフェクト（例えばLollipop以降ですとrippleエフェクト）が自動的に有効になっています。しかし、RecyclerViewでこれと同じことをしようと思うと、イベントの設定とエフェクトの実装を全て自分で行わなければなりません。

　しかしながら、そもそもRecyclerViewはリスト内の各ビューの全体を選択することを得意としたものではありません。各アイテムの中に設置したボタンに対し、それをタッチするなどの用途が主です。例えばリストの中にCardViewを入れ込み、そのカードをタッチする、またはそのカード内に設置されたボタンをクリックするといった動作を得意とします。つまり、RecyclerViewで列全体をタッチできるように実装することは好ましくありません。

リストの区切りが描画されない

　ListViewでは、リスト内の各ビューとビューの間に、通常は灰色のdivider（区切り線）が描画されています。RecyclerViewではこれが描画されません。

　そもそも、RecyclerViewでは縦にリストをスクロールだけでなく、横にスクロールする場合もあり、はたまた斜めにスクロールすることも実装によっては可能です。この動きは、RecyclerViewに設定しているLayoutManagerが決定します（LayoutManagerに関しては291ページに後述）。そのため、区切り線を引く位置が確定しません。また、Material Designではdividerの左端に隙間が必要だったり、セクション区切りの上下にはdividerが必要なかったり、そもそもdividerが必要ない場合もあります。そういったことを考えていくと標準でdividerを描画しないのは自然と言えます。

　もしもdividerを実装する場合は、RecyclerView.ItemDecorationクラスを継承したクラスを作成し、RecyclerViewのaddItemDecorationメソッドを使用すれば、自らCanvasインスタンスを使って直接描画する形で実装することが可能です（リスト8）。

リスト8 ItemDecorationの実装例

```java
public class MyItemDecoration extends RecyclerView.ItemDecoration {
    /** 罫線を描画 */
    @Override
    public void onDrawOver(Canvas c, RecyclerView parent, RecyclerView.
State state) {
        // ここに区切り線を描画するプログラムを追加する
    }
}
```

アニメーションがとても実装しやすくなった

　ListViewは、動的にカラムを1つだけ追加したり削除したりといったAPIを提供していませんでした。基本は現在のリストの中身を再描画するAPIのみです。そのため、アニメーションの実装はとても難く、多くの場合ライブラリを用いることが一般的でした。

　RecyclerViewでは、リスト内のビューを管理するLayoutManagerという仕組みが導入されたことにより、そういったAPIも加わりました。具体的には「ビューが追加された」「削除された」「更新された」等のイベントです。このイベントを使ってアニメーションを設定すれば、簡単に実装できるという仕組みです。

» RecyclerViewの使い方

　RecyclerViewを使用するには、Gradleのdependenciesタスクにrecyclerview-v7のモジュールを追加します（リスト9）。これにより、RecyclerViewに関連した各種クラス（RecyclerView.Adapter、RecyclerView.LayoutManager等を含む）を利用できるようになります。

リスト9 recyclerview-v7のモジュールを追加（実習のリスト1）

```
dependencies {
    compile fileTree(dir: 'libs', include: ['*.jar'])
    compile 'com.android.support:appcompat-v7:24.+'
    compile 'com.android.support:recyclerview-v7:24.+'
}
```

　次に、使用したい画面のレイアウトにRecyclerView要素を追加します（リスト10）。

リスト10 RecyclerViewの要素の追加（実習のリスト2）

```xml
<?xml version="1.0" encoding="utf-8"?>
<android.support.v7.widget.RecyclerView
    xmlns:android="http://schemas.android.com/apk/res/android"
    android:id="@+id/recycler"
    android:layout_width="match_parent"
    android:layout_height="match_parent"
    android:scrollbars="vertical"/>
```

そしてプログラム側で、RecyclerViewを呼び出し、LayoutManagerとAdapterを設定します（リスト11）。

リスト11 RecyclerViewのセットアップ（実習のリスト3①）

```java
@Override
protected void onCreate(@Nullable Bundle savedInstanceState) {
    super.onCreate(savedInstanceState);
    setContentView(R.layout.activity_recycler_view_list);

    mRecyclerView = (RecyclerView) findViewById(R.id.recycler);
    mRecyclerView.setLayoutManager(new LinearLayoutManager
(getApplicationContext()));

    // サンプルのデータを作成
    final List<BaseItem> items = new SampleDataGenerator(this).
generateIndexList();

    // ListViewスタイルのAdapterを設定
    mRecyclerView.setAdapter(new MyListAdapter(items));
}
```

ListViewの実装をしたことがあれば、Adapterは聞き慣れた名前でしょう。ListViewの場合は、BaseAdapterやListAdapterといったクラスを継承して実装しました。RecyclerViewでは、RecyclerView.Adapter<VH>クラスがあるので、これを継承して実装します。ただ、実装をする前に、このVHが決まっていなければなりません。このVHには、RecyclerView.ViewHolderクラスを継承したクラス名が入ります。このクラスは、各アイテムのビューを管理するクラスです（リスト12）。

リスト12 RecyclerView.ViewHolderを継承したクラス
```
(中略)
public class ImageViewHolder extends RecyclerView.ViewHolder {

    public ImageViewHolder(View itemView) {
        super(itemView);
        (中略)
    }
    (中略)
}
```

　このViewHolderという考え方自体は、ListViewの頃からありました。ただその頃には専用のクラスは存在せず、パフォーマンスを上げるためのテクニックとして、ViewHolderというクラスを独自に作り、リストのスクロールを高速化していました。RecyclerViewではこの手法が、ライブラリに取り込まれた形となります。

　さて、RecyclerView.ViewHolderを継承したクラスができ上がったので、それを指定してRecyclerView.Adapterクラスを継承したクラスを作ります（リスト13）。

リスト13 RecyclerView.ViewHolderベースにAdapterを作成
```
public class MyListAdapter extends RecyclerView.Adapter<ImageViewHolder> {

    @Override
    public ImageViewHolder onCreateViewHolder(ViewGroup parent, int ↵
viewType) {
        (中略)
    }

    @Override
    public void onBindViewHolder(ImageViewHolder holder, int position) {
        (中略)
    }

    @Override
    public int getItemCount() {
        (中略)
    }

}
```

　RecyclerView.Adapterを継承すると、最低3つのメソッドをオーバーライドしなければなりません（表1）。

表1 オーバーライドするメソッド

メソッド	説明
public int getItemViewType(int position)	positionに位置するアイテムの表示種別を返却。種別は任意の数字で良く、ほとんどの場合ViewHolderの種別を判定するために使用する
public RecyclerView.ViewHolder onCreateViewHolder(ViewGroup parent, int viewType)	表示種別に対応するViewHolderを生成し返却。getItemViewTypeで返却された値がtypeに与えられる
public void onBindViewHolder(RecyclerView.ViewHolder holder, int position)	リサイクルされたViewHolderへpositionに位置するアイテムのデータを設定
public int getItemCount()	データの個数を返却

　本LESSONではこれに加えて、getItemViewType(実習のリスト4)というメソッドもオーバーライドしています。このメソッドをオーバーライドして実装すると、リストの中に複数種類のビューを実装できます。例えば今回の例では、セクション区切り用のビューとアイテムのビューをそれぞれ実装しています。

≫ LayoutManagerについて

　RecyclerViewにはListViewにはなかったLayoutManagerという新しい仕組みがあります。これは、Adapter内で生成した各アイテムを、どのように表示するのかを決定するクラスです。デフォルトでいくつか用意されています(表2)。

表2 RecyclerView.LayoutManagerのサブクラス

RecyclerView.LayoutManagerの種類	説明
LinearLayoutManager	リスト形式で表示
GridLayoutManager	グリッド形式で表示
StaggeredGridLayoutManager	千鳥格子形式で表示

　例えば、LinearLayoutManagerを使えばListViewのような見た目になり、GridLayoutManagerを使うとGridViewのような見た目を実装することが可能です。さらにこのクラスは独自にカスタマイズ可能で、例えば「スクロールすると地平線の向こうから徐々にビューが大きくなってこっちに向かってくるようなリスト」を実装することもできます。

　また、LayoutManagerはオーバーライドすることで、各アイテムのライフサイクルを細かく取得することが可能です。リスト14のように、例えばonItemsAddedメソッドをオーバーライドすると、アイテムを新たに挿入する時のイベントを拾えますし、同様にonItemsRemovedメソッドだと削除する時にイベントを取得できます。このタイミングでアニメーションを設定すると、操作性がよいリストを実装することが可能となるでしょう。

リスト14 onItemsAddedメソッドをオーバーライドした例

```java
mRecyclerView.setLayoutManager(new LinearLayoutManager(getApplication↲
Context()) {
    @Override
    public void onItemsAdded(RecyclerView recyclerView, int positionStart,↲
int itemCount) {
        super.onItemsAdded(recyclerView, positionStart, itemCount);
    }
});
```

» ItemDecorationについて

RecyclerViewは、デフォルトでは区切り線が描画されないことを解説しました。しかし区切り線を描画できないわけではありません。描画したい場合はRecyclerView.ItemDecorationクラスを継承したクラスを、RecyclerViewに設定します（リスト15）。

リスト15 ItemDecorationをRecyclerViewに設定

```java
mItemDecoration = new DividerItemDecoration(getResources());
(中略)
mRecyclerView.addItemDecoration(mItemDecoration);
```

ItemDecorationは複数設定できるので、追加する場合は同じインスタンスを2個以上設定しないよう注意してください。本LESSONでは詳しく解説していませんが、サンプルには区切り線を表示した例を用意していますので参考にしてください。

まとめ

- RecyclerViewはListViewに似た一覧を表示するのに適したウィジェットです。
- RecyclerViewを使うには、recyclerview-v7モジュールを参照に追加する必要があります。
- RecyclerViewを使うと、異なるデータ項目が混在したリストを高速に表示することができます。

CHAPTER 07　Material Designを使ってみよう

LESSON 32
ToolbarとScrollViewが連動する画像一覧アプリを作る

□ レッスン終了

サンプルファイル　📁 Chapter07 > 📁 Lesson32 > 📁 before

このLESSONではActionBarをToolbarに変更してToolbarとScrollViewが連動するアプリを作成します。

サンプルについて
このLESSONのサンプルはプロジェクトをインポートしてプログラムの一部を記入する形式になっています。

Toolbarを利用した画像表示アプリ

実習　スクロールとの連動方法を学ぼう

1　サンプルプロジェクトをインポートする

サンプルプロジェクト「Chapter07/Lesson32/before」をインポートします。[Welcome to Android Studio]画面から[Import project（Eclipse ADT, Gradle, etc.）]を選択します（図1 ❶）。[ファイル選択]ダイアログが表示されるので、インポートしたいプロジェクトのフォルダ（Lesson32/before）を選択して❷、[OK]ボタンをクリックします❸。読み込みが完了するとプロジェクトを開いた状態になるので、[Android]から[Project]に変更しておきます❹。

図1 サンプルプロジェクトをインポートする

2 サポートライブラリの参照を追加する

appモジュールのapp/build.gradleを開き、リスト1のように編集してください*。

> *
> build.gradleを変更した際にメッセージが表示された場合は、LESSON 34の実習の手順2を参考にしてください。

リスト1 app/build.gradle

```
dependencies {
    compile fileTree(dir: 'libs', include: ['*.jar'])
    compile 'com.android.support:appcompat-v7:24.+'
    compile 'com.android.support:cardview-v7:24.+'
    compile 'com.android.support:design:24.+'
}
```

3 Toolbarをレイアウトに追加する

app/src/main/res/layout/activity_main.xmlを開き、リスト2①、②のようにToolbarの要素を追加してください。

リスト2 activity_main.xml

```
<?xml version="1.0" encoding="utf-8"?>
<FrameLayout
    xmlns:android="http://schemas.android.com/apk/res/android"
    xmlns:app="http://schemas.android.com/apk/res-auto"                     ①
    xmlns:tools="http://schemas.android.com/tools"
    android:layout_width="match_parent"
    android:layout_height="match_parent"
    tools:context=".MainActivity">

    (中略)

    <!-- Toolbarを常にScrollViewの上に表示するためScrollViewの後に定義する-->
    <android.support.v7.widget.Toolbar
        android:id="@+id/toolbar"
        android:layout_width="match_parent"                                 ②
        android:layout_height="wrap_content"
        app:layout_scrollFlags="scroll|enterAlways"
        app:popupTheme="@style/AppThemeOverlay.Toolbar.PopupMenu"/>
</FrameLayout>
```

4 ActionBarを使用しないThemeに変更する

app/src/main/res/values/styles.xmlを開き、リスト3のようにThemeの定義を修正してください。

リスト3 styles.xml

```xml
<!-- Base application theme. -->
<style name="AppTheme" parent="Theme.AppCompat.Light.NoActionBar">
    <item name="colorPrimary">@color/colorPrimary</item>
    <item name="colorPrimaryDark">@color/colorPrimaryDark</item>
</style>
```

5 **ToolbarをActionBarとして設定**

app/src/main/java/(Company Domain名)/MainActivity.javaを開いて、リスト4のようにToolbarをActionBarとして使用するためのプログラムを追加してください。

リスト4 MainActivity.java

```java
(中略)
import android.support.v7.app.ActionBar;
import android.support.v7.app.AppCompatActivity;
import android.support.v7.widget.Toolbar;
(中略)


public class MainActivity extends AppCompatActivity {

    (中略)

    @Override
    protected void onCreate(Bundle savedInstanceState) {
        super.onCreate(savedInstanceState);
        setContentView(R.layout.activity_main);

        //Toolbarのインスタンスを取得
        Toolbar toolbar = (Toolbar) findViewById(R.id.toolbar);
        //ToolbarをActionbarとして設定
        setSupportActionBar(toolbar);

        ActionBar actionBar = getSupportActionBar();
        if (actionBar != null) {
            //Toolbarのアイコンを設定
            actionBar.setLogo(R.mipmap.ic_launcher);
            //Toolbarのタイトルを設定
            actionBar.setTitle("わんこ写真集");
            //Toolbarのサブタイトルを設定
            actionBar.setSubtitle("小・中型犬編");
        }

        // 一覧を生成
        makeList();
```

```
        }

    （中略）
}
```

6 ToolbarをScrollViewのスクロールと連動するように修正する

app/src/main/res/layout/activity_main.xmlを開いて、リスト5のように編集してください。

リスト5 activity_main.xml

```xml
<?xml version="1.0" encoding="utf-8"?>
<android.support.design.widget.CoordinatorLayout
    xmlns:android="http://schemas.android.com/apk/res/android"
    xmlns:app="http://schemas.android.com/apk/res-auto"
    xmlns:tools="http://schemas.android.com/tools"
    android:layout_width="match_parent"
    android:layout_height="match_parent"
    tools:context="com.kayosystem.honki.chapter07.lesson32.MainActivity">

    <android.support.v4.widget.NestedScrollView
        android:id="@+id/scrollView"
        android:layout_width="match_parent"
        android:layout_height="match_parent"
        android:layout_alignParentTop="true"
        android:scrollbars="vertical"
        app:layout_behavior="@string/appbar_scrolling_view_behavior">

        <!--ScrollViewは一つのViewGroupである必要がある-->
        <LinearLayout
            android:id="@+id/contents"
            android:layout_width="match_parent"
            android:layout_height="match_parent"
            android:orientation="vertical"/>
    </android.support.v4.widget.NestedScrollView>

    <!-- Toolbarを常にScrollViewの上に表示するためScrollViewの後に定義する-->
    <android.support.design.widget.AppBarLayout
        android:id="@+id/appBarLayout"
        android:layout_width="match_parent"
        android:layout_height="wrap_content"
        app:theme="@style/AppThemeOverlay.Toolbar">

        <android.support.v7.widget.Toolbar
            android:id="@+id/toolbar"
```

① ②

```
            android:layout_width="match_parent"
            android:layout_height="wrap_content"
            app:layout_scrollFlags="scroll|enterAlways"
            app:popupTheme="@style/AppThemeOverlay.Toolbar.PopupMenu"/>

    </android.support.design.widget.AppBarLayout>
</android.support.design.widget.CoordinatorLayout>
```

7 アプリを実行する

アプリを実行すると、図2のような画面が表示されます。一覧を下へスクロールすると❶、スクロールに伴ってツールバーが画面から消えます❷。再度表示したい場合は、画面を一番上までスクロールします。

図2 アプリの実行結果

講義　Toolbarについて

» ActionBarとToolbarの違い

　ToolbarはLollipop以降のAndroid OS、あるいはAppCompatを使用することでLollipop以前のAndroid OSでも利用できる、ActionBarの代替となる新しいウィジェットです。

　ActionBarとToolbarは機能的にはほぼ同じですが、ActionBarはActivityの一部の機能として提供されるため制限があるのに対し、Toolbarは単なるウィジェットであるため自由にカスタマイズやレイアウトができるといった点で大きな違いがあります。例えば、ActionBarはタイトルの背景、高さ、コンテンツの重ね順、アイコンやボタンなどの変更が容易ではありませんでした。

　Material Designではアプリのブランディング*も重要視されているため、ActionBarのカスタマイズ性も重要になります。そのためにToolbarが登場したのだと考えるととても自然だと言えます。

*「アプリのブランディング」とは、ひと言で言うと「アプリの価値を（有形／無形、無償／有償の関係なく）向上させること」です。他のアプリとの差別化やユーザーのアプリ認知度向上とそれに伴う知識整理などができます。これにより、ユーザーに「もう一度利用したい」と思われるアプリを作成できる確率が上がる可能性があります。また、アプリに対するユーザーの親しみや信頼を得るための視覚的効果（アプリ独自のカラーリングやロゴ、その他デザイン）も含まれます。

» Toolbarの使い方

ToolbarはButtonやTextViewと同じように、レイアウトの中の1つのウィジェットとして配置できます(リスト6)。ここではandroid.support.v7.widget.Toolbar①を使っていますが、Lollipop以降のOSのみに対応するならばandroid.widget.Toolbarを使用できます。

リスト6 Toolbarのレイアウトの例(参考:実習のリスト2のToolbar部分)

```
<android.support.v7.widget.Toolbar                                    ①
    android:id="@+id/toolbar"
    android:layout_width="match_parent"
    android:layout_height="wrap_content"
    app:layout_scrollFlags="scroll|enterAlways"
    app:popupTheme="@style/AppThemeOverlay.Toolbar.PopupMenu"/>
```

表示するだけであればこのままで良いのですが、ToolbarにActionBarのような振る舞いやメニューを表示させたい場合は、Activityの設定を変更しなければなりません(リスト7)。

リスト7 ToolbarをActionBarとして利用するよう設定(実習のリスト4)

```
    @Override
    protected void onCreate(Bundle savedInstanceState) {
        super.onCreate(savedInstanceState);
        setContentView(R.layout.activity_main);

        //Toolbarのインスタンスを取得
        Toolbar toolbar = (Toolbar) findViewById(R.id.toolbar);
        //ToolbarをActionbarとして設定
        setSupportActionBar(toolbar);                                 ①
```

setSupportActionBarメソッド①はAppCompatActivityを使用する場合のメソッドです。Activityの場合は、setActionBarを用いてToolbarを設定してください。

» ToolbarとScrollViewとの連動

Material Designに対応したアプリによく見られる特徴的な動きの1つに、ウィジェット同士の連動があります。これは、Android SDK 5.0以前では独自に実装する必要がありましたが、Android M Previewのリリースと同時に公開されたサポートライブラリの1つ、designモジュールにより、いくつかの特徴的な動きを簡単に実装できるようになりました。

表1 designモジュールで新しく追加されたコンポーネント

コンポーネント	説明
TextInputLayout	EditTextのHintをフローティングラベルとして装飾することができるレイアウト
FloatingActionButton	円形のアクションボタン。Material Designのデモでもよく利用されている
Snackbar	アクションボタンを1つ付けることができるToastのような通知ウィジェット
TabLayout	Material Designに対応した軽量なタブレイアウト
NavigationView	DrawerLayoutと一緒に使う。メニュー部分をmenuファイルを使うことで簡単にNavigationDrawerを実装できる
CoordinatorLayout	CoordinatorLayoutの子同士に限るが、任意のViewの上下左右にViewを固定することができるレイアウト
AppBarLayout	CoordinatorLayoutと一緒に使う。ActionBarと連動してアニメーションをするためのレイアウト
CollapsingToolbarLayout	CoordinatorLayoutと一緒に使う。Toolbarの伸縮アニメーションをするためのレイアウト

　本LESSONのサンプルでは、designモジュールに含まれるCoordinatorLayoutを使ってToolbarとScrollViewが連動する動きを実装しています。

　CoordinatorLayoutの基本的な機能は、Anchorでレイアウト中のViewの上下左右に固定するように配置することです。配置方法はGravityクラスのプロパティを用いるので、この機能に関してはFrameLayoutに似ています。

　Anchorの特徴な点は、CoordinatorLayoutの子として追加されているViewにCoordinatorLayout.Behaviorが設定されていると、それを使ってレイアウト内の子同士で連携するようアニメーション処理を行うことです。デフォルトでは、CoordinatorLayout.Behaviorが設定されているのはSnackBar、FloatingActionButton、NestedScrollingChildを実装したいくつかのViewGroupのみで、それ以外のViewはデフォルトでは固定された動きになります。

　また、NestedScrollingChildを実装したViewGroup(2016年9月の執筆時点ではHorizontalGridView、NestedScrollView、RecyclerView、SwipeRefreshLayout、VerticalGridViewで実装を確認)に関しては、Toolbarの高さと連動することができます。この場合、layout_behavior属性でデフォルトのCoordinatorLayout.Behavior(@string/appbar_scrolling_view_behavior)を連動したいViewに設定する必要があります。

　使い方は、連動したいViewの親となるViewGroupをCoordinatorLayoutにします。CoordinatorLayoutにはlayout_behaviorやlayout_collapseModeといった専用の属性があるので、それらを利用するために、実習のリスト2①のようにxmlns:app="http://schemas.android.com/apk/res-auto"のネームスペースを追加します(リスト8)。

リスト8 CoordinatorLayout（実習のリスト5）

```xml
<android.support.design.widget.CoordinatorLayout
    xmlns:android="http://schemas.android.com/apk/res/android"
    xmlns:app="http://schemas.android.com/apk/res-auto"
    xmlns:tools="http://schemas.android.com/tools"
    android:layout_width="match_parent"
    android:layout_height="match_parent"
    tools:context="com.kayosystem.honki.chapter07.lesson32.MainActivity">
```

次に、連動したいViewをCoordinatorLayout.Behaviorが実装されているものに置き換えます。サンプルでは、ScrollViewとToolbarが連動できるようにしたいので、まずはScrollViewをNestedScrollViewに変更します。

そして、Toolbarの高さに連動してScrollView内のコンテンツの高さを調整するため、app:layout_behavior属性に@string/appbar_scrolling_view_behaviorを設定します（リスト9）。

リスト9 NestedScrollView（実習のリスト5①）

```xml
<android.support.v4.widget.NestedScrollView
    android:id="@+id/scrollView"
    android:layout_width="match_parent"
    android:layout_height="match_parent"
    android:layout_alignParentTop="true"
    android:scrollbars="vertical"
    app:layout_behavior="@string/appbar_scrolling_view_behavior">
```

次に、Toolbarの設定です。Toolbarは少し特殊で、AppBarLayoutを使います。これに連動するための属性として、layout_scrollFlagsを設定します（リスト10）。

リスト10 AppBarLayout（実習のリスト5②）

```xml
<android.support.design.widget.AppBarLayout
    （中略）
    app:theme="@style/AppThemeOverlay.Toolbar">

    <android.support.v7.widget.Toolbar
        （中略）
        app:layout_scrollFlags="scroll|enterAlways"
        app:popupTheme="@style/AppThemeOverlay.Toolbar.PopupMenu"/>

</android.support.design.widget.AppBarLayout>
```

AppBarLayoutを使うとActionBarに設定されたToolbarも含めて連動することができます。layout_scrollFlagsには表2の値を設定します。

表2 layout_scrollFlagsに設定する値

値	説明
scroll	layout_scrollFlagsを有効にするためのフラグ。他のフラグと一緒に設定する
enterAlways	下方向スクロールの動きに合わせてすぐに表示し、上方向のスクロールで追従して画面外に消える
enterAlwaysCollapsed	CollapsingToolbarLayoutを使用する場合に設定する。minHeightの高さでいったん縮小し、それ以上小さくなる場合はスクロールに合わせて画面外に消える
exitUntilCollapsed	CollapsingToolbarLayoutを使用する場合に設定。スクロールに合わせて縮小するが、minHeightの高さまでしか縮小しない

　サンプルでは単純にスクロールに合わせて画面外へ消えるようにアニメーションをするだけなので、AppBarLayoutの下に直接Toolbarを配置しています。そのため、layout_scrollFlagsにはenterAlwaysを設定しています。

> **まとめ**
>
> - ActionBarをViewと連動するように処理したい場合はToolbarを使用します。
> - Viewを連動するように動かす場合はCoordinatorLayoutを使用します。
> - 連動したいViewはCoordinatorLayoutの子になるようにし、CoordinatorLayout.Behaviorが設定されたViewを使うようにします。
> - ActionBarも連動するようにしたい場合は、AppBarLayoutを使用します。

練習問題

練習問題を通じてこのCHAPTERで学んだ内容の確認をしましょう。解答は「kaitou.pdf」（Webからダウンロード）を参照してください。

練習問題01

AppCompatが提供するMaterial Themeについて、空欄を埋めて表を完成させなさい。

解像度タイプ

Material Theme	説明	画像例
Theme.AppCompat	[①]をベースにしたTheme	Theme Sample Hello world!
Theme.AppCompat.[②]	明るい色をベースにしたTheme	Theme Sample Hello world!
Theme.AppCompat.Light.[③]	明るい色をベースにしつつ、ActionBarは暗い色をベースにしたTheme	Theme Sample Hello world!

練習問題02

「ActionBar」と「Toolbar」について正しければ○を、間違っていれば×をつけなさい。

① ActionBarはActivityの一部の機能として提供されるため制限がない。
[　]

② Toolbarは単なるウィジェットであるため自由にカスタマイズできる。
[　]

③ アプリのブランディングを考慮すると、ActionBarよりもToolbarを使用した方が良い。[　]

CHAPTER 08

データを使いこなそう

アプリ開発は「情報の基になるデータをどのように扱うか」が重要になってきます。本章では、端末でファイルを読み書きする方法、大量のデータを扱うことができるモバイルデータベース、インターネット上のデータを効率的に処理する方法、またFirebaseというクラウドデータベースについて解説します。

CHAPTER 08 データを使いこなそう

LESSON 33 ストレージを使う

☐ レッスン終了　　サンプルファイル　📁 Chapter08 > 📁 Lesson33 > 📁 before

このLESSONでは、ローカルストレージについて解説します。アプリケーションからアクセス可能な記憶領域にファイルを作成したり、読み込みを行ったりするサンプルアプリを作成します。

簡易テキストエディタの実行画面

実習　簡易テキストエディタを実装する

1 サンプルプロジェクトをインポートする

サンプルプロジェクト「Chapter08/Lesson33/before」をインポートします。[Welcome to Android Studio]画面から[Import project(Eclipse ADT, Gradle, etc.)]を選択します（図1❶）。[ファイル選択]ダイアログが表示されるので、インポートしたいプロジェクトのフォルダ(Lesson33/before)を選択して❷、[OK]ボタンをクリックします❸。読み込みが完了するとプロジェクトを開いた状態になるので、[Android]から[Project]に変更しておきます❹。

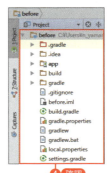

図1 サンプルプロジェクトをインポートする

2 MainActivityのJavaプログラムを編集する

app/src/main/java/（Company Domain名）/MainActivity.javaを開いて、**リスト1**のように編集してください。

リスト1 MainAtivity.java

```java
package com.kayosystem.honki.chapter08.lesson33;

import android.Manifest;
import android.content.Context;
import android.content.pm.PackageManager;
import android.os.Bundle;
import android.os.Environment;
import android.support.annotation.NonNull;
import android.support.v4.app.ActivityCompat;
import android.support.v4.content.ContextCompat;
import android.support.v4.content.PermissionChecker;
import android.support.v7.app.AppCompatActivity;
import android.view.View;
import android.widget.EditText;
import android.widget.RadioGroup;
import android.widget.TextView;
import android.widget.Toast;
（中略）
public class MainActivity extends AppCompatActivity implements View.OnClickListener {

    private static final String FILE_NAME = "Lesson33.txt";
    private static final int REQUEST_RUNTIME_PERMISSION = 1;
（中略）
    /**
     * ファイルパスを返します。
     *
     * @param id ラジオボタンのID
     * @return ファイルパス
     */
    private String getFilePath(int id) {

        if (id == R.id.radioInternalAppData) {
            // 内部ストレージ アプリデータ領域
            return getFilesDir() + "/" + FILE_NAME;
        } else if (id == R.id.radioInternalAppCache) {
            // 内部ストレージ アプリキャッシュ領域
            return getCacheDir() + "/" + FILE_NAME;
        } else if (id == R.id.radioExternalAppData) {
            // 外部ストレージ アプリデータ領域
```

```java
            return ContextCompat.getExternalFilesDirs(this, null)[0] + ⏎
"/" + FILE_NAME;
        } else if (id == R.id.radioExternalAppCache) {
            // 外部ストレージ アプリキャッシュ領域
            return ContextCompat.getExternalCacheDirs(this)[0] + "/" + ⏎
FILE_NAME;
        } else if (id == R.id.radioExternalShare) {
            // 外部ストレージ 共有領域
            return Environment.getExternalStoragePublicDirectory("Documen⏎
ts").getPath() + "/" + FILE_NAME;
        }
        return "";
    }

    (中略)

    private FileInputStream getFileInputStream() throws ⏎
FileNotFoundException {

        int id = mRadioGroup.getCheckedRadioButtonId();

        if (R.id.radioInternalAppData == id) {
            return openFileInput(FILE_NAME);
        } else
            return new FileInputStream(getFilePath(id));
        }
    }
(中略)
    @Override
    public void onRequestPermissionsResult(int requestCode, @NonNull ⏎
String[] permissions, @NonNull int[] grantResults) {

        switch (requestCode) {                                         ─┐
            case REQUEST_RUNTIME_PERMISSION: {                          │
                if (grantResults.length > 0 && grantResults[0] == ⏎     │
PackageManager.PERMISSION_GRANTED) {                                    │
                                                                        │
                    readOrWrite();                                      │
                } else {                                                │─①
                    Toast.makeText(MainActivity.this, "パーミッションがな⏎│
いため実行できませんでした", Toast.LENGTH_SHORT).show();                 │
                }                                                       │
                return;                                                 │
            }                                                           │
        }                                                              ─┘
```

```java
        }

        @Override
        public void onClick(View view) {

            mLastSelectedButtonId = view.getId();

            if (R.id.radioExternalShare == mRadioGroup.getCheckedRadio⏎
ButtonId()) {

                if (PackageManager.PERMISSION_GRANTED != Permission⏎
Checker.checkSelfPermission(MainActivity.this, Manifest.permission.⏎
WRITE_EXTERNAL_STORAGE)) {

                    // パーミッションがない場合はRuntimePermissionを要求して処理終了
                    ActivityCompat.requestPermissions(MainActivity.this, ⏎
new String[]{Manifest.permission.WRITE_EXTERNAL_STORAGE}, REQUEST_⏎
RUNTIME_PERMISSION);
                    return;
                }
            }

            // 読み書き実行
            readOrWrite();
        }
    }
```

②

3 AndroidManifest.xmlを編集する

app/src/main/AndroidManifest.xmlファイルを開いて、リスト2のように編集してください。

リスト2 AndroidManifest.xml

```xml
<manifest xmlns:android="http://schemas.android.com/apk/res/android"
    package="com.kayosystem.honki.chapter08.lesson33">
    <uses-permission android:name="android.permission.WRITE_EXTERNAL_⏎
STORAGE" />
    <application
        android:allowBackup="true"
```
(中略)
```xml
</manifest>
```

4 アプリを実行する

アプリを実行すると図2のような画面が表示されます。このアプリは簡単なテキストエディタとしての機能を備えています。書き込み手順は、テキストを入力して❶、保存フォルダを選択します❷。[書き込み]ボタンをクリックすると❸、「Lesson33.txt」というファイルが保存されます。読み込み手順は、保存フォルダを選択後に、[読み込み]ボタンで「Lesson33.txt」の内容を読み取ってテキスト入力フィールドに表示します。

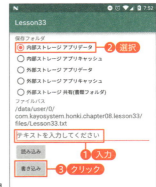

図2 アプリの実行結果

講義　ストレージについて

≫ ストレージとは

　ストレージとはファイルを格納する記憶領域のことです。アプリの目的によって画像や動画、音声、キャッシュ、データベースなどさまざまなファイルを扱うことがあります。これらのファイルの保存先には以下のような特徴があります。

≫ ストレージの種類

　Androidデバイスには「内部ストレージ」と「外部ストレージ」の2つの記憶領域があります。
　内部ストレージはシステム領域となっているため、ユーザーはアクセスできません。一方、外部ストレージは自由にユーザーがアクセスできる記憶領域です。
　内部ストレージにはアプリごとにファイルを読み書きできる専用のディレクトリが割り当てられ、そのアプリに限ってはパーミッションなしで読み書きできます。ユーザーや他アプリに見せたくないデータベースファイルや、ユーザーが見てもあまり意味がない画像キャッシュなどを保存すると良いでしょう。getFilesDirメソッドでデータディレクトリ、getCacheDirメソッドでキャッシュディレクトリが取得できます。
　外部ストレージにもアプリごとに専用のディレクトリが割り当てられ、パーミッション不要でファイルの読み書きができます。ただしユーザーや他アプリからも見ることができるので、アプリで扱うファイルやバックアップ、設定ファイル、キャッシュなど自由に閲覧や編集されても問題のないデータを保存しましょう。ContextCompat.getExternalFilesDirsメソッドでデータディレクトリ、ContextCompat.getExternalCacheDirsメソッドでキャッシュディレクトリが取得できます。
　アプリをアンインストールした時、これらのディレクトリは内部ストレージ／外部ストレー

ジともに削除されます。

内部ストレージと外部ストレージの違いは表1の通りです。

表1 内部ストレージと外部ストレージのアクセス可否

記憶領域		ユーザーがアクセス可能か	アプリからパーミッションなしでアクセス可能か	メソッド名
内部ストレージ	アプリデータ	×	○	Contextクラス getFiresDir
	アプリキャッシュ	×	○	Contextクラス getCacheDir
外部ストレージ	アプリデータ	○	○	ContextCompat.getExternalFilesDirs
	アプリキャッシュ	○	○	ContextCompat.getExternalCacheDirs
	共有	○	△※	Environment.getExternalStoragePublicDirectory

※読み込みのみの場合はREAD_EXTERNAL_STORAGE、読み書きの場合はWRITE_EXTERNAL_STORAGEのパーミッションが必要。

≫ パーミッションを必要とする外部ストレージ領域

外部ストレージには、写真や書類、音楽などデータ共有を目的としたフォルダがいくつか用意されています。そのような自身のアプリディレクトリ以外の外部ストレージ領域にあるファイルを読み込んだり書き込んだりする時にはAndroidManifest.xmlファイルへのパーミッション追加が必要です。READ_EXTERNAL_STORAGEは、読み込みのみの権限が付与されます。WRITE_EXTERNAL_STORAGEのパーミッションを追加すると書き込みだけでなく読み込みの権限も付与されます。アプリが削除されてもファイルは保持されます。

リスト3 AndroidManifest.xmlファイルへのパーミッション追加（実習のリスト2）

```xml
<manifest xmlns:android="http://schemas.android.com/apk/res/android"
    package="com.kayosystem.honki.chapter08.lesson33">
    <uses-permission android:name="android.permission.WRITE_EXTERNAL_STORAGE" />
    <application
        android:allowBackup="true"
(中略)
</manifest>
```

≫ APIレベル19（KitKat）より前のパーミッション設定

APIレベル19から、getExternalFilesDirメソッドとgetExternalCacheDirメソッドで取得できる外部ストレージのアプリケーションディレクトリへの読み書きはREAD_EXTERNAL_STORAGEやWRITE_EXTERNAL_STORAGEのパーミッションを必要としなくなりました。

しかし、それより低いAndroidのバージョンでは例外が発生してしまいます。このような場合は、AndroidManifest.xmlにリスト4のように記述することで、APIレベル18以下の場合のみユーザーにパーミッションを要求できます。

リスト4 APIレベル18以下の場合のみパーミッションを要求するAndroidManifest.xmlの例

```
    <uses-permission android:name="android.permission.WRITE_EXTERNAL_
STORAGE"
                     android:maxSdkVersion="18" />
```

≫ RuntimePermissionによる権限要求

RuntimePermissionとは、APIレベル23から導入されたパーミッションモデルです。AndroidManifest.xmlにパーミッションを記述しておき、必要になった時にユーザーに権限を求めます。PermissionChecker.checkSelfPermissionメソッドで、すでに権限が付与されているかを調べることができます（リスト5）。権限がない場合は、ActivityCompat.requestPermissionsメソッドでユーザーに対して権限を要求して読み書き処理はせずに終了します（図3）。

図3 WRITE_EXTERNAL_STORAGE権限の要求ダイアログ

リスト5 ［読み込み］、［書き込み］ボタンクリック時の処理（実習のリスト1②）

```
    @Override
    public void onClick(View view) {

        mLastSelectedButtonId = view.getId();

        if (R.id.radioExternalShare == mRadioGroup.
getCheckedRadioButtonId()) {

            if (PackageManager.PERMISSION_GRANTED != PermissionChecker.
checkSelfPermission(MainActivity.this, Manifest.permission.WRITE_
EXTERNAL_STORAGE)) {

                // パーミッションがない場合はRuntimePermissionを要求して処理終了
                ActivityCompat.requestPermissions(MainActivity.this,
new String[]{Manifest.permission.WRITE_EXTERNAL_STORAGE}, REQUEST_
```

```
        RUNTIME_PERMISSION);
                return;
            }
        }

        // 読み書き実行
        readOrWrite();
    }
```

　権限の要求結果は、onRequestPermissionsResultメソッドをオーバーライドすることで受け取ることができます（リスト6）。許可された場合は読み書き処理を実行します。

リスト6 権限要求の結果を受け取る（実習のリスト1①）

```
    @Override
    public void onRequestPermissionsResult(int requestCode, @NonNull
String[] permissions, @NonNull int[] grantResults) {

        switch (requestCode) {
            case REQUEST_RUNTIME_PERMISSION: {
                if (grantResults.length > 0 && grantResults[0] ==
PackageManager.PERMISSION_GRANTED) {

                    readOrWrite();
                } else {
                    Toast.makeText(MainActivity.this, "パーミッションがないた
め実行できませんでした", Toast.LENGTH_SHORT).show();
                }
                return;
            }
        }
    }
```

> **まとめ**
>
> - ストレージの種類には、内部ストレージと外部ストレージがあります。
> - アプリデータ領域、アプリキャッシュ領域は、内部ストレージ・外部ストレージともにパーミッションが不要です。
> - 共有ディレクトリにアクセスする場合は、READ_EXTERNAML_STORAGEやWRITE_EXTERNAL_STORAGEのパーミッションが必要です。
> - ユーザーに見せたくないファイルは内部ストレージに保存します。
> - ユーザーに見られてもいいファイルは外部ストレージに保存します。

CHAPTER 08　データを使いこなそう

LESSON 34　Realmを使って データベースアプリを作る

□ レッスン終了

サンプルファイル　📁 Chapter08 ＞ 📁 Lesson34 ＞ 📁 before

このLESSONでは、Realm（レルム）データベースを使ったデータの基本機能（生成・読み取り・更新・削除）について解説します。メイン画面でRealmで管理しているデータの一覧を表示、詳細画面でデータの登録や更新ができるアプリを作ります。

ネコの名前を管理するアプリの実行画面

実習　Realmデータベースを使ったアプリを実装する

1　サンプルプロジェクトをインポートする

サンプルプロジェクト「Chapter08/Lesson34/before」をインポートします。[Welcome to Android Studio]画面から[Import project（Eclipse ADT, Gradle, etc.）]を選択します（図1 ❶）。[ファイル選択]ダイアログが表示されるので、インポートしたいプロジェクトのフォルダ（Lesson34/before）を選択して❷、[OK]ボタンをクリックします❸。読み込みが完了するとプロジェクトを開いた状態になるので、[Android]から[Project]に変更しておきます❹。

図1 サンプルプロジェクトをインポートする

2 Realmプラグインの参照を追加する

before/build.gradleファイルを開いて、リスト1のように編集してください。build.gradleを変更した際、「Gradle files have changed since last project sync. A project sync may be necessary for the IDE to work properly.」のメッセージが出ることがあります（図2❶）*1。その場合、メッセージの右側に表示される[Sync Now]をクリックしてください❷*2。

*1
Gradleファイルの変更内容によっては、ライブラリの追加・削除・変更が必要になる場合があり、そのタイミングでこのメッセージが表示されます。

*2
以降のLESSONでbuild.gradleの編集をする際には、同様に対応してください。

リスト1 before/build.gradle

```
（中略）
dependencies {
    classpath 'com.android.tools.build:gradle:2.2.1'
    classpath "io.realm:realm-gradle-plugin:1.1.0"
}
```

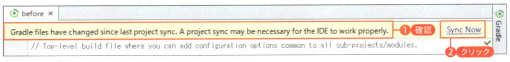

図2 Sync Now

3 appフォルダ下のbuild.gradleファイルを編集する

app/build.gradleファイルを開き、リスト2のように編集してください。右側に表示される[Sync Now]をクリックしてください（手順 2 図2）。

リスト2 app/build.gradle

```
apply plugin: 'com.android.application'
apply plugin: 'realm-android'
（中略）
dependencies {
    compile fileTree(dir: 'libs', include: ['*.jar'])
    compile 'com.android.support:appcompat-v7:24.+'
    compile 'io.realm:android-adapters:1.2.1'
}
```

4 MyApplicationを編集する

app/src/main/java/（Company Domain名）/MyApplication.javaファイルを開き、リスト3のように編集してください。

リスト3 MyApplication.java

```
package com.kayosystem.honki.chapter08.lesson34;

import android.app.Application;

import io.realm.Realm;
import io.realm.RealmConfiguration;

public class MyApplication extends Application {

    @Override
    public void onCreate() {
        super.onCreate();

        RealmConfiguration realmConfig = new RealmConfiguration.Builder⏎
(this).build();
        Realm.setDefaultConfiguration(realmConfig);
    }
}
```
①

5 **Cat.javaを編集する**

app/src/main/java/(Company Domain名)/Cat.javaを開き、リスト4のように編集してください。

リスト4 Cat.java

```
package com.kayosystem.honki.chapter08.lesson34;

import io.realm.RealmObject;
import io.realm.annotations.PrimaryKey;

public class Cat extends RealmObject {

    @PrimaryKey
    public long id;
（中略）
```

6 **MyAdapterを編集する**

app/src/main/java/(Company Domain名)/MyAdapter.javaを開き、リスト5のように編集してください。

リスト5 MyAdapter.java

```java
package com.kayosystem.honki.chapter08.lesson34;

import android.content.Context;
import android.view.LayoutInflater;
import android.view.View;
import android.view.ViewGroup;
import android.widget.ImageView;
import android.widget.ListAdapter;
import android.widget.TextView;

import io.realm.OrderedRealmCollection;
import io.realm.RealmBaseAdapter;

public class MyAdapter extends RealmBaseAdapter<Cat> implements
ListAdapter {

    private Context mContext;
    private DeleteListener mListener;

    private static class ViewHolder {
        TextView cat;
        ImageView delete;
    }

    public void setCallback(DeleteListener callback){
        mListener = callback;
    }

    public interface DeleteListener {
        void delete(long catId);
    }

    public MyAdapter(Context context, OrderedRealmCollection<Cat> cats) {
        super(context, cats);
        this.mContext = context;
    }

    @Override
    public long getItemId(int position) {
        return getItem(position).getId();
    }

    @Override
    public View getView(final int position, View convertView, ViewGroup
```

```java
parent) {

    ViewHolder viewHolder;
    if (convertView == null) {
        convertView = LayoutInflater.from(mContext).inflate(R.layout.list_item_row, parent, false);
        viewHolder = new ViewHolder();
        viewHolder.cat = (TextView) convertView.findViewById(R.id.txtName);

        ImageView delete = (ImageView) convertView.findViewById(R.id.imageDelete);
        delete.setTag(getItemId(position));
        delete.setOnClickListener(new View.OnClickListener() {
            @Override
            public void onClick(View v) {
                mListener.delete((long) v.getTag());
            }
        });
        viewHolder.delete = delete;

        convertView.setTag(viewHolder);
    } else {
        viewHolder = (ViewHolder) convertView.getTag();
        viewHolder.delete.setTag(getItemId(position));
    }

    viewHolder.cat.setText(getItem(position).getName());
    return convertView;
}
}
```

7 MainActivityを編集する

app/src/main/java/(Company Domain名)/MainActivity.javaを開き、リスト6のように編集してください。

リスト6 MainActivity.java

```java
package com.kayosystem.honki.chapter08.lesson34;
(中略)
import io.realm.Realm;
import io.realm.RealmResults;

public class MainActivity extends AppCompatActivity implements MyAdapter.DeleteListener{
```

```java
    private static final String[] initData = {"黒猫", "白猫", "虎猫", 
"三毛猫", "錆び猫", "はちわれ"};

    private Realm mRealm;
(中略)
    /**
     * 初期データを追加します
     * 保存しているデータが0件の場合は、サンプルデータを作成します
     */
    private void initCat(){

        mRealm = Realm.getDefaultInstance();

        // すべてのCatを取得します
        RealmResults<Cat> cats = mRealm.where(Cat.class).findAll().
sort("id");                                                              ①
        if (cats.size() == 0) {

            // データが無い場合は初期データを追加
            mRealm.beginTransaction();
            for (int i = 0; i < initData.length; i++) {
                Cat cat = mRealm.createObject(Cat.class, i);             ②
                cat.setName(initData[i]);
            }
            mRealm.commitTransaction();
        }

        mAdapter = new MyAdapter(this, cats);
        mListView.setAdapter(mAdapter);
        mAdapter.setCallback(this);
    }

    /**
     * Catを削除します
     * @param catId
     */
    private void deleteCat(long catId){
        final long id = catId;
        mRealm.executeTransaction(new Realm.Transaction() {
            @Override
            public void execute(Realm realm) {
                Cat cat = realm.where(Cat.class).equalTo("id", id).      ③
findFirst();
                cat.deleteFromRealm();
```

```
            }
        });
    }

    @Override
    protected void onDestroy() {
        super.onDestroy();

        mRealm.close();
    }
(中略)
```

8 DetailActivityを編集する

app/src/main/java/(Company Domain名)/DetailActivity.javaを開き、リスト7のように編集してください。

リスト7 DetailActivity.java

```
package com.kayosystem.honki.chapter08.lesson34;

import android.os.Bundle;
import android.support.v7.app.AppCompatActivity;
import android.text.TextUtils;
import android.view.View;
import android.view.WindowManager;
import android.widget.EditText;

import io.realm.Realm;
import io.realm.RealmResults;
import io.realm.Sort;

public class DetailActivity extends AppCompatActivity implements View.
OnClickListener {

    private Realm mRealm;
    private EditText mEditName;
    private long mCat_id;
    (中略)
    /**
     * 主キーを生成します。
     *
     * @return 次のID
     */
    public long nextCatId() {
        RealmResults<Cat> results = mRealm.where(Cat.class).findAll().
sort("id", Sort.DESCENDING);
```

```java
        if (results.size() > 0) {
            return results.first().getId() + 1;
        }
        return 0;
    }
    /**
     * 初期データの設定
     */
    private void initData(){
        mRealm = Realm.getDefaultInstance();

        String cat_id = getIntent().getStringExtra("cat_id");
        if (TextUtils.isEmpty(cat_id)) {

            // データが無い場合は新しいIDを取得
            mCat_id = nextCatId();
        } else {

            // データがある場合は更新
            mCat_id = Long.parseLong(cat_id);
            mEditName.setText(mRealm.where(Cat.class).equalTo("id", mCat_↵
id).findFirst().getName());
            mEditName.setSelection(mEditName.getText().length());
        }
    }

    /**
     * Catを追加します
     */
    public void insert() {
        mRealm.executeTransaction(new Realm.Transaction() {
            @Override
            public void execute(Realm realm) {
                Cat cat = new Cat();
                cat.setId(mCat_id);
                cat.setName(mEditName.getText().toString());
                realm.insertOrUpdate(cat);
            }
        });
    }

    @Override
    protected void onDestroy() {
        super.onDestroy();
```

```
        mRealm.close();
    }
}
```

9 AndroidManifest.xmlを編集する

app/src/main/AndroidManifest.xml ファイルを開いて、リスト8 のように編集してください。

リスト8 AndroidManifest.xml

```xml
<manifest xmlns:android="http://schemas.android.com/apk/res/android"
    package="com.kayosystem.honki.chapter08.lesson34">
    <application
        android:name="com.kayosystem.honki.chapter08.lesson34.↵
MyApplication"
        android:allowBackup="true"
```
(中略)
```xml
</manifest>
```

10 アプリを実行する

アプリを実行すると、メイン画面にはネコの名前が一覧表示されます（図3）。このアプリはネコの名前を管理するアプリです。リストアイテムをクリックすると❶、更新画面（図4）が開くので、値を編集して❷、[OK]ボタンをクリックすると❸、データが更新されます。データの削除はリストアイテムにある削除ボタン（🗑）をクリックします。データの追加は、メニューの[ADD]ボタンをクリックすると追加画面が表示されるので、値を入力して[OK]ボタンをクリックするとデータが追加されます。

図3 メイン画面

図4 追加・更新画面

| 講義 | **Realmについて** |

» Realmとは

　業務アプリ開発の現場では、アプリでデータベースを使用することがほとんどです。これまではAndroidで標準サポートされているSQLiteやO/Rマッパーを使って開発することが多かったのですが、最近になってRealmが使われる事例を見かけるようになってきました。

　Realmとは、SQLiteを置き換えることを目的としたオープンソースのモバイル向けデータベースです（執筆時の最新バージョンは1.1.0で、ライセンスはApache License 2.0です）。

　RealmはSQLiteと比べると高速で、データ追加で2～3倍、データ取得においては約7倍もの性能が特長です。また、SQLiteを使うためにはSQLに関するある程度の知識が必要ですが、Realmを使えばSQLを知らなくてもデータベースを扱うことができます*。

*
紙面の都合上すべての機能を説明できないため、より詳しい情報については公式サイトを参照してください。日本語ドキュメントも準備されています。

Realm Java
URL https://realm.io/jp/docs/java/latest/

» Realmのインストール

　Realmを使用するためには、プロジェクトトップレベルのbuild.gradle（リスト9）へのRealm Gradleプラグインの追加と、アプリレベルのbuild.gradle（リスト10）へのrealm-androidプラグインの適用が必要です。Realm上のデータをListViewに表示するためのRealm Android Adapterライブラリモジュールも追加します。これでインストールは完了です。

リスト9 Realm Gradleプラグインを追加（実習のリスト1）

```
dependencies {
    classpath 'com.android.tools.build:gradle:2.2.1'
    classpath "io.realm:realm-gradle-plugin:1.1.0"
}
```

リスト10 Realmの適用と、Realm Adapterモジュールの追加（実習のリスト2）

```
apply plugin: 'com.android.application'
apply plugin: 'realm-android'
（中略）
dependencies {
    compile fileTree(dir: 'libs', include: ['*.jar'])
    compile 'com.android.support:appcompat-v7:24.+'
    compile 'io.realm:android-adapters:1.2.1'
}
```

»データベースの作成

アプリ全体で1つのRealmデータベースを使用する場合には、カスタムApplicationクラスを作り、onCreateメソッド内でRealmの設定をします。

リスト11のようにRealmConfigurationインスタンスを生成し、RealmクラスのsetDefaultConfigurationメソッドのパラメータとして指定します。

デフォルト設定では、default.realmというデータベースファイルが内部ストレージのアプリデータ領域に生成されます（Context.getFilesDirメソッドで取得できるディレクトリ）。アプリがアンインストールされた時には、このデータベースファイルは削除されます。

リスト11 Realmデータベースの設定（実習のリスト3①）

```
        RealmConfiguration realmConfig = new RealmConfiguration.Builder⏎
(this).build();
        Realm.setDefaultConfiguration(realmConfig);
```

»データベースの利用

データベースを利用するためには、Realm.getDefaultInstanceメソッドを使ってRealmインスタンスを取得する必要があります。

インスタンス取得はActivityのonCreateメソッドに実装します。インスタンスの解放は、Realmインスタンスが不要になった際にリソース解放を忘れないようにするためActivityのonDestroyメソッドでcloseメソッドを呼び出します。FragmentではonDestroyメソッドが呼ばれない場合があるので、onStartメソッド／onStopメソッドでcloseメソッドを呼び出します。

»モデルの作成

データを追加・削除・検索するためには、RealmObjectを継承したモデルの作成が必要です。リスト12では、「Cat」というモデルに「id」「name」のメンバ変数と、それぞれのgetterとsetterを記述しています。モデルとして記述できる型は、boolean、byte、short、int、long、float、double、String、Date、byte[]です。Boolean、Byte、Short、Integer、Long、Float、Double型も使用可能でnullを設定することができます。

PrimaryKeyアノテーション①を指定すると、同じidでデータを追加しようとするとエラーが発生するようになるので、データの整合性をとることができます。アノテーションには、他にも@Index、@Required、@Ignoreがあります（表1）。

リスト12 Realmモデルクラス（実習のリスト4）

```java
package com.kayosystem.honki.chapter08.lesson34;

import io.realm.RealmObject;
import io.realm.annotations.PrimaryKey;

public class Cat extends RealmObject {

    @PrimaryKey                                              ①
    public long id;
    public String name;

    public long getId() {
        return id;
    }

    public void setId(long id) {
        this.id = id;
    }

    public String getName() {
        return name;
    }

    public void setName(String name) {
        this.name = name;
    }
}
```

表1 モデルで指定できるアノテーション

アノテーション	概要	指定できる型
@Index	フィールドに検索インデックスを作成する。データの追加は遅くなるが、検索時間が短くなる	String、byte、short、int、long、boolean、Date
@Required	フィールドに指定するとnullを禁止することができる	Boolean、Byte、Short、Integer、Long、Float、Double、String、byte[]、Date
@Ignore	データベースに保存したくないフィールドに指定する	ー

　他のデータと関連を持たせる場合には、RealmObject、もしくはRealmResultsを設定します（リスト13）。

リスト13 他のデータとの関連を持たせる場合の例

```
public class Cat extends RealmObject {
    public Person person;
    public RealmList<Friend> friends;
}
```

≫データの取得

データを取得するには、Realmインスタンスに対してwhereメソッドで対象モデルを決定し、クエリを使ってデータを絞り込み（表2）、最後にfindAllメソッドを呼び出します。

取得したデータはRealmResults型で、sortメソッドを呼び出すことによって並べ替えることができます（リスト14、リスト15）。

リスト14 すべてのCatをidでソートして取得（実習のリスト6①）

```
        // すべてのCatを取得します
        RealmResults<Cat> cats = mRealm.where(Cat.class).findAll().
sort("id");
```

リスト15 クエリを使ったデータの絞り込み例

```
        //nameが「黒」で始まるCatを取得します
        RealmResults<Cat> cats = mRealm.where(Cat.class).
beginsWith("name","黒").findAll().sort("id");
```

表2 クエリの種類

クエリ	説明
between	範囲指定
greaterThan	指定条件より大きい
lessThan	指定条件より小さい
greaterThanOrEqualTo	指定条件以上
lessThanOrEqualTo	指定条件以下
equalTo	指定条件と等しい
notEqualTo	指定条件と等しくない
contains	指定条件を含んでいる
beginsWith	指定した条件で始まる
endsWith	指定した条件で終わる
isNull	nullである
isNotNull	nullではない
isEmpty	空である
isNotEmpty	空ではない

≫データの追加

　Realmではデータを書き込む処理（追加、更新、削除）は、必ずトランザクション内で実行する必要があります。mRealm.beginTransactionメソッドでトランザクションを開始して、データを変更し、mRealm.commitTransactionメソッドでトランザクションを終了すると変更が確定します（リスト16）。サンプルアプリでは実装していませんが、エラーなどが発生した場合、RealmクラスのcancelTransactionメソッドでトランザクションをキャンセルすると、変更を無効にしてトランザクションを開始する前の状態に戻すことができます。データの追加はmRealm.createObjectメソッド、もしくはcopyToRealmメソッドを使います。第一引数で、Realmモデルクラスを指定し、第二引数で主キーを指定します。Realm1.1.0からInsertメソッドが追加されました。このメソッドは、オブジェクトを返り値として返しませんがデータの追加を高速に行うことができます。

リスト16 データの追加（実習のリスト6②）

```java
        // データが無い場合は初期データを追加
mRealm.beginTransaction();
for (int i = 0; i < initData.length; i++) {
    Cat cat = mRealm.createObject(Cat.class, i);
    cat.setName(initData[i]);
}
mRealm.commitTransaction();
```

≫データの削除

　データの削除もトランザクション内で実行する必要があります。RealmクラスのbeginTransactionメソッド、commitTransactionメソッドの代わりにexecuteTransactionメソッドを使えば、トランザクションの開始と終了が自動で完了します（リスト17）。第一引数にはRealm.Transactionインスタンスを指定します。executeメソッドをオーバーライドしてデータを更新します。データの削除はRealmObjectのdeleteFromRealmメソッドを使用します。注意点としてRealmインスタンスは、executeメソッドのパラメータを使う必要があります。

リスト17 データの削除（実習のリスト6③）

```java
        mRealm.executeTransaction(new Realm.Transaction() {
    @Override
    public void execute(Realm realm) {
        Cat cat = realm.where(Cat.class).equalTo("id", id).findFirst();
        cat.deleteFromRealm();
    }
});
```

» Realm Android Adapterの使い方

Realmの検索結果をListViewで表示するためのAdapterがRealmBaseAdapterです。RealmBaseAdapterを継承したクラス①を作成して、コンストラクタ②を記述します（リスト18）。

コンストラクタ第二引数のOrderedRealmCollectionには、RealmResultsを指定します。

通常カスタムAdapterを作成する場合、ListAdapterインターフェースのメソッドを実装する必要がありますが、RealmBaseAdapterを継承することによって記述を省略することができます。

リスト18 RealmBaseAdapterの作成

```
public class MyAdapter extends RealmBaseAdapter<Cat> implements ⏎
ListAdapter {                                                        ①

    private Context mContext;
    private DeleteListener mListener;

    private static class ViewHolder {
        TextView cat;
        ImageView delete;
    }

    public MyAdapter(Context context, OrderedRealmCollection<Cat> cats) {  ②
        super(context, cats);
        this.mContext = context;
    }
```

ListAdapterインターフェースの実装を変更したい場合は必要に応じてオーバーライドします（リスト19）。RealmBaseAdapternのgetItemIdメソッドはpositionを返すようになっているのですが、サンプルアプリではCatモデルのidを返したいのでオーバーライドしています。

リスト19 Catモデルのidを返すためにgetItemIdをオーバーライド

```
    @Override
    public long getItemId(int position) {
        return getItem(position).getId();
    }
```

» マイグレーションについて

マイグレーションとは、データを保持したままデータベースの変更を行う仕組みです。

一度でもサンプルアプリを動かした後にCatモデルを変更しアプリを起動しようとすると

リスト20のようなエラーになります。これはGoogle Playストアでバージョンアップのリリース時に、モデルの変更がある場合、エラーでアプリが起動しなくなったり、意図した動作をしなくなったりすることを意味します。

リスト20 Catモデル変更後にアプリを実行した際のエラーログ

```
com.kayosystem.honki.chapter08.lesson34 E/AndroidRuntime: FATAL EXCEPTION:⏎
main
Process: com.kayosystem.honki.chapter08.lesson34, PID: 30122
java.lang.RuntimeException: Unable to start activity ComponentInfo{com.⏎
kayosystem.honki.chapter08.lesson34/com.kayosystem.honki.chapter08.⏎
lesson34.MainActivity}: io.realm.exceptions.RealmMigrationNeeded⏎
Exception: RealmMigration must be provided
```

　対処方法としては、データベースを消去してしまって良い場合は、リスト21のようにMyApplicationクラスのonCreateメソッドに実装しているRealmConfigurationインスタンスの取得を書き換えます。モデルに変更があった場合はデータベースが初期化されるようになります。

リスト21 マイグレーションが必要になるとデータベースを初期化する設定例

```
RealmConfiguration realmConfig = new RealmConfiguration.Builder(this).⏎
deleteRealmIfMigrationNeeded().build();
Realm.setDefaultConfiguration(realmConfig);
```

　データベースを消去したくない場合には、マイグレーションが必要です。RealmConfigurationインスタンスに、新しいスキーマバージョンの指定①と、RealmMigrationインスタンスを指定②します（リスト22）。スキーマバージョンに指定できる値はlongです。migrationメソッドの引数にはRealmMigrationインスタンスを指定します。スキーマバージョンが変わっていればmigrateメソッド③が呼び出されます。migrateメソッドの第二引数が旧バージョンの値、第三引数が新バージョンの値となっているので、これを使ってスキーマを変更します。

リスト22 Catモデルにkindフィールドを追加する場合の例

```
    RealmConfiguration realmConfig = new RealmConfiguration.Builder(this).⏎
schemaVersion(1).migration(migration).build();                              ①
    Realm.setDefaultConfiguration(realmConfig);
(中略)
    RealmMigration migration = new RealmMigration() {                       ②
        @Override
        public void migrate(DynamicRealm realm, long oldVersion, long ⏎
newVersion) {                                                               ③
            RealmSchema schema = realm.getSchema();
            if (oldVersion == 0) {
```

```
                // バージョン0からバージョン1の変更
                schema.get("Cat")
                        .addField("kind", String.class);
                oldVersion++;
            }
            if (oldVersion == 1) {
                // バージョン1からバージョン2の変更
                // 何らかのスキーマの変更
                oldVersion++;
            }
        }
    };
```

> **まとめ**
>
> - Realmはマルチプラットフォーム対応のモバイルデータベースです。
> - メモリリークを防ぐため、Realmインスタンスは、onCreateメソッドで生成して、onDestroyメソッドで破棄します。
> - データの追加・更新・削除は、必ずトランザクション内で実行する必要があります。
> - Realm Android Adapterを使えばListViewの実装が簡単になります。
> - モデルの変更時にデータを削除したくない場合は、マイグレーションが必要です。

CHAPTER 08　データを使いこなそう

LESSON 35　OkHttpを使ってインターネット上のデータを処理する

☐ レッスン終了　　サンプルファイル　📁 Chapter08 ＞ 📁 Lesson35 ＞ 📁 before

このLESSONでは、インターネット上にある色を定義したJSONデータを解析し、画面にリスト表示するアプリを作成します。

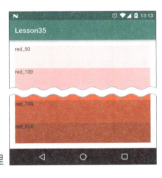

インターネットのデータを処理

実習　OkHttpを使ったデータの処理を実装する

1　サンプルプロジェクトをインポートする

サンプルプロジェクト「Chapter08/Lesson35/before」をインポートします。[Welcome to Android Studio]画面から[Import project(Eclipse ADT, Gradle, etc.)]を選択します（図1❶）。[ファイル選択]ダイアログが表示されるので、インポートしたいプロジェクトのフォルダ(Lesson35/before)を選択して❷、[OK]ボタンをクリックします❸。読み込みが完了するとプロジェクトを開いた状態になるので、[Android]から[Project]に変更しておきます❹。

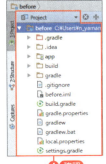

図1　サンプルプロジェクトをインポートする

2 MainActivityのレイアウトを編集する

app/src/main/res/layout/activity_main.xmlファイルを開いて、リスト1のように編集します。

リスト1 activity_main.xml

```xml
<FrameLayout
（中略）
tools:context=".MainActivity">
    <ScrollView
        android:id="@+id/scrollView"
        android:layout_width="match_parent"
        android:layout_height="match_parent"
        android:layout_centerVertical="true">

        <LinearLayout
            android:id="@+id/colorsLayout"
            android:layout_width="match_parent"
            android:layout_height="match_parent"
            android:orientation="vertical"/>
    </ScrollView>

</FrameLayout>
```

3 色の部分のレイアウトを作成する

[Project]に変更されていることを確認して（図2❶）、app/src/main/res/layoutフォルダを右クリックして❷、メニューから[New]❸→[Layout resource file]❹を選択します。[New Layout Resource File]ダイアログが表示されるので、「File name」に「color_row」❺、「Root element」に「TextView」と入力して❻、[OK]ボタンをクリックしてください❼。

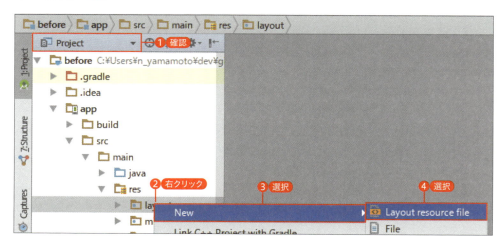

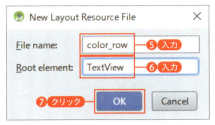

図2 色の部分のレイアウトを作成

4 色の部分のレイアウトを編集する

手順3で作成したapp/src/main/res/layout/color_row.xmlを開いて、リスト2のように編集してください。ここでは、アプリで最低限必要な高さを修正しています。

リスト2 color_row.xml

```xml
<?xml version="1.0" encoding="utf-8"?>
<TextView xmlns:android="http://schemas.android.com/apk/res/android"
    android:layout_width="match_parent" android:layout_height="match_parent"
    android:minHeight="?android:attr/listPreferredItemHeight">
</TextView>
```

5 build.gradleファイルにOkHttpライブラリの参照を追加する

app/build.gradleファイルを開いて、リスト3のように編集してください*。

＊
build.gradleを変更した際にメッセージが表示された場合は、LESSON 34の実習の手順2を参考にしてください。

リスト3 app/build.gradleファイル

```
dependencies {
    (中略)
    compile 'com.android.support:appcompat-v7:24.+'
    compile 'com.squareup.okhttp3:okhttp:3.4.1'
}
```

6 MainActivityのJavaプログラムを編集する

app/src/main/java/(Company Domain名)/MainActivity.javaを開いて、リスト4のように編集してください。

リスト4 MainActivity.java

```java
package com.kayosystem.honki.chapter08.lesson35;

import android.support.v7.app.AppCompatActivity;
import android.os.Bundle;
```

```java
import android.graphics.Color;
import android.view.ViewGroup;
import android.widget.LinearLayout;
import android.widget.TextView;
import android.widget.Toast;

import org.json.JSONArray;
import org.json.JSONException;
import org.json.JSONObject;

import java.io.IOException;

import okhttp3.Call;
import okhttp3.Callback;
import okhttp3.OkHttpClient;
import okhttp3.Request;
import okhttp3.Response;

public class MainActivity extends AppCompatActivity {

    private OkHttpClient mClient;
    private LinearLayout mColorsLayout;

    @Override
    protected void onCreate(Bundle savedInstanceState) {
        super.onCreate(savedInstanceState);
        setContentView(R.layout.activity_main);

        mColorsLayout = (LinearLayout) findViewById(R.id.colorsLayout);
        mClient = new OkHttpClient();

        loadColor();
    }

    private void loadColor() {
        mColorsLayout.removeAllViews();

        // 接続先
        String url = "https://raw.githubusercontent.com/yokmama/honki_↵
android/master/samples/colors.json";

        // リクエストを作成
        Request request = new Request.Builder().url(url).build();
        Call call = mClient.newCall(request);
```

①

```java
        // リクエストを非同期実行
        call.enqueue(new Callback() {
            @Override
            public void onResponse(Call call, Response response)
throws IOException {
                String body = response.body().string();

                JSONObject json = null;
                try {
                    json = new JSONObject(body);
                    JSONArray colorsArray = json.
getJSONArray("colorsArray");
                    for (int i = 0; i < colorsArray.length(); i++) {
                        JSONObject colorObject = colorsArray.
getJSONObject(i);
                        addItem(colorObject.getString("colorName"),
colorObject.getString("hexValue"));
                    }
                } catch (JSONException e) {
                    e.printStackTrace();
                }
            }

            @Override
            public void onFailure(Call call, IOException e) {
                Toast.makeText(MainActivity.this, "処理失敗", Toast.
LENGTH_SHORT).show();
            }
        });

    }


    private void addItem(String colorName, String hexValue) {
        final TextView item = (TextView) getLayoutInflater().inflate(R.
layout.color_row, null, false);

        item.setText(colorName);
        item.setBackgroundColor(Color.parseColor(hexValue));

        final LinearLayout.LayoutParams params = new LinearLayout.
LayoutParams(ViewGroup.LayoutParams.MATCH_PARENT, ViewGroup.
LayoutParams.WRAP_CONTENT);

        runOnUiThread(new Runnable() {
```

```
            @Override
            public void run() {
                mColorsLayout.addView(item, params);
            }
        });
    }
}
```

7 AndroidManifest.xmlにandroid.permission.INTERNETのパーミッションを追加する

app/src/main/AndroidManifest.xmlを開いて(リスト5)、android.permission.INTERNETのパーミッション①を追加してください。

リスト5 AndroidManifest.xml

```
<manifest xmlns:android="http://schemas.android.com/apk/res/android"
    package="com.kayosystem.honki.chapter08.lesson35">
    <uses-permission android:name="android.permission.INTERNET"/>    ←①
(中略)
</manifest>
```

8 アプリを実行する

アプリを実行すると、図3のような画面が表示されます。デバイスがインターネットに接続していれば、起動後すぐにインターネット上のJSONファイル*を取得し、データに含まれる色をリストで表示します。

* **URL** https://raw.githubusercontent.com/yokmama/honki_android/master/samples/colors.json

図3 アプリの実行結果

講義　OkHttpについて

≫ インターネットへのアクセス

　Androidアプリからのインターネットアクセスには2つの注意点があります。1つはアプリからのインターネットアクセスは基本的に禁止されているため、AndroidManifest.xmlに<uses-permission>要素によってandroid.permission.INTERNETのパーミッションを追加する必要があります(実習のリスト5)。

　もう1つは、Androidアプリからのインターネットアクセスはメインスレッドで処理してはいけません。図4のようなandroid.os.NetworkOnMainThreadExceptionエラーが発生し、アプリが強制終了します。

図4 android.os.NetworkOnMainThreadExceptionエラー

　これを回避するため、メインスレッドとは別にワーカースレッドを作成し、結果をメインスレッドへコールバックするように処理をするのが、インターネットアクセスの基本的な実装です。

　しかし、この処理は煩雑でプログラムが長くなりやすく、アプリの可読性が悪化し、品質にも影響します。そのため、最近ではインターネットアクセスに特化したライブラリを使うのが主流になっています。Androidで利用できるオープンソースのライブラリにはいくつか種類がありますが、本LESSONのサンプルではOkHttpを使用しています。

≫ OkHttpとは

　OkHttpはSquare製のネットワークライブラリです*。執筆時の最新バージョンは3.4.1で、ライセンスはApache License 2.0です。OkHttpの特徴は、以下の通りです。

*
URL http://square.github.io/okhttp/

- HTTP/2サポート
- 要求の待ち時間を減少させる接続プーリング(HTTP/2が利用できない場合)
- ダウンロードサイズの縮小
- 繰り返し要求の応答キャッシュによるネットワーク接続の回避

　なお、ネットワークへアクセスするライブラリにはOkHttp以外にも以下のようなものがありますので、お好みのライブラリを利用してください。

Android Universal Image Loader

非同期処理で画像を読むことに特化したライブラリです。内部にキャッシュすることで高速に処理できます。

URL https://github.com/nostra13/Android-Universal-Image-Loader

» OkHttpの導入

OkHttpを使用するには、アプリレベルのbuild.gradleにリスト6の一文を追加するだけです。

リスト6 build.gradleに追加する内容（実習のリスト3）

```
compile 'com.squareup.okhttp3:okhttp:3.4.1'
```

ただし、必ずしもバージョンが最新とは限らないので、利用する際は十分に注意してください。

» OkHttpの使い方

OkHttpでHTTP通信するには、Callのexecuteメソッド、もしくはenqueueメソッド①を使います（リスト7）。同期処理はexecuteメソッド、非同期処理はenqueueメソッドを使います。enqueueメソッドを使った場合は、処理に成功するとCallbackインターフェースのonResponseメソッドに結果が返されます。onResponseメソッドはワーカースレッドで動作しているためウィジェットに対する変更をする処理は、runOnUiThreadメソッド②を使ってメインスレッドのイベントキューにポストしています。

リスト7 Jsonデータを取得する例（実習のリスト4①）

```
        // リクエストを作成
        Request request = new Request.Builder().url(url).build();
        Call call = mClient.newCall(request);

        // リクエストを非同期実行
        call.enqueue(new Callback() {                                      ①
            @Override
            public void onResponse(Call call, Response response) throws
IOException {
                String body = response.body().string();

                JSONObject json = null;
                try {
                    json = new JSONObject(body);
                    JSONArray colorsArray = json.
getJSONArray("colorsArray");
```

```java
                    for (int i = 0; i < colorsArray.length(); i++) {
                        JSONObject colorObject = colorsArray.
getJSONObject(i);
                        addItem(colorObject.getString("colorName"),
colorObject.getString("hexValue"));
                    }
                } catch (JSONException e) {
                    e.printStackTrace();
                }

                (中略)
        });

    }

    private void addItem(String colorName, String hexValue) {
        final TextView item = (TextView) getLayoutInflater().inflate(R.
layout.color_row, null, false);

        (中略)
        final LinearLayout.LayoutParams params = new LinearLayout.
LayoutParams(ViewGroup.LayoutParams.MATCH_PARENT, ViewGroup.LayoutParams.
WRAP_CONTENT);

        runOnUiThread(new Runnable() {――――――――――――――――――――②
            @Override
            public void run() {
                mColorsLayout.addView(item, params);
            }
        });
    }
```

> **まとめ**
> - インターネットにアクセスする場合は<uses-permission>要素によってandroid.permission.INTERNETを追加しなければなりません。
> - インターネットアクセスは、アプリのメインスレッドで処理をしてはいけないので、必ず別スレッドを生成し処理してください。
> - インターネットアクセスの実装は手間がかかるので、外部ライブラリの利用も検討してみてください。

CHAPTER 08　データを使いこなそう

LESSON 36 Firebaseを使う

☐ レッスン終了　　サンプルファイル 📁 Chapter08 > 📁 Lesson36 > 📁 before

このLESSONでは、バックエンドサービスFirebaseのクラウドデータベースRealtime Databaseを使った勤怠管理のアプリを作成します。勤怠データはRealtime Databaseで管理します。

勤怠管理アプリの実行画面

講義　Webでの設定とFirebaseを使ったアプリを実装する

1 サンプルプロジェクトをインポートする

サンプルプロジェクト「Chapter08/Lesson36/before」をインポートします。［Welcome to Android Studio］画面から［Import project（Eclipse ADT, Gradle, etc.）］を選択します（図1❶）。［ファイル選択］ダイアログが表示されるので、インポートしたいプロジェクトのフォルダ（Lesson36/before）を選択して❷、［OK］ボタンをクリックします❸。読み込みが完了するとプロジェクトを開いた状態になるので、［Android］から［Project］に変更しておきます❹。

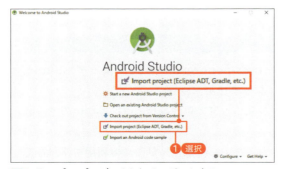

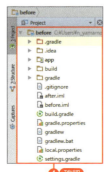

図1 サンプルプロジェクトをインポートする

2 Firebaseにログインする

Firebaseサービスを使用するには、Googleアカウントが必要です。FirebaseのWebサイト*を開いて、[コンソールへ移動]をクリックします（図2❶）。Googleのログイン画面が表示されるのでメールアドレスを入力して（図3❷）、[次へ]ボタンをクリックします❸。パスワードを入力してログインします。

*
URL https://firebase.google.com

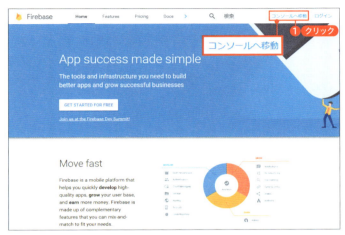

図2 FirebaseのWebサイト

図3 Googleログイン画面

3 新規プロジェクトを作成する

Firebaseコンソール画面で[新規プロジェクトを作成]ボタンをクリックして（図4❶）、「プロジェクト名」に「attendance-manager」と入力し❷、「国/地域」に[日本]を設定し

て❸、[プロジェクトを作成]ボタンをクリックします❹。

図4 新規プロジェクトの作成

4 セキュリティ設定を変更する

初期設定ではFirebaseデータベースのアクセスにユーザー認証が必要なため、権限を変更して認証なしで読み書きできるようにします*。

メニューから[Database]を選択して(図5❶)、[ルール]をクリックします❷。.readと.writeの設定値をどちらも「true」に変更して❸、[公開]ボタンをクリックします❹。

＊
今回はサンプルアプリのため、誰でもアクセスできるように権限を設定しました。一般公開するアプリの場合は、セキュリティルールを適切に設定して、認証やアクセス制限を設定する必要があります。

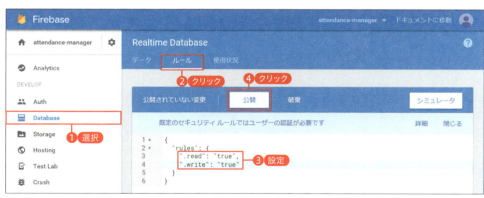

図5 セキュリティ設定の変更

5 AndroidアプリにFirebaseを追加する

メニューの[設定]ボタンをクリックして(図6❶)、[プロジェクトの設定]を選択します❷。[設定]画面が表示されるので、「アプリ」から[AndroidアプリにFirebaseを追加]をクリックします❸。「パッケージ名」にアプリレベルのbuild.gradleファイルのapplicationIdを指定して(図7❶)、[アプリを追加]ボタンをクリックします❷。「google-services.json」ファイルがダウンロードされたらブラウザでの作業は完了です。

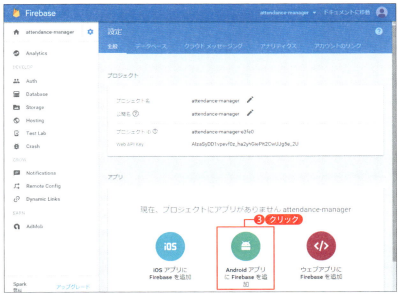

図6 AndroidアプリにFirebaseを追加

図7 パッケージの指定

6 「google-services.json」ファイルを移動する

ダウンロードした「google-services.json」ファイルをappフォルダに移動します（図8）。

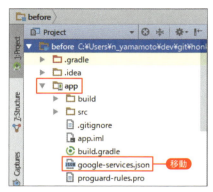

図8「google-services.json」ファイルの移動

7 GoogleサービスプラグインとFirebaseを追加する

プロジェクトレベルのbefore/build.gradleとアプリレベルのapp/build.gradleを、それぞれリスト1、リスト2のように変更します。

＊
build.gradleを変更した際にメッセージが表示された場合は、LESSON 34の実習の手順2を参考にしてください。

リスト1 build.gradle(プロジェクトレベル)

```
dependencies {
    classpath 'com.android.tools.build:gradle:2.2.1'
    classpath 'com.google.gms:google-services:3.0.0'
    // NOTE: Do not place your application dependencies here; they
belong
    // in the individual module build.gradle files
}
```

リスト2 build.gradle(アプリレベル)

```
(中略)
dependencies {
    compile fileTree(dir: 'libs', include: ['*.jar'])
    compile 'com.android.support:appcompat-v7:24.+'
    compile 'com.google.firebase:firebase-database:9.2.1'
}

apply plugin: 'com.google.gms.google-services'
```

8 AttendanceのJavaプログラムを編集する

app/src/main/java/(Company Domain名)/Attendance.javaを開いて、リスト3のように編集してください。

リスト3 Attendance.java

```java
package com.kayosystem.honki.chapter08.lesson36;

public class Attendance {

    public String arrive;
    public String leave;

    public void setLeave(String leave) {
        this.leave = leave;
    }

    public void setArrive(String arrive) {
        this.arrive = arrive;
    }

    public String getLeave() {
        return leave;
    }

    public String getArrive() {
        return arrive;
    }

}
```

9 MainActivityのJavaプログラムを編集する

app/src/main/java/(Company Domain名)/MainActivity.javaを開いて、**リスト4**のように編集してください。

リスト4 MainActivity.java

```java
package com.kayosystem.honki.chapter08.lesson36;
(中略)
import com.google.firebase.database.DataSnapshot;
import com.google.firebase.database.DatabaseError;
import com.google.firebase.database.DatabaseReference;
import com.google.firebase.database.FirebaseDatabase;
import com.google.firebase.database.Query;
import com.google.firebase.database.ValueEventListener;

import java.util.Calendar;
import java.util.HashMap;
import java.util.Map;
```

```java
public class MainActivity extends AppCompatActivity implements View.OnClickListener {

    private FirebaseDatabase database = FirebaseDatabase.getInstance();

    private TextView mTxtToday;
    private TextView mTxtHistory;
(中略)
    /**
     * Firebaseのデータベースからデータを取得する
     */
    private void setup() {

        DatabaseReference reference = database.getReference("attendance");
        Query query = reference.orderByKey();
        query.addValueEventListener(new ValueEventListener() {
            @Override
            public void onDataChange(DataSnapshot dataSnapshot) {

                mTxtHistory.setText(null);

                StringBuilder sb = new StringBuilder();
                for (DataSnapshot snapshot : dataSnapshot.getChildren()) {

                    String key = snapshot.getKey();
                    Attendance attendance = snapshot.getValue(Attendance.class);

                    sb.append(key).append(" ").append(attendance.arrive).append(" ").append(attendance.leave);
                    sb.append("¥n");
                }

                mTxtHistory.setText(sb.toString());
            }

            @Override
            public void onCancelled(DatabaseError databaseError) {
            }
        });
    }

    /**
     * 出社時間の追加
     * 同日に2回呼び出した場合は上書きする
```

```java
     *
     * @param date    年月日
     * @param arrive  出社時刻
     */
    private void add(String date, String arrive) {

        Attendance attendance = new Attendance();
        attendance.arrive = arrive;
        attendance.leave = "";

        DatabaseReference reference = database.getReference("attendance" + "/" + date);
        reference.setValue(attendance);
    }

    /**
     * 退社時間の更新
     *
     * @param date   年月日
     * @param leave  退社時刻
     */
    private void update(String date, String leave) {
        Map<String, Object> map = new HashMap<>();
        map.put("leave", leave);

        DatabaseReference reference = database.getReference("attendance" + "/" + date);
        reference.updateChildren(map);
    }
(中略)
}
```

10 アプリを実行する

アプリを実行すると図9のような画面が表示されます。これは簡単な勤怠管理アプリです。[出社]ボタンをクリックすると❶、日付と出社時刻が打刻されます❷。[退社]ボタンをクリックすると退社時刻が打刻されます。Webサイトでメニューの[Database]を選択して❸、[データ]をクリックします❹。[+]をクリックするとツリーが展開します。「arrive」の値をクリックして変更すると❺、データの更新をアプリが検知して表示が更新されます。

図9 アプリの実行結果

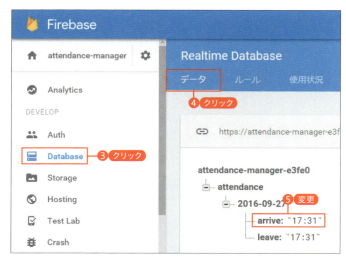

図10 Webサイトでのデータベースの閲覧

講義　Firebase Realtime Databaseについて

» Firebaseとは

　新しいサービスを立ち上げアプリを成功へ導くには、ユーザーの行動を調べたり、認証の仕組みやデータの保存、セキュリティ対策などのさまざまな機能を素早く準備することが必要です。このような機能はサーバーの準備や開発・運用が必要で、成功するかどうかわからない新規サービスでは大きなリスク要因となります。

　Firebaseとは、これらアプリの分析・開発・成長・マネタイズを支援するバックエンドサービス[*1]です。

　プランには無料プランと有料プランがあり、分析機能のAnalyticsや通知、クラッシュレポートなどの基本機能は無料となっています[*2]。詳しくは公式サイトを確認してください。

Firebase
URL https://firebase.google.com/
料金表
URL https://firebase.google.com/pricing/

[*1] Mobile Backend as a serviceと呼ばれています。

[*2] このLESSONで使用するRealtime Databaseは、制限内での利用は無料となっています。

≫ Realtime Databaseの特徴

サンプルアプリではFirebaseの中で、データベースを扱うサービスであるRealtime Databaseを使用しています。Realtime Databaseの特徴は以下の通りです（図11）。

- リアルタイム
- オフライン対応

図11 Firebase Realtime Database

　最大の特徴は、データの変更があった場合にFirebaseに接続している端末すべてのデータが瞬時に同期されることです。また、データを端末で保持しているのでオフラインの時でもデータを変更できます。端末が再接続すると自動で同期され整合性が保たれます。

≫ データ構造

　Realtime DatabaseではSQLデータベースのようにテーブルやレコードは無く、データはJSON（JavaScript Object Notation：ジェイソン）オブジェクトとして保持されます。JSONとは、軽量なデータ記述言語のことです。Realtime Databaseは、JSONオブジェクトのネストを32階層までサポートしています。

　ブラウザではJSONデータのインポート機能がありますが、配列を含んだデータ（リスト5）を取り込んだ場合は、Realtime Dabatbaseの制限でキー項目となるインデックスが自動で追加されます（図12）。

リスト5 インポートするJSONファイルの例

```
{
    "colorsArray": [
        {
            "colorName": "red_50",
            "hexValue": "#fde0dc"
        },
        {
            "colorName": "red_100",
            "hexValue": "#f9bdbb"
        }
    ]
}
```

図12 JSONファイルインポート後のJSONデータを
ブラウザで表示

» データの取得

　サンプルアプリでは、データを取得するために「DatabaseReference」と呼ばれるRealtime Databaseへの参照①を作り、QueryクラスのorderByKeyメソッドを使ってキーでの並び替え②をしています（リスト6、表1）。Queryにはデータを絞り込むためのフィルターメソッドも用意されています（表2）。

　QueryインスタンスのaddValueEventListenerメソッドでデータ変更のリスナー③を登録すると、他デバイスやブラウザによってDatabaseReferenceで設定したパスより下階層のデータが変更された時に、ValueEventListenerインターフェースのonDataChangeメソッド④が呼び出されるようになります。dataSnapshotインスタンスに変更内容が入っているので、データを取り出しながら画面に反映⑤しています。

リスト6 データ変更のリスナー登録（実習のリスト4）

```
/**
 * Firebaseのデータベースからデータを取得する
 */
private void setup() {
                                                                    ①
    DatabaseReference reference = database.getReference("attendance");
```

```java
        Query query = reference.orderByKey();                          ──②
        query.addValueEventListener(new ValueEventListener() {         ──③
            @Override
            public void onDataChange(DataSnapshot dataSnapshot) {      ──④

                mTxtHistory.setText(null);

                StringBuilder sb = new StringBuilder();
                for (DataSnapshot snapshot : dataSnapshot.getChildren()) {
                                                                       ──⑤
                    String key = snapshot.getKey();
                    Attendance attendance = snapshot.getValue(Attendance.↵
class);

                    sb.append(key).append(" ").append(attendance.arrive).↵
append(" ").append(attendance.leave);
                    sb.append("¥n");
                }

                mTxtHistory.setText(sb.toString());
            }

            @Override
            public void onCancelled(DatabaseError databaseError) {
            }
        });
    }
```

表1 Queryの並び替えメソッド一覧

メソッド名	使用法
orderByChild	指定した子のキーで結果を並び替え
orderByKey	子のキーで結果を並び替え
orderByValue	子の値で結果を並び替え

表2 Queryのフィルターメソッド一覧

メソッド名	使用法
limitToFirst	リストの最初から取得する最大件数を設定
limitToLast	リストの最後から取得する最大件数を設定
startAt	指定したキーか値で始まっているデータ
endAt	指定したキーか値で終わっているデータ
equalTo	指定したキーか値と一致するデータ

Query クラスのAPIリファレンス
URL https://firebase.google.com/docs/reference/android/com/google/firebase/database/Query

»データの追加

Attendanceのインスタンスを作成①して、DatabaseReferenceのsetValueメソッド②を呼び出します(リスト7)。指定したパスに対応するデータが存在しない場合は新規作成され、データが存在する場合はデータが上書きされます*。

> ＊
> 図10を例に説明をすると、データがあるかどうかは/attendance/日付が存在するかどうかで判断します。キーが存在しない場合は、キー(2016-09-27)とその1階層下にJSONオブジェクトを追加します(arrive: "17:31", leave: "")。キーが存在する場合は、値("17:31")を更新します。

リスト7 データの追加・上書き

```java
/**
 * 出社時間の追加
 * 同日に2回呼び出した場合は上書きする
 *
 * @param date   年月日
 * @param arrive 出社時刻
 */
private void add(String date, String arrive) {

    Attendance attendance = new Attendance();                          ①
    attendance.arrive = arrive;
    attendance.leave = "";

    DatabaseReference reference = database.getReference("attendance"
+ "/" + date);
    reference.setValue(attendance);                                    ②
}
```

»データの更新

一部の項目だけを更新したい場合は、DatabaseReferenceのupdateChildrenメソッドを呼び出します。引数のHashMapクラスのKeyには項目名、valueに更新したい値を設定しておきます。

リスト8 データの更新(実習のリスト4①)

```java
/**
 * 退社時間の更新
 *
 * @param date    年月日
 * @param leave   退社時刻
 */
private void update(String date, String leave) {
    Map<String, Object> map = new HashMap<>();
    map.put("leave", leave);

    DatabaseReference reference = database.getReference("attendance" ⏎
 + "/" + date);
    reference.updateChildren(map);
}
```

≫ データの削除

データを削除したい場合は、DatabaseReferenceのremoveValueメソッドを呼び出します。setValueメソッドやupdateChildrenメソッドにnullを設定することでもデータの削除ができます。

リスト9 データの削除例

```
//データの削除
DatabaseReference reference = database.getReference("attendance" + "/" + ⏎
date);
reference.removeValue();
```

まとめ

- Firebase Realtime Databaseはバックエンドサービスのクラウドデータベースです。
- データはJSON形式で保存されます。
- データの変更は、アプリを使っているすべてのユーザーにpushされます。
- オフラインでもデータの更新が可能で、オンラインになったタイミングでデータが同期されます。
- FirebaseにはRealtime Database以外にもCrash Reportingなど役に立つサービスがあるので検討してみてください。

練習問題

練習問題を通じてこのCHAPTERで学んだ内容の確認をしましょう。解答は「kaitou.pdf」（Webからダウンロード）を参照してください。

ストレージについて正しいのはどれか？

① 内部ストレージのアプリ専用ディレクトリのパスは、ContextクラスのgetFilesDirメソッドを使って取得することができる。
② アプリがアンインストールされても、内部ストレージと外部ストレージのアプリ専用ディレクトリは削除されない。
③ アプリから外部ストレージの共有フォルダに読み書きするためにパーミッションは不要である。
④ APIレベル19から、外部ストレージのアプリ専用ディレクトリに読み書きするためにパーミッションは不要である。

Gradleのライブラリモジュール追加について正しいのはどれか？

① compile 'io.realm:android-adapters:1.2.1'
② apply plugin: 'com.android.application'
③ java.srcDirs = ['src/main/java', 'src/main/java-gen']
④ applicationId "com.kayosystem.honki.chapter08.lesson34"

Androidアプリからインターネットへアクセスできるように、次の①～②に正しい言葉を入れてプログラムを完成させなさい。

```
<?xml version="1.0" encoding="utf-8"?>
<manifest xmlns:android="http://schemas.android.com/apk/res/android"
    package="com.kayosystem.honki.chapter08.lesson35">
    <  ①   android:name="android.permission.  ②  " />
(省略)
</manifest>
```

CHAPTER 09

Androidの新機能を使ってみよう

本章ではAndroid 7.0（Nougat）と6.0（Marshmallow）で追加された新しい機能の中からアプリ開発時に活用できるものを厳選して解説します。

CHAPTER 09　Androidの新機能を使ってみよう

LESSON 37　マルチウィンドウ機能を使う

☐ レッスン終了　　サンプルファイル　📁 Chapter09 > 📁 Lesson37 > 📁 before

Android 7.0（Nougat）で追加されたマルチウィンドウについて学習します。最新OSではマルチウィンドウ機能をOS上でサポートしているため、マルチウィンドウに対応する・しないどちらにせよ、アプリを正しく動作させるためにどういう対処が必要か知っておく必要があります。

マルチウィンドウ

実習　マルチウィンドウの画面分割を体験する

1　サンプルプロジェクトをインポートする

サンプルプロジェクト「Chapter09/Lesson37/before」をインポートします。[Welcome to Android Studio]画面から[Import project（Eclipse ADT, Gradle, etc.）]を選択します（図1❶）。[ファイル選択]ダイアログが表示されるので、インポートしたいプロジェクトのフォルダ（Lesson37/before）を選択して❷、[OK]ボタンをクリックします❸。読み込みが完了するとプロジェクトを開いた状態になるので、[Android]から[Project]に変更しておきます❹。

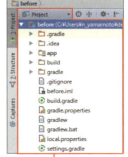

図1　サンプルプロジェクトのインポート

2 MainActivityのレイアウトを編集する

app/src/main/res/layout/activity_main.xmlを開いて、リスト1のように編集してください。

リスト1 activity_main.xml

```xml
<?xml version="1.0" encoding="utf-8"?>
<LinearLayout xmlns:android="http://schemas.android.com/apk/res/android"
    xmlns:tools="http://schemas.android.com/tools"
    android:layout_width="match_parent"
    android:layout_height="match_parent"
    android:orientation="vertical"
    android:padding="16dp"
    tools:context="com.kayosystem.honki.chapter09.lesson37.MainActivity">

    <Button
        android:id="@+id/launch_activity"
        android:layout_width="wrap_content"
        android:layout_height="wrap_content"
        android:padding="16dp"
        android:text="@string/launch_second_activity" />
    <Button
        android:id="@+id/launch_activity_new_window"
        android:layout_width="wrap_content"
        android:layout_height="wrap_content"
        android:padding="16dp"
        android:text="@string/launch_second_activity_new_window" />

    <fragment xmlns:android="http://schemas.android.com/apk/res/android"
        android:id="@+id/loglist_fragment"
        android:name="com.kayosystem.honki.chapter09.lesson37.↵
LogListFragment"
        android:layout_width="match_parent"
        android:layout_height="match_parent"
        android:layout_marginTop="16dp"
        android:background="@android:color/white" />
</LinearLayout>
```

3 アプリ内で使用する文字列を編集する

app/src/main/res/values/strings.xmlを開いて、リスト2のように編集してください。

リスト2 strings.xml

```xml
<resources>
    <string name="app_name">Lesson37</string>
    <string name="name_second_activity">これはSecondActivityです</string>
```

```
    <string name="launch_second_activity">SecondActivityを起動</string>
    <string name="launch_second_activity_new_window">SecondActivityを⏎
別ウィンドウで起動</string>
</resources>
```

4 MainActivityのJavaプログラムを編集する

app/src/main/java/（Company Domain名）/MainActivity.java を開いて、リスト3
のように編集してください。

リスト3 MainActivity.java

```
（省略）
import android.content.res.Configuration;
import android.os.Bundle;
import android.util.Log;

    @Override
    protected void onCreate(Bundle savedInstanceState) {
        super.onCreate(savedInstanceState);
        findViewById(R.id.launch_activity).setOnClickListener(new View.⏎
OnClickListener() {
            @Override
            public void onClick(View view) {
                Intent intent = new Intent(MainActivity.this, ⏎
SecondActivity.class);
                intent.addFlags(Intent.FLAG_ACTIVITY_NEW_TASK);
                startActivity(intent);
            }
        });
        findViewById(R.id.launch_activity_new_window).setOnClickListener⏎
(new View.OnClickListener() {
            @Override
            public void onClick(View view) {
                Intent intent = new Intent(MainActivity.this, ⏎
SecondActivity.class);
                intent.addFlags(Intent.FLAG_ACTIVITY_LAUNCH_ADJACENT | ⏎
Intent.FLAG_ACTIVITY_NEW_TASK);                                      ──①
                startActivity(intent);
            }
        });
    }
（省略）
```

5 SecondActivityを追加する

app/src/main/java/(Company Domain名)/MainActivity.javaを右クリックし（図2❶）、メニューから[New]❷→[Activity]❸→[Empty Activity]を選択します❹。[Configure Activity]画面が表示されるので「Activity Name」を「SecondActivity」に変更し❺、[Generate Layout File]のチェックを外して❻、[Finish]ボタンをクリックします❼*。

＊
SecondActivityのレイアウトファイルは事前に準備しています。

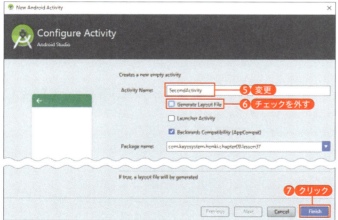

図2 [Empty Activity]を選択

6 SecondActivityのJavaプログラムを編集する

app/src/main/java/(Company Domain名)/SecondActivity.javaを開いて、リスト4のように編集してください。

リスト4 SecondActivity.java

```java
    (省略)

public class SecondActivity extends LogActivity {
    @Override
    public int getActivityLayoutId() {
        return R.layout.activity_second;
    }
}
```

7 AndroidManifest.xmlを編集する

app/src/main/AndroidManifest.xmlファイルを開いて、リスト5のように編集してください。

リスト5 AndroidManifest.xml

```xml
<manifest xmlns:android="http://schemas.android.com/apk/res/android"
    package="com.kayosystem.honki.chapter09.lesson37">
    <application
        android:allowBackup="true"
        android:icon="@mipmap/ic_launcher"
        android:label="@string/app_name"
        android:supportsRtl="true"
        android:theme="@style/AppTheme">
        <activity
            android:name="com.kayosystem.honki.chapter09.lesson37.MainActivity"
            android:label="@string/app_name">
            <layout
                android:defaultHeight="500dp"
                android:defaultWidth="600dp"
                android:gravity="top|end"
                android:minHeight="100dp"
                android:minWidth="100dp" />

            <intent-filter>
                <action android:name="android.intent.action.MAIN" />
                <category android:name="android.intent.category.LAUNCHER" />
            </intent-filter>
        </activity>
        <activity
            android:name=".SecondActivity" />
    </application>
</manifest>
```

8 アプリを実行する

アプリを実行すると図3のようなメイン画面が表示されます。オーバービューボタンを長押しすると画面が分割するので❶、［SECONDACTIVITYを別ウィンドウで起動］ボタンをクリックすると❷、SecondActivityが画面下半分に表示されます❸。メイン画面とSecondActivityには、それぞれのライフサイクルが表示され、画面をクリックするとアクティブになるのでライフサイクルの変化を確認してください。

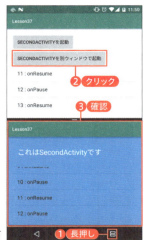

図3 マルチウィンドウの実行画面

講義　マルチウィンドウについて

≫ マルチウィンドウとは

　Android 7.0（Nougat）ではマルチタスク機能を強化するためにマルチウィンドウが追加されました。もともとAndroid OSは、画面上に表示・動作できるActivityは1つまででしたが、マルチウィンドウを使うと複数のActivityを1画面で同時に表示できます。わかりやすい例を挙げると、ドキュメントアプリで資料を見ながらメールアプリを使う、Twitterアプリを使いながらブラウザアプリでWebページの閲覧、といった操作がマルチウィンドウでは可能になります。

　とはいえ、Androidユーザーだった方にはそれほど革新的な機能ではないかもしれません。なぜならSAMSUNG、Huawei、LG等の一部のAndroidデバイスメーカーでは、数年前から独自機能としてアプリのマルチウィンドウ機能がサポートされていました。あるいはシステムオーバーレイ上にLayoutやViewを追加してActivityを使わずに複数の画面を表示するテクニックも存在していたためです。いずれにせよ、Android 7.0（Nougat）で正式にマルチウィンドウがサポートされたのは大きな変化といえます。

≫ マルチウィンドウの操作方法

　マルチウィンドウには専用の切り替え操作が必要です。切り替え方法には表1の方法があります。

表1 マルチウィンドウの切り替え方法

方法1	アプリのオーバービューボタンを長押しするとオーバービューボタンの形が変化しマルチウィンドウモードに移行する（図4）
方法2	オーバービュー画面を表示し、アプリのツールバー部分を長押しすると画面上部に画面分割モードに移行するためのドラッグ領域が出現する（図5）。ここにアプリをそのままドラッグする

図4 オーバービューボタンを長押しでマルチウィンドウへ移行

図5 オーバービュー画面からマルチウィンドウへ移行

　なお、マルチウィンドウモードを解除する場合はオーバービューボタンを再度長押しするか、分割線を画面端までドラッグしてどちらか片方のアプリを全画面にすることで解除できます。

≫ マルチウィンドウの種類

　マルチウィンドウはデバイスの種類に応じて画面分割モード、ピクチャーインピクチャー（以下PinP）モード、フリーフォームモードの3種類が用意されています。「デバイスの種類に応じて」というところがミソであり、ややこしいところなのですが、Androidはスマートフォンだけに限らず、タブレット、TV（テレビ）、Wear（ウェアラブル）、Auto（カーナビ）とさまざまなプラットフォームが存在するため、プラットフォームに応じて最適なマルチウィンドウが選ばれるようになっています。各マルチウィンドウの特徴は以下のようになっています。

画面分割モード

　画面分割モードはスマートフォン・タブレットで利用できるマルチウィンドウです。ディスプレイの向きに応じてポートレートでは上下、ランドスケープでは左右に2つ並べて表示

できます（図6）。分割領域にある分割線をドラッグすることで片方のアプリを拡大、もう片方を縮小といったようにサイズ比率を変更することもできます。後述するPinPモード、フリーフォームモードは特殊なので、Androidのマルチウィンドウ機能といえばこの画面分割モードがスタンダードなモードといえます。

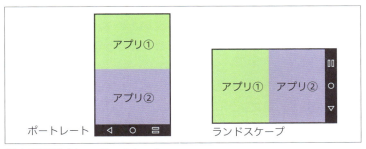

図6 画面分割モードのイメージ

ピクチャーインピクチャー（PinP）モード

PinPモードはAndroid TVで利用できるマルチウィンドウです。テレビ番組のワイプのように、メインとなるアプリを表示しつつ、4隅のいずれかのコーナーに別のアプリを表示することができます（図7）。ただしPinPのウィンドウは240x135dpとサイズが小さく限られていることもあり、表示できるUIやレイアウトは限られたものになります。実際の使用用途として動画再生アプリのPinP表示で使うのがほとんどかもしれません。またPinPモードに限ってはユーザー操作でマルチウィンドウに切り替えるのではなくenterPictureInPictureModeメソッドを使用してプログラムで切り替える必要があります。

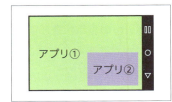

図7 PinPモードのイメージ

フリーフォームモード

フリーフォームモードはスマートフォン・タブレットで利用できるマルチウィンドウです。アプリをウィンドウ化させてPCのようにディスプレイ上に自由に配置できるようになります（図8）。またこのモードに限ってアプリを2つよりも多く配置できます。

なお、執筆している2016年9月現在、フリーフォームモードは販売するAndroidデバイスメーカーが機能を有効にした場合に利用できるモードとされています。フリーフォームモードはディスプレイサイズが大きくないとかえって使い勝手が良くないので、オプション的な位置付けとなっているようです。

ちなみにN Previewのシステムイメージではデフォルトは無効となっていますが、特定の操作を行うことでフリーフォームモードを有効にすることができます（P.367の補講で紹介）。

図8 フリーフォームモードのイメージ

》マルチウィンドウのライフサイクル

　Android開発者でマルチウィンドウ機能を目にした時に、まずライフサイクルを気にする人も多いのではないでしょうか。筆者もその1人でした。Androidでは表示中のActivityだけがアクティブ状態になるのが今までの常識で、開発者はこのルールにしたがってアプリの初期化、再開、中断、終了等の処理を実装していました。そのためマルチウィンドウで画面に2つもアプリが表示されるとActivityのライフサイクルは一体どう管理すれば良いのか疑問に思ったのです。

　でも大丈夫です。マルチウィンドウであってもActivityのライフサイクルに変更はありません。たとえば画面分割モードの場合、現在操作しているActivityだけがアクティブ状態となり、もう片方のActivityは表示されていても、onPauseメソッド（一時停止状態）となります。実習で作成したサンプルはライフサイクルの流れがわかるようにログをリスト表示できるようにしているので、実際に動かしてみるとActivityのライフサイクルがどうなっているのか確認しやすいでしょう。

　ただし、ライフサイクル自体に変更はないもののライフサイクルの流れには変化があるという点に注意してください。通常Activityを切り替えた場合、Activityの表示・非表示フェーズが存在するためonStart（Activity表示）、onStopメソッド（Activity非表示）が呼ばれます。しかしマルチウィンドウで画面上に表示しているActivityを切り替えた場合は、Activityの表示状態が変化するわけではないのでonStart、onStopメソッドが呼ばれません。これが意味することは、もし初期化処理や再開処理をonStartメソッド、停止処理や終了処理をonStopメソッドで実装している場合は、マルチウィンドウ時のみ動作しないということです。たとえばGPSセンサーを利用するアプリでonStopメソッドにGPSの停止処理を実装していたとしたら、マルチウィンドウでアプリを切り替えてもGPSセンサーは動きっぱなしになります。もちろんそれが正しい動作であるなら良いのですが、非アクティブ時にGPSセンサーを動作させる必要がないのであれば、バッテリー消費が激しい間違った実装になってしまいます。マルチウィンドウでも正しくアプリを動作させたい場合は、どのライフサイクルでどの処理が必要か検討した上で実装するように心がけてください。

》マルチウィンドウ向けアプリの構築

　マルチウィンドウの制御に関して細かく設定する場合は、Android 7.0（Nougat）であるAPIレベル24をターゲットSDKに指定する必要があります。APIレベル23以下をターゲットにした場合は、android:screenOrientation属性を指定していなければ強制的にマルチウィンドウに、指定していればマルチウィンドウにならず全画面で表示されます（表2）。

表2 ターゲットSDKに指定するAPIレベルとマルチウィンドウの関係

APIレベル	android:screenOrientation 属性	マルチウィンドウ対応
24	設定に依存しない	対応（細かい属性を設定可能）
23以下	設定していない	対応（細かい属性を設定不可）
	設定している	非対応

マルチウィンドウの種類に関する属性

　APIレベル24ではマルチウィンドウの有効／無効、および、どのモードを利用するかの設定を属性で指定できます。表3はそれらの属性を説明したものです。

表3 マルチウィンドウサポートに関する属性

属性	ノード
android:resizeableActivity=["true"	"false"]	\<application\>、\<activity\>

　表3の属性をtrue に設定した場合はマルチウィンドウモードのサポートを有効にします。falseを指定した場合は無効にします。この属性は\<application\>ノード、\<activity\>ノードどちらにも適用できます。アプリ全体に適用したい場合は前者、Activityごとに設定したい場合は後者に記述するようにしましょう。なお、APIレベル24をターゲットにしている場合、この属性を省略してもデフォルトでtrueの状態が適用されます。

表4 PinPモードに関する属性

属性	ノード
android:supportsPictureInPicture=["true"	"false"]	\<activity\>

　表4の属性をtrueに設定した場合、PinPモードのサポートが有効になります。前述したようにPinPモードはAndroidTVプラットフォームで有効なモードなので普段スマートフォン・タブレットを対象にアプリを開発する場合は利用することのない属性です。

マルチウィンドウのレイアウトに関する属性

　同じくAPIレベル24ではマルチウィンドウ時のActivityサイズを指定できる属性が追加されています。表5はそれら属性を説明したものです。

表5 マルチウィンドウのサイズに関する属性

属性	ノード
android:defaultWidth="Ndp"	\<layout\>
android:defaultHeight="Ndp"	

フリーフォームモード時のデフォルトのWidth（幅）、Height（高さ）をdpで指定します。フリーフォームモードにするとアプリがウィンドウ化する都合上、画面サイズの幅が約90%、高さが70%ほどに縮みます（図9）。あらかじめフリーフォームモード時のサイズを指定したい場合は、この属性を指定することで最適なサイズでフリーフォームモードへ移行できます。なお、2016年9月現在、N Previewではこの属性は機能していません。

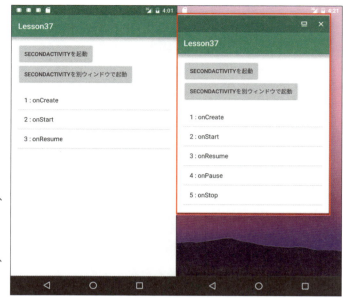

図9 右がフリーフォームモード時のActivityのサイズ

表6 マルチウィンドウの表示位置に関する属性

属性	ノード
android:gravity="top|end"	<layout>

　表6の属性はフリーフォームモード時にアプリが配置される位置（gravity）を指定します。フリーフォームモードの場合、アプリを画面上の好きな位置に配置できるため、gravity属性を使用してデフォルトの表示位置を指定できるようになっています。この属性も2016年9月現在、N Previewでは機能していません。

表7 マルチウィンドウの最小サイズに関する属性

属性	ノード
android:minWidth="Ndp"	<layout>
android:minHeight="Ndp"	

　表7の属性は画面分割モード・フリーフォームモード時の最小幅（Width）、高さ（Height）をdpで指定します。これ以上サイズを縮めるとアプリのUI/UXに支障をきたすといった場合は、この属性で最小サイズを指定することで回避できます。2016年9月現在、筆者が試しているN Previewではフリーフォームモードのみ機能しています。

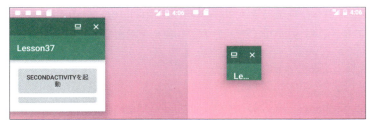

図10 左はデフォルトの最小サイズ、右はminWidth、minHeightでさらに小さく指定した状態

なお、表5、6、7のサイズに関する属性をActivityにセットしたい場合はAndroidManifest.xml上でリスト6のように設定します。

リスト6 Activityにマルチウィンドウのサイズ属性をセット

```xml
<activity
    android:name=".MainActivity"
    android:label="@string/app_name">
    <layout
        android:defaultWidth="320dp"
        android:defaultHeight="320dp"
        android:gravity="end"
        android:minHeight="160dp"
        android:minWidth="160dp" />
</activity>
```

マルチウィンドウを実装する際に利用する代表的なメソッド

表8のisInMultiWindowModeメソッドを使うと現在Activityがマルチウィンドウかどうかを調べることができます。戻り値がtrueの場合はマルチウィンドウ、falseの場合は全画面（通常の起動）と判断することができます。IsInPictureInPictureModeメソッドはPinPモードかどうかを調べるメソッドで、こちらもtrueであればPinPモード、falseであればPinPモードになっていないと判定することができます。現在の画面モードに応じて処理を切り分けたい場合はこのメソッドを使用して判定しましょう。

表8 現在の画面モードを確認するメソッド

メソッド	返り値
Activity.isInMultiWindowMode()	true	false
Activity.isInPictureInPictureMode()	true	false

表9のonMultiWindowModeChangedメソッドは全画面とマルチウィンドウが切り替えるたびに呼ばれます。引数がboolean型になっていて isInMultiWindowMode の値がtrueならマルチウィンドウ、falseなら全画面モードと判定できるようになっています。もし画面モードが切り替わった直後に、画面モードに応じて特定の処理を実装したい場合はこ

のメソッドをオーバーライドすると実現できます。onPictureInPictureModeChangedメソッドも同様の使い方ができ、こちらはPinPモードの切り替えを検出することができます。

表9 画面モードの切り替えを検出するメソッド

メソッド
Activity.onMultiWindowModeChanged (boolean isInMultiWindowMode)
Activity.onPictureInPictureModeChanged (boolean isInPictureInPictureMode)

》新しいウィンドウでActivityを起動する方法

画面分割モード時に、IntentフラグにIntent.FLAG_ACTIVITY_LAUNCH_ADJACENT | Intent.FLAG_ACTIVITY_NEW_TASKを指定してstartActivityメソッドを呼び出すと隣の分割領域に新たにActivityを起動することができます（実習のリスト3）。ただしこの操作はシステムで保証されるわけではなく、可能であればという制約の上での動作となっています。なお、本サンプルでも［SECONDACTIVITYを別ウィンドウで起動］ボタンにてこの動作を実装しています*。

* 正直なところ自身のアプリと他のアプリをマルチウィンドウで動かすことにはあまり利点を感じないかもしれませんが、自身のアプリ内で複数のActivityを隣に並べながら利用するというケースであれば便利な使い方があるかもしれません。

リスト7 分割領域に新たにActivityを起動（実習のリスト3①）

```java
findViewById(R.id.launch_activity_new_window).setOnClickListener(new View.
OnClickListener() {
        @Override
        public void onClick(View view) {
            Intent intent = new Intent(MainActivity.this, 
SecondActivity.class);
            intent.addFlags(Intent.FLAG_ACTIVITY_LAUNCH_ADJACENT | 
Intent.FLAG_ACTIVITY_NEW_TASK);
            startActivity(intent);
        }
    });
```

まとめ

- マルチウィンドウの種類には、画面分割モード、ピクチャーインピクチャーモード、フリーフォームモードがあります。
- マルチウィンドウに表示しているActivityはonStart、onStopメソッドが呼ばれないことを考慮した実装が必要です。
- マルチウィンドウを細かく設定するには、APIレベル24をターゲットSDKに指定する必要があります。

補講

» フリーフォームモードを有効にする方法

N Previewではadbコマンドを使用してフリーフォームモードに切り替えることができます。もしフリーフォームモードでアプリのテストをしたい際にはAPIレベル24のエミュレータでリスト8のコマンドを実行してください。

リスト8 フリーフォームモードを有効にするadbコマンド

```
adb shell
settings put global enable_freeform_support 1
```

コマンドを実行したら一度OSを再起動します。エミュレータの場合はエミュレータを起動し直してください。フリーフォームが正しく適用されている場合は、オーバービュー画面に表示されるアプリのツールバー部分に専用のアイコンが追加されます（図11）。

図11 フリーフォームモードが有効時のオーバービュー画面

フリーフォームモードはマルチタスクの自由度が高く、ほぼPCのようなウィンドウ操作が可能になります（図12）。ただし、これらをうまく活用するにはディスプレイが大画面である必要があるため、今後もあまり利用する機会のないマルチウィンドウモードかもしれません。

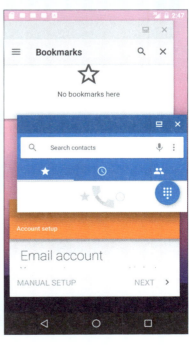

図12 フリーフォームモード時のアプリ操作画面

CHAPTER 09　Androidの新機能を使ってみよう

LESSON 38 ダイレクトリプライを使う

☐ レッスン終了　　サンプルファイル　📁 Chapter09 > 📁 Lesson38 > 📁 before

Android 7.0（Nougat）で追加されたダイレクトリプライについて学習します。ダイレクトリプライは通知のユーザービリティをより高めるために導入された機能です。ここでは簡単なメッセージの返信機能を実装例にして解説します。

ダイレクトリプライ

実習　ダイレクトリプライを実装する

1 サンプルプロジェクトをインポートする

サンプルプロジェクト「Chapter09/Lesson38/before」をインポートします。［Welcome to Android Studio］画面から［Import project（Eclipse ADT, Gradle, etc.）］を選択します（図1 ❶）。［ファイル選択］ダイアログが表示されるので、インポートしたいプロジェクトのフォルダ（Lesson38/before）を選択して ❷、［OK］ボタンをクリックします ❸。読み込みが完了するとプロジェクトを開いた状態になるので、［Android］から［Project］に変更しておきます ❹。

  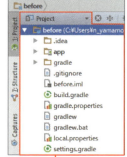

図1 サンプルプロジェクトのインポート

2 MainActivityのJavaプログラムを編集する

app/src/main/java/(Company Domain名)/MainActivity.javaを開いて、リスト1のように編集してください。

リスト1 MainActivity.java

（省略）

```java
public class MainActivity extends AppCompatActivity {
    @Override
    protected void onCreate(Bundle savedInstanceState) {
        super.onCreate(savedInstanceState);
        setContentView(R.layout.activity_main);
        //通知を作成
        NotiUtils.createNoti(MainActivity.this, null);

    }
}
```

3 NotiUtilsのJavaプログラムを編集する

app/src/main/java/(Company Domain名)/NotiUtils.javaを開いて、リスト2のように編集してください。

リスト2 NotiUtils.java

```java
package com.kayosystem.honki.chapter09.lesson38;
import android.app.PendingIntent;
import android.content.Context;
import android.content.Intent;
import android.graphics.drawable.BitmapDrawable;
import android.support.v4.app.NotificationCompat;
import android.support.v4.app.NotificationManagerCompat;
import android.support.v4.app.RemoteInput;
import android.support.v4.content.ContextCompat;
import java.util.ArrayList;

/**
 * 通知関連のユーティリクラス
 */
public class NotiUtils {
    private static final int REQ_PI_MAIN = 1;
    private static final int NOTIFY_ID = 0x001;
    public static void createNoti(Context context, ArrayList<String>
history) {
        //リモートインプットを生成 ①
        RemoteInput remoteInput = new RemoteInput.
```

```java
            Builder(NotiBroadcastReceiver.KEY_DIRECT_REPLY)
                    .setLabel("ここに文字を入力").build();
            //MainActivityへIntentを発行するPendingIntentを生成
            PendingIntent pendingIntent = PendingIntent.getBroadcast(context,
                    REQ_PI_MAIN, new Intent(context, NotiBroadcast
Receiver.class),
                    PendingIntent.FLAG_UPDATE_CURRENT);
            //通知アクションにリモートインプットを追加
            NotificationCompat.Action directReply =
                    new NotificationCompat.Action.Builder(-1, "返信",
pendingIntent)
                            .addRemoteInput(remoteInput).build();
            NotificationCompat.Builder noti = new NotificationCompat.
Builder(context)
                    .setSmallIcon(R.mipmap.ic_launcher)
                    .setContentTitle("すごい写真が撮れた")
                    .setContentText("この犬どう思う？")
                    .setColor(ContextCompat.getColor(context, R.color.
colorPrimary))
                    .setStyle(new NotificationCompat.BigPictureStyle()
                            .bigPicture(((BitmapDrawable) context.
getDrawable(R.drawable.dog01)).getBitmap()));
            if (history != null && history.size() > 0) {
                //入力データをメッセージ履歴に追加
                CharSequence[] cs = history.toArray(new CharSequence
[history.size()]);
                noti.setRemoteInputHistory(cs);
            }
            noti.addAction(directReply);
            //作成した通知設定で通知
            NotificationManagerCompat notificationManager =
NotificationManagerCompat.from(context);
            notificationManager.notify(NOTIFY_ID, noti.build());
        }
}
```

4 **NotiBroadcastReceiverのJavaプログラムを編集する**

app/src/main/java/（Company Domain名）/NotiBroadcastReceiver.javaを開いて、リスト3のように編集してください。

リスト3 NotiBroadcastReceiver.java
（省略）
```java
import android.os.Bundle;
import android.support.v4.app.RemoteInput;
import android.widget.Toast;
import java.util.ArrayList;

/**
 * 通知にメッセージを追加するbroadcastレシーバ
 */
public class NotiBroadcastReceiver extends BroadcastReceiver {
    public static final String KEY_DIRECT_REPLY = "key_direct_reply";
    @Override
    public void onReceive(Context context, Intent intent) {
        if (intent != null) {
            Bundle remoteInput = RemoteInput.getResultsFromIntent(intent);
            if (remoteInput != null) {
                //入力データを取得
                String value = (String) remoteInput.getCharSequence(KEY_↵
DIRECT_REPLY);

                Toast.makeText(context, value, Toast.LENGTH_SHORT).show();
                //通知に反映して更新
                ArrayList<String> history = new ArrayList<>();
                history.add("コメント:" + value);
                NotiUtils.createNoti(context, history);
            }
        }
    }
}
```

5 アプリを実行する

アプリを実行すると図2のような画面が表示されます。通知領域の返信ボタンをタップすると入力領域が表示されるので文字を入力してみましょう❶。入力したデータはBroadcastReceiverで処理され通知表示に反映されます❷。

図2 ダイレクトリプライの実行画面

| 講義 | ダイレクトリプライについて |

»ダイレクトリプライについて

　Android 7.0(Nougat)では通知機能がより対話的な機能となるダイレクトリプライが追加されました。ダイレクトリプライはもともとAndroidWear向けに導入されていた機能ですが、Android 7.0(Nougat)からスマートフォン・タブレットでも利用できるようになりました。ダイレクトリプライでは、その名称からもわかるように通知上からバックグラウンド処理で返信処理を実行できます。本来UIを必要とする操作はActivityの利用が大前提であったため、結果的にフォアグラウンド処理(つまりActivityを表示する)をする必要があったのですが、ダイレクトリプライではその必要がなくなりました。

»ダイレクトリプライの実装

　通知にはタイトルやアイコン、クリックアクションなど、いろいろな動作や情報をセットできるのですが、ダイレクトリプライアクションもその中の1つです。ダイレクトリプライを実装する場合は、RemoteInputのインスタンスを生成して通知アクションの1種として通知に登録することで実現します。具体的には以下のような手順で実装します。

❶RemoteInputを作成する
❷RemoteInputで入力されたデータを渡すPendingIntentを作成する
❸リモートインプットとPendingIntentを通知アクションにセットする
❹通知設定を作成する

❶RemoteInputを作成する

　通知アクションに追加するRemoteInput.Builderインスタンスを生成します(リスト4)。コンストラクタに任意の文字列キーを指定します。ここで指定したキーは後で入力データを取り出す際に必要になるので、必ずユニークな値にしてください。

リスト4 RemoteInputのインスタンスを生成(実習のリスト2①)

```
//リモートインプットを生成
RemoteInput remoteInput = new RemoteInput.Builder(NotiBroadcastReceiver.
KEY_DIRECT_REPLY)
        .setLabel("ここに文字を入力").build();
```

なお、setLabelメソッドはダイレクトリプレイ表示時に入力エリアに表示される文字列をセットするメソッドです。TextViewにおけるヒント表示に似ています（図3）。

図3 ダイレクトリプライのラベル部分

2 RemoteInputで入力されたデータを渡すPendingIntentを作成する

ダイレクトリプライが提供する機能は通知上で直接文字列を入力する機能です。そのためRemoteInputで入力されたデータを処理する先は必要です。入力したデータはIntentに格納されるのでそれをActivity、Service、BroadcastReceiverいずれかのクラスへと渡して処理します。どのクラスに渡すか指定するにはPendingIntent＊のgetActivityメソッド、getServiceメソッド、getBroadcastReceiverメソッドを使用します。本サンプルではAndroid 7.0（Nougat）でBroadcastReceiverを使用して入力データの処理を実装しています。

＊
PendingIntentについて詳しく知りたい場合は、Android Developersを参考にしてください。
URL https://developer.android.com/reference/android/app/PendingIntent.html

リスト5 PendingIntentのインスタンスを生成（実習のリスト2②）

```
//MainActivityへIntentを発行するPendingIntentを生成
PendingIntent pendingIntent = PendingIntent.getBroadcast(context,
        REQ_PI_MAIN, new Intent(context, NotiBroadcastReceiver.class),
        PendingIntent.FLAG_UPDATE_CURRENT);
```

3 リモートインプットとPendingIntentを通知アクションにセットする

先ほど作成したPendingIntentをコンストラクタの引数で指定して、通知アクションのインスタンスを生成します。RemoteInputはaddRemoteInputメソッドを使用してセットします。

リスト6 通知アクションのインスタンスを生成（実習のリスト2③）

```
//通知アクションにリモートインプットを追加
NotificationCompat.Action directReply =
        new NotificationCompat.Action.Builder(-1, "返信", pendingIntent)
                .addRemoteInput(remoteInput).build();
```

4 通知設定を作成する

　NotificationCompat.Builderで通知のインスタンスを生成します。通知のインスタンスにはタイトルやテキスト、アイコン等いろいろな情報をセットしますが、その中の1つとしてaddActionメソッドを使用してダイレクトリプライの通知アクションをセットします。通知を作成し終えたらNotificationManagerCompatのnotifyメソッドを使用して通知します。

リスト7 通知を作成（実習のリスト2④）

```
        //通知設定を作成
        NotificationCompat.Builder noti = new NotificationCompat.
Builder(context)
                .setSmallIcon(R.mipmap.ic_launcher)
                .setContentTitle("すごい写真が撮れた")
                .setContentText("この犬どう思う？")
                .setColor(ContextCompat.getColor(context, R.color.
colorPrimary))
                .setStyle(new NotificationCompat.BigPictureStyle()
                        .bigPicture(((BitmapDrawable) context.
getDrawable(R.drawable.dog01)).getBitmap()));
(省略)
        noti.addAction(directReply);
        //作成した通知設定で通知
        NotificationManagerCompat notificationManager = 
NotificationManagerCompat.from(context);
        notificationManager.notify(NOTIFY_ID, noti.build());
```

≫ダイレクトリプライから入力情報を取得

　先述したようにダイレクトリプライで入力したデータはIntentクラスに格納されPendingIntentで指定したActivity、Service、BroadcastReceiverへと渡されます。入力データはBundle型で格納されているので、渡された先のActivityでRemoteInput.getResultsFromIntentメソッドを使用してBundle型で取り出し、getCharSequenceメソッドでキーを指定して入力データを取得します。このメソッドで指定するキーは、RemoteInputインスタンスを生成した際に設定したキーと同一のものでなければ入力データが取得できません。通知は複数存在する可能性がある以上、ダイレクトリプライ機能（RemoteInput）も複数動作することが想定されるため、どのキーでどのRemoteInputを指定しているか識別させる必要があります（リスト8）。

リスト8 RemoteInputから入力データを取得

```
Intent intent = getIntent();
if (intent != null) {
    Bundle remoteInput = RemoteInput.getResultsFromIntent(intent);
    if (remoteInput != null) {
        //取得したテキストを画面に表示
        String value = (String) remoteInput.getCharSequence(KEY_DIRECT_
REPLY);
        Toast.makeText(context, value, Toast.LENGTH_SHORT).show();
        //通知に反映して更新
        ArrayList<String> history = new ArrayList<>();
        history.add("コメント:" + value);
        NotiUtils.createNoti(context, history);
    }
}
```

入力情報を取得した後の通知更新

　ダイレクトリプライのUIは文字列の入力エリアと送信ボタン、送信後のプログレス表示までが提供されています。簡単な実装で送信後のプログレス表示まで出してくれるのは親切ではあるのですが、何もしないままだと送信した後にずっとプログレス表示が出続けてしまいます。そのため、入力されたデータを処理した後は、ユーザーに無事処理されたことがわかるように同じ通知IDで再度通知を更新して、見た目を変化させる必要があります（リスト9）。

リスト9 同じ通知IDで通知を更新

```
//作成した通知設定で通知
NotificationManagerCompat notificationManager = NotificationManagerCompat.
from(this);
notificationManager.notify(NOTIFY_ID, noti.build());
```

　また、その際にsetRemoteInputHistoryメソッドを使用すると、リプライデータが通知上に反映されます。

リスト10 setRemoteInputHistoryメソッドを使用して通知上にリプライ履歴を表示（実習のリスト2⑤）

```
if (history != null && history.size() > 0) {
    //入力データをメッセージ履歴に追加
    CharSequence[] cs = history.toArray(new CharSequence[history.size()]);
    noti.setRemoteInputHistory(cs);
}
```

なお、チャットアプリなどのメッセージ形式のアプリでダイレクトリプライの実装を検討している場合は、setRemoteinputHistoryメソッドよりもAPIレベル24で新しく追加された通知スタイルのMessagingStyleを使用した方がよりきれいに会話のやり取りを通知に反映させることができます（図4）。

図4　ハングアウトアプリはMessagingStyleを使用している

　リプライ履歴は作成するアプリのカテゴリに鑑みて、どちらの方法を採るとよりユーザビリティが向上するか検討し実装するようにしましょう。

まとめ

- ダイレクトリプライを使えば、Activityを使わずに通知上から直接返信処理が実行できます。
- ダイレクトリプライアクションを実装する場合は、RemoteInputのインスタンスを通知に登録することで実現します。
- ダイレクトリプライを処理した後は、通知内容を更新することでユーザーに無事処理されたと伝わります。
- リプライ履歴を表示したい場合は、NotificationCompat.BuilderのsetRemoteInputHistoryメソッドでメッセージ履歴を設定します。

CHAPTER 09　Androidの新機能を使ってみよう

LESSON 39 バンドル通知を使う

レッスン終了　サンプルファイル　Chapter09 > Lesson39 > before

Android 7.0（Nougat）で追加されたバンドル通知について学習します。ダイレクトリプライと同様に、バンドル通知もユーザビリティの向上を目的に追加された機能です。ここでは異なる相手から送られてきたメッセージを人物ごとに通知をグループ分けする実装を例に解説していきます。

バンドル通知

実習　バンドル通知を実装する

1 サンプルプロジェクトをインポートする

サンプルプロジェクト「Chapter09/Lesson39/before」をインポートします。[Welcome to Android Studio]画面から[Import project（Eclipse ADT, Gradle, etc.）]を選択します（図1 ❶）。[ファイル選択]ダイアログが表示されるので、インポートしたいプロジェクトのフォルダ（Lesson39/before）を選択して❷、[OK]ボタンをクリックします❸。読み込みが完了するとプロジェクトを開いた状態になるので、[Android]から[Project]に変更しておきます❹。

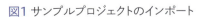

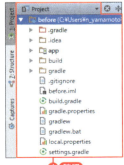

図1 サンプルプロジェクトのインポート

2 MainActivityのレイアウトを編集する

app/src/main/java/（Company Domain名）/MainActivity.javaを開いて、リスト1のように編集してください。

リスト1 MainActivity.java

```java
（中略）
import android.support.v4.app.NotificationCompat;
import android.support.v4.app.NotificationManagerCompat;
import android.support.v4.content.ContextCompat;
import android.support.v7.app.AppCompatActivity;

public class MainActivity extends AppCompatActivity {
    private static final String NOTIFY_GROUP_A = "key_notification_group_a";
    private static final String NOTIFY_GROUP_B = "key_notification_group_b";
    private static final int NOTIFY_ID1 = 0x001;
    private static final int NOTIFY_ID2 = 0x002;
    private static final int NOTIFY_ID3 = 0x003;
    private static final int NOTIFY_ID4 = 0x004;
    private static final int NOTIFY_ID5 = 0x005;
    private static final int NOTIFY_ID6 = 0x006;
    private static final int NOTIFY_ID7 = 0x007;
    Private NotificationManagerCompat notificationManager;
    @Override
    protected void onCreate(Bundle savedInstanceState) {
        super.onCreate(savedInstanceState);
        setContentView(R.layout.activity_main);
        notificationManager = NotificationManagerCompat.from(this);
        String user1 = "太郎";
        createSummaryNotification(NOTIFY_ID1, NOTIFY_GROUP_A, user1 + "から
2件のメッセージ");
        createNotification(NOTIFY_ID2, NOTIFY_GROUP_A, user1, "明日は現地集合
で良いの？");
        createNotification(NOTIFY_ID3, NOTIFY_GROUP_A, user1, "BBQの材料って
明日合流してから買いに行く？");
        String user2 = "花子";
        createSummaryNotification(NOTIFY_ID4, NOTIFY_GROUP_B, user2 + "から
3件のメッセージ");
        createNotification(NOTIFY_ID5, NOTIFY_GROUP_B, user2, "今日帰って来る
時牛乳買ってきて");
        createNotification(NOTIFY_ID6, NOTIFY_GROUP_B, user2, "あとポストも見
てきて");
        createNotification(NOTIFY_ID7, NOTIFY_GROUP_B, user2, "晩御飯は冷蔵庫
に入れてあるから");
    }
```

```java
/**
 * サマリー用通知を作成.
 * @param notify_id
 * @param group_id
 * @param title
 */
private void createSummaryNotification(int notify_id, String group_↵
id,String title) {
    //通知設定を作成
    NotificationCompat.Builder builder = new NotificationCompat.↵
Builder(this);
    builder.setContentTitle(title);
    builder.setColor(ContextCompat.getColor(this, R.color.↵
colorPrimary));
    builder.setSmallIcon(R.mipmap.ic_launcher);
    builder.setGroupSummary(true);
    builder.setStyle(new NotificationCompat.InboxStyle()
            .setSummaryText(title));
    builder.setGroup(group_id);
    //作成した通知設定で通知
    notificationManager.notify(notify_id, builder.build());
}
/**
 * 通知を作成.
 * @param notify_id
 * @param group_id
 * @param title
 * @param message
 */
private void createNotification(int notify_id, String group_id, ↵
String title, String message) {
    //通知設定を作成
    NotificationCompat.Builder builder = new NotificationCompat.↵
Builder(this);
    builder.setContentTitle(title);
    builder.setContentText(message);
    builder.setColor(ContextCompat.getColor(this, R.color.↵
colorPrimary));
    builder.setSmallIcon(R.mipmap.ic_launcher);
    builder.setGroup(group_id);
    //作成した通知設定で通知
    notificationManager.notify(notify_id, builder.build());
}
}
```

① ②

3 アプリを実行する

アプリを実行すると通知に図2のような画面が表示されます。5つある通知を種類ごとに2つの通知にまとめています。まとめた通知は下にスワイプするか、通知右上にある☑をクリックすることで展開できます❶❷。

図2 バンドル通知の実行画面

講義　バンドル通知について

≫ バンドル通知について

　Android 7.0（Nougat）では通知の新しいスタック方法としてバンドル通知が追加されました。バンドル通知を使うと同じアプリ内の通知をグループ化してまとめ、1つの通知として表示することができます。グループ化した通知は上下のスワイプで開閉し、ユーザー操作で自由に折りたたむことができます。

　Androidユーザーなら誰しも経験があることと思いますが、通知はユーザー自身が消去する操作をしなければステータスバーに残り続けます。インストールしているアプリが多いほど、あるいは利用しているアプリの通知頻度が高いほどステータスバーに通知が増え続けていってしまいます。バンドル通知はこのような問題を解決する1つの手段と言えます。

≫ 通知のグループ化

　まず前提としてAndroid 7.0（Nougat）の場合、同アプリの通知であれば何もしなくても4件以上スタックすると自動的に通知がグループ化されます。また自動的にグループ化する仕組みとは別に、プログラムからでも通知のグループ管理を制御できるようAPIが準備されています。プログラム上から通知をグループ化させるには以下の手順で実装します。

1 通知をグループ化するための入れ物の通知を作成する
2 グループ化する通知を作成する

1 通知をグループ化するための入れ物の通知を作成する

まずグループにしたい通知を1つにまとめるためのサマリー通知を作成します。サマリー通知を作成するにはsetGroupSummaryメソッド①で引数にtrueをセットします。加えてsetGroupメソッド②を使用して通知にグループを割り当てます。通知がどのグループに属するかはsetGroupメソッドの引数に指定するグループIDで判断されるので、グループ化したい通知は全て同じグループIDを使用するようにします。

リスト2 サマリー通知を作成（実習のリスト1①）

```java
//通知設定を作成
NotificationCompat.Builder builder = new NotificationCompat.Builder(this);
builder.setContentTitle(title);
builder.setColor(ContextCompat.getColor(this, R.color.colorPrimary));
builder.setSmallIcon(R.mipmap.ic_launcher);
builder.setGroupSummary(true);——————————————————————①
builder.setStyle(new NotificationCompat.InboxStyle()
        .setSummaryText(title));
builder.setGroup(group_id);——————————————————————②
//作成した通知設定で通知
notificationManager.notify(notify_id, builder.build());
```

なお、サマリー通知はInboxStyleスタイルを指定すればサマリーテキストを設定することができます。サマリーテキストは設定しなくても動作上は問題ありませんが、あったほうがユーザーにとってわかりやすいというのであれば設定したほうが良いでしょう。本サンプルでは何件通知をまとめているかという情報用にサマリー通知のテキストを設定しています。

2 グループ化する通知を作成する

setGroupメソッド（リスト3の①）を使用してグループ化したい通知に同じグループIDを指定して通知を作成します。それ以外の通知の作成方法自体は通常と同じなので何ら変わったことはありません。繰り返しになりますがsetGroupメソッドを使って同じグループIDを指定するところだけ注意してください。

リスト3 グループIDを指定して通知を作成（実習のリスト1②）

```
//通知設定を作成
NotificationCompat.Builder builder = new NotificationCompat.Builder(this);
builder.setContentTitle(title);
builder.setContentText(message);
builder.setColor(ContextCompat.getColor(this, R.color.colorPrimary));
builder.setSmallIcon(R.mipmap.ic_launcher);
builder.setGroup(group_id);  ──①
//作成した通知設定で通知
notificationManager.notify(notify_id, builder.build());
```

　なお、本サンプルでは「花子」と「太郎」という2人の人物からの通知をそれぞれグループ化しています。本来、このようなメッセージ風の通知であればLESSON 38で説明したMessagingStyleを使用するのが理想ですが、今回は通知グループの説明上、人物ごとにメッセージをまとめるというのが直感的にわかりやすかったのであえてこの形で実装しています。

> **まとめ**
> - バンドル通知を使うと、通知をグループ化して1つの通知として表示することができます。
> - 通知をグループ化するには、入れ物となる通知を作成した後、グループ化する通知を作成します。
> - グループ化したい通知には同じグループIDを指定します。

CHAPTER 09　Androidの新機能を使ってみよう

LESSON 40　ランタイムパーミッションを使う

レッスン終了　サンプルファイル　Chapter09 > Lesson40 > before

Android 6.0（Marshmallow）で追加されたランタイムパーミッションについて学習します。ランタイムパーミッションは比較的新しい機能ですが、これからのアプリ開発では必須の知識です。ここではSDカードの読み取りアクセスの許可方法を例に解説します。

ランタイムパーミッション

実習　ユーザーにパーミッションを要求する実装

1　サンプルプロジェクトをインポートする

サンプルプロジェクト「Chapter09/Lesson40/before」をインポートします。[Welcome to Android Studio]画面から[Import project(Eclipse ADT, Gradle, etc.)]を選択します（図1 ❶）。[ファイル選択]ダイアログが表示されるので、インポートしたいプロジェクトのフォルダ（Lesson40/before）を選択して ❷、[OK]ボタンをクリックします ❸。読み込みが完了するとプロジェクトを開いた状態になるので、[Android]から[Project]に変更しておきます ❹。

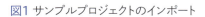

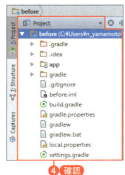

図1 サンプルプロジェクトのインポート

2 MainActivityのレイアウトを編集する

app/src/main/java/(Company Domain名)/MainActivity.javaを開いて、リスト1のように編集してください。

リスト1 MainActivity.java

```java
import android.content.DialogInterface;
import android.content.pm.PackageManager;
import android.os.Bundle;
import android.support.v4.app.ActivityCompat;
import android.support.v4.content.PermissionChecker;
import android.support.v7.app.AlertDialog;
import android.support.v7.app.AppCompatActivity;
import android.view.View;
import android.widget.TextView;
import android.widget.Toast;

public class MainActivity extends AppCompatActivity {
    private static final int REQ_PERMISSION_READ_EXTERNAL_STORAGE = 0x01;
    @Override
    protected void onCreate(Bundle savedInstanceState) {
        super.onCreate(savedInstanceState);
        setContentView(R.layout.activity_main);
        final TextView tvDescription = (TextView) findViewById(R.id.label_
permissions);
        tvDescription.setText(Manifest.permission.READ_EXTERNAL_STORAGE +
                "\nのパーミッションを要求します。");
        //パーミッションを要求ボタンをクリック
        findViewById(R.id.get_permissions).setOnClickListener(new View.
OnClickListener() {
            @Override
            public void onClick(View view) {
                //パーミッションを要求
                doReqPermissions();
            }
        });
    }
    @Override
    public void onRequestPermissionsResult(int requestCode, String[]
permissions, int[] grantResults) {
        super.onRequestPermissionsResult(requestCode, permissions,
grantResults);
        if (requestCode == REQ_PERMISSION_READ_EXTERNAL_STORAGE) {        ①
            if (verifyPermissions(grantResults)) {
                Toast.makeText(this, "パーミッション要求が許可されました",
Toast.LENGTH_SHORT).show();
```

```java
            } else {
                if (ActivityCompat.shouldShowRequestPermission⏎
Rationale(this,
                        Manifest.permission.READ_EXTERNAL_STORAGE)) {
                    Toast.makeText(this, "パーミッション要求が拒否され⏎
ました", Toast.LENGTH_SHORT).show();
                } else {
                    Toast.makeText(this, "パーミッション要求が完全に拒否され⏎
ました", Toast.LENGTH_SHORT).show();
                }
            }
        }
    }
    /**
     * パーミッションを要求
     */
    private void doReqPermissions() {
        //現在のパーミッション取得状況をチェック
        if (PermissionChecker.checkSelfPermission(this,
                Manifest.permission.READ_EXTERNAL_STORAGE) != ⏎
PackageManager.PERMISSION_GRANTED) {
            //初回時に拒否されたか確認
            if (!ActivityCompat.shouldShowRequestPermissionRationale⏎
(this,
                    Manifest.permission.READ_EXTERNAL_STORAGE)) {
                //パーミッションを要求
                ActivityCompat.requestPermissions(this,
                        new String[]{Manifest.permission.READ_⏎
EXTERNAL_STORAGE},
                        REQ_PERMISSION_READ_EXTERNAL_STORAGE);
            } else {
                //要求を一度拒否して2度目の要求を実施する際にパーミッションが必要な⏎
根拠を説明
                new AlertDialog.Builder(this)
                        .setTitle("パーミッション要求について")
                        .setMessage("本アプリでは外部ストレージの読み取りアク⏎
セスを許可する必要があります。許可しないとアプリが正常に動作しない可能性があります。")
                        .setPositiveButton(android.R.string.ok, new ⏎
DialogInterface.OnClickListener() {
                            @Override
                            public void onClick(DialogInterface ⏎
dialog, int which) {
                                //パーミッションを要求
                                ActivityCompat.requestPermissions⏎
(MainActivity.this,
```

```java
                                        new String[]{Manifest.
permission.READ_EXTERNAL_STORAGE},
                                        REQ_PERMISSION_READ_EXTERNAL_
STORAGE);
                            }
                        })
                        .create().show();
            }
        }
    }
    /**
     * パーミッションを検証
     *
     * @param grantResults
     * @return
     */
    private boolean verifyPermissions(int[] grantResults) {
        for (int result : grantResults) {
            //パーミッションが不許可ならfalseを返す
            if (result == PackageManager.PERMISSION_DENIED) {
                return false;
            }
        }
        return true;
    }
}
```

3 アプリを実行する

アプリを実行すると図2のような画面が表示されます。[パーミッションを要求]ボタンをクリックすると❶、ランタイムパーミッションを実行します。[許可]をクリックした場合はパーミッションを許可し、[許可しない]をクリックするとパーミッションを許可しません❷。パーミッションを許可しなかった場合に、再度[パーミッションを要求]ボタンをクリックすると、UIの異なるパーミッション要求のダイアログが表示されます。

図2 ランタイムパーミッションの実行画面

| 講義 | **ランタイムパーミッションについて** |

≫ランタイムパーミッションについて

　Android 6.0(Marshmallow)から、一部のパーミッションに対して、ユーザー自身がアプリごとにパーミッションのアクセスを許可する「ランタイムパーミッション」という仕組みが導入されました。今まではアプリのインストール時に権限を表示するだけでしたが、なぜ最近になってこのような仕組みが導入されたのでしょうか。いくつか理由は考えられますが、一番の理由は「インストール時にパーミッションを提示するだけ」という既存の仕組みが合理的ではなかったからでしょう。

　Androidユーザーであれば少なからず経験があると思いますが、アプリのインストール時に全ての権限を毎回チェックしてこのアプリが安全かどうかを確認する人は少ないと思います(筆者もそうです)。また開発者でもなければ、どのパーミッションがどの機能に使われているか想像がつきにくいことでしょう。逆にパーミッションに異常な警戒心を抱くユーザーも中には存在します。たとえばREAD_CONTACTS(連絡先の読み取り)があるだけで、アプリの機能に関係なく「個人情報が心配！」という拒絶反応でアプリ自体をインストールしてくれないこともあります。

　つまるところ、今までのAndroidのパーミッション確認はユーザーに対して説明不足であり、またユーザー自身に理解を得ないままアプリを提供してしまうものでした。これを解決するために取り入れられたのがランタイムパーミッションです。

≫パーミッションの分類

　パーミッションの分類は「normal」と「dangerous」の2つに分けられています。dangerousパーミッションはユーザーの個人情報・機密データへアクセスを行うために必要なパーミッションです。一方normalパーミッションはそれ以外のOSシステムへのアクセスを行うために必要なパーミッションです。

　このうちランタイムパーミッションの対象になっているものはdangerousパーミッションに分類されているパーミッションです。dangerousパーミッションの一覧を表1に示します。

表1 dangerousパーミッション一覧

グループ	パーミッション
CALENDAR	READ_CALENDAR
	WRITE_CALENDAR
CAMERA	CAMERA

(続き)

グループ	パーミッション
CONTACTS	READ_CONTACTS
	WRITE_CONTACTS
	GET_ACCOUNTS
LOCATION	ACCESS_FINE_LOCATION
	ACCESS_COARSE_LOCATION
MICROPHONE	RECORD_AUDIO
PHONE	READ_PHONE_STATE
	CALL_PHONE
	READ_CALL_LOG
	WRITE_CALL_LOG
	ADD_VOICEMAIL
	USE_SIP
	PROCESS_OUTGOING_CALLS
SENSORS	BODY_SENSORS
SMS	SEND_SMS
	RECEIVE_SMS
	READ_SMS
	RECEIVE_WAP_PUSH
	RECEIVE_MMS
STORAGE	READ_EXTERNAL_STORAGE
	WRITE_EXTERNAL_STORAGE

» OSバージョン別の挙動

　ランタイムパーミッションはAndroid 6.0（Marshmallow）から導入された仕組みなので、使用するデバイスのOSバージョンによって挙動が変化します。また動作するアプリがどのOSバージョンをターゲットに作成されたかによっても変化します。表2にOSバージョンとAPIレベルごとの挙動の違いをまとめました。

表2 dangerousパーミッション一覧

OSバージョン	アプリのターゲットSDK	dangerousパーミッションの扱い
Android 5.0以下	APIレベル22以下	インストール前にチェック。インストールした時点で許可になる
Android 6.0以上	APIレベル22以下	インストール前にチェック。インストールした時点で許可になる
Android 6.0以上	APIレベル23以上	ランタイムパーミッションでユーザーに許可を求める

　表2を見るとわかるように最新OSであってもターゲットSDKのAPIレベルを22以下にしていればランタイムパーミッションの機能は有効になりません。「わざわざランタイムパーミッションを実装するのはめんどくさい」という方にとっては回避策になります。しかし、

後々のことを考えるのであれば、やはりランタイムパーミッションには対応しておいたほうが良いでしょう。

　理由は2つあります。1つ目は今後販売されるAndroidデバイスは最新OSが主流になっていくからです。古い技術は淘汰されていくので、いずれランタイムパーミッションの実装が当たり前になる日が来ます。2つ目は、Android 6.0以降のOSでは、ユーザーがアプリの権限設定から自由にパーミッション権限をオフにできる機能が追加されていることです。今までのように、アプリをインストールしていれば全てのパーミッション権限を持っていてアプリのフル機能を提供できるという考えは通用しなくなっています。アプリ開発者として今後の開発を考えるのであれば、ランタイムパーミッションの実装は避けて通れないものと認識したほうが良いでしょう。

▶ランタイムパーミッションを実装する時の注意点

　前述のように、これからアプリ開発をするのであればランタイムパーミッションの導入は必須と言えるのですが、何も考えずに必要なパーミッションを好きなだけ要求していくのはスマートではありません。アプリを使うユーザーからすれば、パーミッションは、確認するタイミングがインストール前からアプリ起動中へと変わっただけです。むしろユーザビリティの面で言うと、ランタイムパーミッションでいちいち権限を要求するダイアログは煩わしいとすら思われてしまうかもしれません。そのため、ランタイムパーミッションを実装する場合は、どう実装すればユーザビリティを損なわずに、またアプリとして合理的に権限を要求できるか、説明できるかを考えながら実装する必要があります。そこで筆者なりの経験や、Googleが公開しているランタイムパーミッション実装に対するベストプラクティスを元に注意点を以下にまとめました。

①パーミッション要求に執着しすぎない
　アプリが正しくフル機能で動作するには、その機能に必要なパーミッション権限を得ることが必須です。しかしパーミッション要求を最優先にする必要はありません。あまりにしつこくパーミッションを要求してユーザーに嫌がられてしまうと、最悪の場合、アンインストールされる可能性があるためです。ユーザーに対してアプリをフル機能で提供できるという前提は捨て、パーミッション権限が取れずに使えない機能は、導線となるボタンをグレーアウトにする、利用不可の画面を表示するなどして、機能自体にアクセスできない対策を施してアプリを作るようにしましょう。どんな理由であれ、アプリは利用するユーザーを第一に考えたユーザビリティにすべきと筆者は考えます。

②Intent連携で代用できる機能はそちらに頼ることを検討する
　カメラ機能や電話機能などの機能はAndroid OSではシステムアプリとして組み込まれており、Intent連携を利用すれば、カメラアプリを呼び出して撮影データを参照したり、電

話アプリに電話番号を渡してダイヤル画面を表示することが容易に実現できます。もしIntent連携を利用することで実装したい機能が実現できるのであれば、自身のアプリからはパーミッション権限を求めることが不要になるのでパーミッション要求を減らすことができます。

③許可を求める回数は最小限にする

　①のユーザビリティに対する考え方に通じる部分でもありますが、筆者は、パーミッション要求はできる限りまとめてやったほうが良いと考えています。たとえばアプリを利用していて、いろんな機能を使う際に都度パーミッションを要求されたらユーザーはどう感じるでしょうか？　それが一度や二度ならともかく、何度も続くと「このアプリは何回パーミッションを要求してくるんだ」とイライラするユーザーがいるかもしれません。ユーザーの感情面でもそうですが、ユーザビリティの面でも何度も確認してくる設計はスマートとはいえないでしょう。アプリのメイン機能に必要なパーミッションは初回起動時にまとめて要求するなどして、許可を求める回数を減らしたほうがユーザビリティの良いアプリになります。

④パーミッションを求めるタイミングを考慮する

　③と矛盾しますが、必要な機能を使う時だけパーミッションを要求することもユーザビリティの向上に繋がるケースがあります。たとえばカメラアプリがあったとして、初回起動時に「カメラ」と「連絡先の読み取り」のパーミッションを要求してきたら、「なぜ連絡先の読み取りが必要なの？」とびっくりしないでしょうか？　実は連絡先の読み取りは、カメラで撮影したものをシェアする際に要求したパーミッションなのです。しかしユーザーからすればそのようなことはアプリを起動した時点では理解できません。もしシェア機能で連絡先の読み取りパーミッションが必要なのであれば、シェアボタンを押したタイミングで要求する方がどういう機能に利用するかが予測しやすいので、ユーザーに安心してもらえるはずです。

　ユーザーが直感的に危機意識を感じるようなパーミッション（連絡先の読み取りやGoogleアカウントのアクセスなど）は、その機能が必要になったタイミングで要求した方がユーザーに安心してもらえるアプリにすることができます。

»ランタイムパーミッションの導入フロー

　一言でランタイムパーミッションを導入するといっても、対象のパーミッションはすでに取得済みなのか、まだ一度も要求したことがないのか、要求するにしても今回が初回かあるいは2回目行以降かなど、意外と細かく状況確認をしなくてはなりません。図3にランタイムパーミッションのフローをまとめました。

　図3のようにパーミッションを要求する際は、まず対象のパーミッションが取得済みかを確認しましょう。未取得であればパーミッションを要求するのですが、その前に、「以前に不許可にされたことがないか」を確認します。もし以前に一度要求した上で不許可にされたの

であれば、パーミッション要求前に「なぜそのパーミッションがアプリにとって必要か」を開発者側がユーザーへ説明した上で要求する必要があります（図4）。

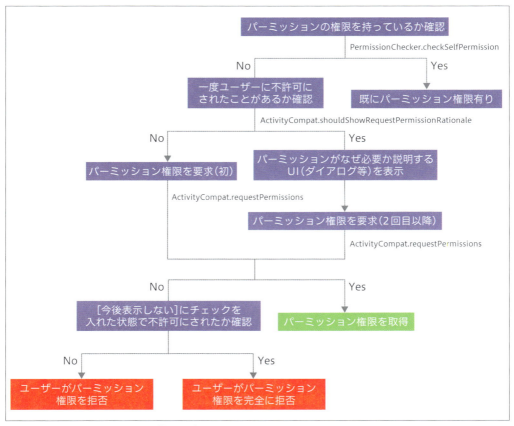

図3 ランタイムパーミッションで権限を得るまでのフロー

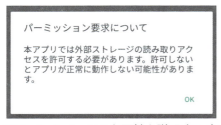

図4 パーミッションの必要性を説明するダイアログ

　なお、2回目に表示されるパーミッション要求ダイアログには[今後表示しない]チェックボックスが追加され、より拒否の意思が強い内容に変化しています（図5）。ここでユーザーが[今後表示しない]にチェックを入れてパーミッション要求を拒否した場合は、パーミッションを完全に拒否したととらえる必要があります。今後アプリから同様のパーミッションを要求する行為はユーザビリティに反してしまうため、どうしてもパーミッションの要求が

必要な場合は、ユーザー自身にアプリの権限設定から手動でパーミッションを許可してもらえるように、依頼文を表示する等の対策を取る必要があります（図6）。

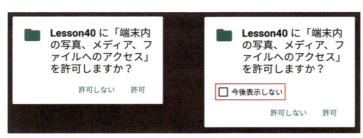

図5 初回と2回目でパーミッション要求時のダイアログのUIが異なる
　　（[今後表示しない]が追加）

図6 アプリの権限設定からは手動でパーミッションの権限を変更できる

» ランタイムパーミッションの実装

　ここまでランタイムパーミッションに対する考え方やフローの解説をしてきましたが、プログラム上では以下のプログラムを使用してランタイムパーミッションを実装します。

パーミッションが取得済みかを確認する

　アプリが既にパーミッションを取得しているかどうかはPermissionChecker.checkSelfPermissionメソッドを使用します（リスト2）。引数に確認したいパーミッションの定数を指定し、返り値がtrueなら取得済み、falseなら未取得と判断することができます。

リスト2 パーミッションが取得済みか確認（実習のリスト1②）

```
PermissionChecker.checkSelfPermission(this,Manifest.permission.READ_
EXTERNAL_STORAGE)
```

ユーザーに拒否された根拠を示す必要があるか確認

　パーミッション要求前・要求後に「ユーザーに拒否された根拠を示す必要があるかどうか」を確認する際は、ActivityCompat.shouldShowRequestPermissionRationaleメソッドを使用します。引数に確認したいパーミッションの定数を指定します。返り値は表3のように変化します。

表3 shouldShowRequestPermissionRationaleメソッドの返り値

アプリの状況	返り値
初回起動時でまだ一度もパーミッションを要求したことがない	false
一度でもパーミッションを要求したことがある	true
パーミッション要求ダイアログで[今後表示しない]にチェックを入れて要求を拒否した	false

ここで説明する「ユーザーに拒否された根拠を示す必要があるかどうか」という表現はわかりにくいことでしょう。また返り値もアプリの起動状況で変化するので、ランタイムパーミッションの実装において、このメソッドの使い方が一番理解に苦しむかもしれません。図3で説明したフローに当てはめると以下のような使用法になります。

①パーミッションを要求する際に「一度ユーザーに不許可にされたことがあるか確認」
　falseなら初めてのパーミッション要求、trueなら2回目以降の要求と判定します（リスト3）。

リスト3 パーミッション要求時に一度拒否されたことがあるか確認（実習のリスト1③）

```java
//初回時に拒否されたか確認
if (!ActivityCompat.shouldShowRequestPermissionRationale(this,
        Manifest.permission.READ_EXTERNAL_STORAGE)) {
    //パーミッションを要求
   （省略）
} else {
    //要求を一度拒否して2度目の要求を実施する際にパーミッションが必要な根拠を説明
   （省略）
}
```

②2回目以降のパーミッション要求で拒否された場合、「[今後表示しない]にチェックを入れた状態で不許可にされたか確認」
　falseなら完全な拒否、trueなら通常の拒否と判定します（リスト4）。

リスト4 パーミッションを拒否した際[今後表示しない]にチェックが入っているか確認（実習のリスト1①）

```java
if (requestCode == REQ_PERMISSION_READ_EXTERNAL_STORAGE) {
    if (verifyPermissions(grantResults)) {
        Toast.makeText(this, "パーミッション要求が許可されました", Toast.LENGTH_SHORT).show();
    } else {
        if (ActivityCompat.shouldShowRequestPermissionRationale(this,
                Manifest.permission.READ_EXTERNAL_STORAGE)) {
            Toast.makeText(this, "パーミッション要求が拒否されました", Toast.LENGTH_SHORT).show();
        } else {
            Toast.makeText(this, "パーミッション要求が完全に拒否されました", Toast.LENGTH_SHORT).show();
        }
    }
}
```

パーミッションの要求

パーミッションを要求するにはActivityCompat.requestPermissionsメソッドを使用します（リスト5）。引数に要求したいパーミッションの定数を指定すると、アプリ実行時にシステムが自動的にパーミッション要求ダイアログを表示します。引数で指定できるパーミッションは配列になっているので、複数のパーミッションを一度に要求することができます（図7）。

リスト5 LESSON 40のサンプルより抜粋

```
//パーミッションを要求
ActivityCompat.requestPermissions(this,
        new String[]{Manifest.permission.READ_EXTERNAL_STORAGE},
        REQ_PERMISSION_READ_EXTERNAL_STORAGE);
```

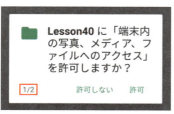

図7 複数のパーミッションを一度に要求

なお、要求するパーミッションは、旧来の方法と同様でAndroidManifest.xmlにも記載しておく必要があります（リスト6）。

リスト6 AndroidManifest.xmlに要求するパーミッションを追加

```
<uses-permission android:name="android.permission.READ_EXTERNAL_STORAGE"/>
```

パーミッション要求ダイアログのコールバック

パーミッション要求ダイアログで[許可][許可しない]のいずれかを選択してダイアログを閉じるとonRequestPermissionsResultメソッドが呼ばれます（リスト7）。

リスト7 パーミッション要求ダイアログの結果を受け取る

```java
@Override
public void onRequestPermissionsResult(int requestCode, String[] 
permissions, int[] grantResults) {
    super.onRequestPermissionsResult(requestCode, permissions, 
grantResults);
    if (requestCode == REQ_PERMISSION_READ_EXTERNAL_STORAGE) {
        if (verifyPermissions(grantResults)) {
            Toast.makeText(this, "パーミッション要求が許可されました", Toast.
LENGTH_SHORT).show();
        } else {
            if (ActivityCompat.shouldShowRequestPermissionRationale(this,
                    Manifest.permission.READ_EXTERNAL_STORAGE)) {
                Toast.makeText(this, "パーミッション要求が拒否されました",
```

```
Toast.LENGTH_SHORT).show();
            } else {
                Toast.makeText(this, "パーミッション要求が完全に拒否されました",
Toast.LENGTH_SHORT).show();
            }
        }
    }
}
```

引数にはパーミッション要求に対しての結果が格納されており、それぞれ表4のような値になっています。

表4 RequestPermissionsResultメソッドの引数

引数	説明
int requestCode	パーミッション要求時に指定したrequestCode。どのパーミッション要求の処理かを判定する
String[] permissions	パーミッションを要求をしたパーミッションが格納されている
int[] grantResults	パーミッションの要求結果が格納されている 許可ならPackageManager.PERMISSION_GRANTED 不許可ならPackageManager.PERMISSION_DENIED

　permissionsとgrantResultsの配列番号はそれぞれペアになっていて、要求対象のパーミッションがPackageManager.PERMISSION_GRANTEDであればそのパーミッションは許可、PackageManager.PERMISSION_DENIEDであった場合は不許可と判断できます。

　なお、前述したようにActivityCompat.shouldShowRequestPermissionRationaleメソッドを使用すれば、ユーザーが[今後表示しない]をチェックしたかどうかを判断できます。ユーザーがパーミッションを完全に拒否した状態であっても、アプリ内でどうしてもそのパーミッションを要求する必要があるのであれば、RequestPermissionsResultメソッド内でActivityCompat.shouldShowRequestPermissionRationaleメソッドを使用して判断し、ユーザーにアプリの権限設定を手動で変更してもらえるように、操作を促す説明を表示する等の対策を取る必要があります。

まとめ

- ランタイムパーミッションとは、ユーザー自身がアプリごとにパーミッションのアクセス許可を付与する仕組みです。
- パーミッションの種類には、「normal」と「dangerous」の2種類があり、ランタイムパーミッションは「dangerous」が対象です。
- パーミッションに執着せず、ユーザー第一のユーザビリティを考えるようにしましょう。

練習問題

練習問題を通じてこのCHAPTERで学んだ内容の確認をしましょう。解答は「kaitou.pdf」
（Webからダウンロード）を参照してください。

練習問題 01

マルチウィンドウのライフサイクルについて正しいものを①～④の中から選びなさい。（複数選択可）

① マルチウィンドウのライフサイクルはActivityのライフサイクルと同じである。
② マルチウィンドウのライフサイクルは専用のライフサイクルが用意されている。
③ 画面分割モードでマルチウィンドウ化した場合、Activityの表示・非表示に関する状態（onStart、onStop）が呼び出されない。
④ 画面分割モードでマルチウィンドウ化した場合、Activityの開始・停止に関する状態（onResume、onPause）が呼び出されない。

練習問題 02

ダイレクトリプライについて正しいものを①～④の中から選びなさい。（複数選択可）

① ダイレクトリプライはAppCompatライブラリを利用すればAndroid4.0から利用できる。
② ダイレクトリプライのメイン処理はActivity、Service、BroadcastReceiver全てで実装できる。
③ チャット風の通知を実装する際は、APIレベル24で追加されたMessagingStyleが適している。
④ ダイレクトリプライの表示レイアウトは自分で作成する必要がある。

練習問題 03

バンドル通知について正しいものを①～③の中から選びなさい。（複数選択可）

① Android7.0では特別な実装をしなくても同じアプリの通知が4件スタックすると通知がバンドルされる。
② バンドル通知ではグループIDを元に通知をグループ化する。
③ バンドル通知は違うアプリ間の通知であってもグループ化できる。

練習問題 04

ランタイムパーミッションについて正しいものを1つ選びなさい。

① ランタイムパーミッションはAndroid 7.0から必要な機能である。
② ランタイムパーミッションは全てのパーミッションが対象となる。
③ ランタイムパーミッションはテンプレートな実装ではなく、ユーザーの立場に立ちどうすれば同意してもらえるかを考える必要がある。

CHAPTER 10

アプリを公開しよう

本章では、アプリケーションをGoogle Playストアに登録する方法を学習します。作成したアプリに電子証明書を用いて秘密鍵で暗号化した署名を埋め込み、公開鍵を添付した署名済みAPKを作成します。また、アルファ版テスト、ベータ版テストでのアプリケーション配布についても学びます。

CHAPTER 10 アプリを公開しよう

LESSON 41 アプリ公開の準備をする

☐ レッスン終了

このLESSONでは、作成したアプリを公開するまでの準備について解説します。具体的には電子証明書、署名済みAPKを作成して、署名済みAPKのテストを行います。

実習　署名済みAPKを作成する

1 電子証明書を作成する

電子証明書を作成します。すでに作成済みの場合は手順2へ進んでください。
Android Studioのメニューバーから[Build]→[Generate Signed APK]を選択すると[Generate Signed APK]ダイアログが表示されるので、[Create new]ボタンをクリックします（図1❶）。
図2の[New Key Store]ダイアログが表示されるので、表1の内容にしたがって各項目を入力し❷、[OK]ボタンをクリックします❸。

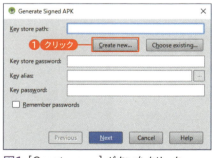

図1 [Create new]ボタンをクリック

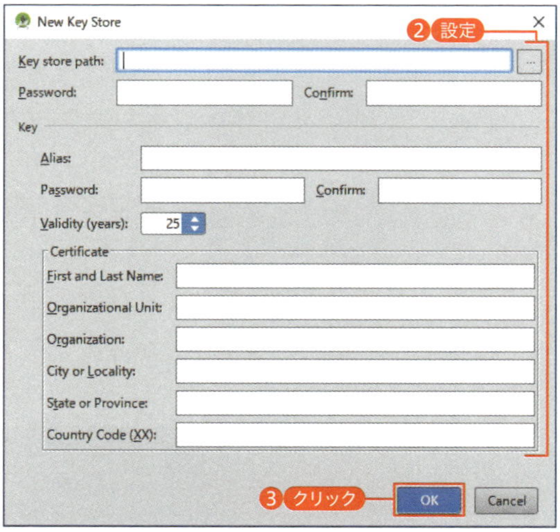

図2 Keyの設定

398

表1 Keyなどの設定項目と内容

設定項目		説明
Key store path		電子証明書の保存先とファイル名の指定
Password		電子証明書のパスワード
Confirm		電子証明書のパスワードを再入力
Key	Alias	秘密鍵の名称
	Password	秘密鍵のパスワード
	Confirm	秘密鍵のパスワードを再入力
	Validity (years)	秘密鍵の有効期限。最長の「25」を設定
Certificate	First and Last Name	証明者の所属組織の単位（個人なら個人名）
	Organizational Unit	証明者の所属部署名
	Organization	証明者の所属組織の名前（会社名や個人ブランド名等）
	City or Locality	証明者の所属する市区町村名
	State or Province	証明者の所属する都道府県名
	Country Code (XX)	証明者の所属する国コード（日本ならJP）

2 署名済みAPKを作成する

電子証明書を作成したら、続けて署名済みのAPKを作成します。手順❶の設定内容が反映された図3の［Generate Signed APK］ダイアログが表示されます。内容（表2）を確認し❶、［Next］ボタンをクリックします❷。

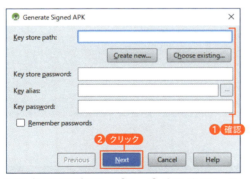

図3 各項目を確認して［Next］ボタンをクリック

表2 設定項目と値

設定項目	値
Key store password	電子証明書のパスワード
Key alias	秘密鍵の名称
Key password	秘密鍵のパスワード

3 作成済み電子証明書を選択する

作成済み電子証明書に署名済みAPKを埋め込みます。表3の内容にしたがって各項目を入力し❶、［Finish］ボタンをクリックします❷。

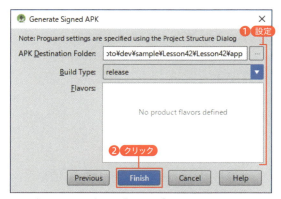

表3 設定項目と値

設定項目	値
APK Destination Folder	APKを出力するフォルダ
Build Type	ビルド種別（通常はrelease）
Flavors	フレーバー名（ない場合は未選択）

図4 各項目を入力して[Finish]ボタンをクリック

4　署名済みのAPKを動作テストする

これでアプリを公開する準備ができました。エミュレータ、あるいは実機を接続した状態で、コマンドラインから以下のコマンドを実行してアプリをインストールし（図5）、署名済みAPKの動作テストをしてください。

```
adb install <APKのファイル名>　*
```

＊
手順3で「APK Destination Folder」で指定したフォルダにapp-release.apkファイルが生成されます。また、adbコマンドを使用するには、システム環境変数のpathにAndroidSDKのplatform-toolsフォルダを追加しておく必要があります。

図5 公開するアプリの動作テストをする

講義　署名済みAPKの作成について

≫電子証明書の作成

Androidデバイスにアプリをインストールするには、アプリに電子署名＊がされていなければなりません。Android Studioには電子署名の機能があり、電子証明書と署名ファイルの作成までを行うことができます。作成した署名ファイルは、アプリを更新したりする際にも使用するため、大事に保管しておいてください。

＊
電子署名とは、電子文書やデータに対して電磁的に行う署名のことで、主に作成者以外の人によって不正にデータが改ざんされていないかを判定するための仕組みです。

作成した署名ファイルは「キーストアファイル」とも呼ばれ、電子証明書と秘密鍵のセットを複数格納できます。ただし、Android Studioのウィザードによって作成するキーストアファイルには、一組の電子証明書と秘密鍵のみが生成されます。また、キーストアファイルは、Java SDKに含まれるkeytoolコマンドを用いて作成することもできます。例えばコマンドラインから下記のように入力します。

```
(JDKのインストール先)/keytool -genkey -keyalg RSA -keystore <作成するキーストアファイル名> -alias <秘密鍵名称> -validity <有効日時>
```

実行すると、図6のように対話形式で情報の入力を求められます。

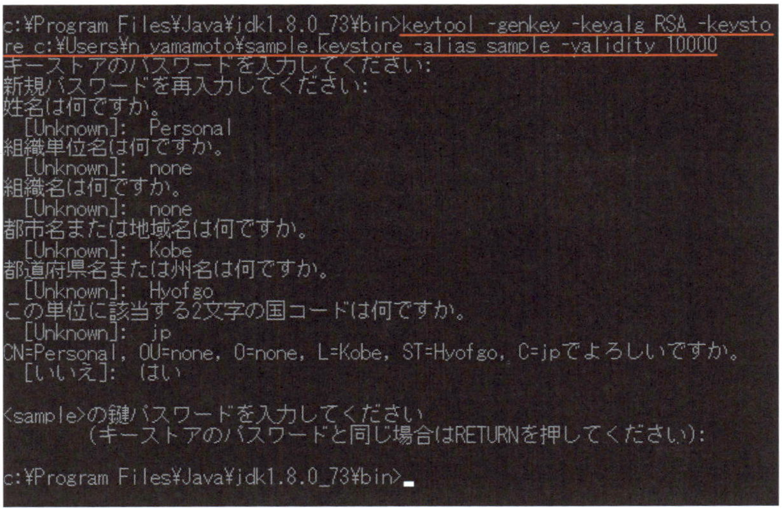

図6 対話形式の入力画面

コマンドラインで作成されたキーストアファイルも、Android Studioで作成されたファイルと同じです。

≫アプリを電子署名する

Google Playストアにアプリを登録する際には、電子証明書を用いて秘密鍵で暗号化した署名をアプリに埋め込み、公開鍵を添付したAPK＊を作成します。APKは、電子証明書と同様に、Android Studioから作成できます。

Android Studioによる署名済みAPKは、次の2ステップにより作成します。

① リリースビルドによるAPKの作成
② 電子署名による署名済みAPKの作成

＊
APK(application package)とは、Googleが開発したAndroid専用ソフトウェアパッケージのファイルフォーマットで、ファイルはJARファイルをベースとしたZIP形式のアーカイブの一種です。Android用のプログラムをコンパイルしてそのすべてを1つのパッケージに統合させると作成されるものです。

そのため、いったんリリース用ビルドを作成したのち、コマンドラインから電子署名を行うこともできます。その場合は、コマンドラインから下記のように入力します。

```
(JDKのインストール先)/jarsigner -verbose  -keystore <キーストアファイル名>⏎
-storepass <キーストアパスワード> -keypass <秘密鍵パスワード> <署名したいAPKの⏎
ファイル名> <秘密鍵名称>
```

APKファイルが実際に署名されているかどうかを確認するには、上記と同じくjarsignerコマンドを用いて下記のように入力します。

```
(JDKのインストール先)/jarsigner -verify -verbose -certs 署名されたAPKファイル
```

最後にzipalignを実行します。zipalignは、apkファイルの最適化を行うツールです。

```
(SDKのインストール先)/build-tools/24.0.2/zipalign -v 4 ⏎
<署名済みapkファイル> <出力するapkファイル>
```

一般的にリリースビルドである電子署名済みAPKファイルは、署名だけでなくProGuardによる「難読化*」が施されるケースが多いです。

難読化を施すとプログラムのメソッド名や定数名が別名に置き換わるため、アプリが正常に動作しないケースがあります。念のため公開前に署名されたAPKファイルをコマンドラインからインストールし、動作を確認してください。

> *
> 難読化とはソースコードの変数名を別の変数名に書き換えたり、処理順序を変更したりすることによってソースコードを読み難くし、プログラムの意味を理解し難くする方法です。第三者によってapkファイルが逆コンパイルされた場合でも難読化しておくことにより、アプリ構造や仕様の技術的情報を解明することが難しくなります。また、ProGuardは難読化ツールの1つで、Android SDKのビルドシステムに組み込まれています。そのため、誰でも無償で利用できます。

まとめ

- 電子証明書は秘密鍵が保存された証明書のことです。
- 秘密鍵は任意のファイルを暗号化するための鍵です。
- 公開用のAPKファイルは電子署名(秘密鍵によって暗号化された署名が同梱される)されていなければなりません。
- 公開用のAPKはProGuardによって難読化(簡単に逆アセンブラできないようにすること)することもできます。

CHAPTER 10 アプリを公開しよう

LESSON 42 アプリを公開する

☐ レッスン終了

このLESSONでは、LESSON 41で作成したAPKをGoogle Playストアに公開する方法について解説します。

実習　アプリをGoogle Playストアに公開する

1 Google Playデベロッパーアカウントに登録する

すでにGoogle Playデベロッパーに登録済みの場合は、手順2へ進んでください。

図1のサイトにアクセスして、Google Playデベロッパーアカウントを登録します。なお、登録の細かい手順については割愛します。図1のサイトの内容にしたがって登録を行ってください*。

> ＊
> 登録には、初回のみ登録料（$25）を支払う必要があります。

図1 Google Playデベロッパーアカウントの登録
URL https://play.google.com/apps/publish/signup/

2 Google Playデベロッパーコンソールを開く

登録が済んだら図2のGoogle Playデベロッパーのサイトにアクセスして、Google Playデベロッパーコンソールを開いてください。画面右上にある[新しいアプリを追加]

ボタンをクリックします。なお、Google Playデベロッパー契約が済んでいない場合、図2の画面は表示されません。

図2 Google Playデベロッパーコンソールを開く
URL https://play.google.com/apps/publish

3 新しいアプリを追加する

［新しいアプリを追加］ダイアログ（図3）が表示されるので、「タイトル」に登録するアプリの名称を入力して❶、［ストアの掲載情報を準備］ボタンをクリックします❷。

図3 ［ストアの掲載情報を準備］をクリック

4 ストア掲載情報を入力する

［ストアの掲載情報］画面（図4）が表示されるので、ストアに掲載するアプリの情報を入力してください。詳しくはP.411の表2を参照してください。

図4 ストア掲載情報を入力

5 APKをアップロードする

Google Playデベロッパーコンソールの左上のメニューから[APK]を選択してください（図5❶）。[APK]画面が表示されるので、[製品版に最初のAPKをアップロード]ボタンをクリックし❷、続いて表示される図6の画面で[ファイルを選択]ボタンをクリックして❸、LESSON 41で作成したAPKをアップロードしてください❹。

図5 [APK]を選択

図6 [ファイルを選択]ボタンをクリックしてLESSON 41で作成したAPKをアップロード

6 国際化対応をする

アプリを国際化対応するには、デフォルトの言語を英語にし、追加言語を日本語の状態にしなければなりません。まずは英語の言語を追加しましょう。

画面上の[翻訳を管理]から（図7❶）[独自の翻訳を追加]を選択し❷、[英語（アメリカ合衆国）]を選択し❸、[追加]ボタンをクリックして❹、翻訳を追加してください。

すると、ストア掲載情報入力が英語翻訳入力の画面になりますので、日本語と同じように内容を入力します❺。追加したら、もう一度[翻訳を管理]をクリックし❻、リストから[デフォルト言語を変更]を選択します❼。[英語（アメリカ合衆国）]を選択して❽、[OK]ボタンをクリックします❾。デフォルトの言語が英語になり国際化対応されます。他に、翻訳できる言語がある場合は、追加言語を増やしてください。作業が終わったら、[未公開版を保存]ボタンをクリックします❿。

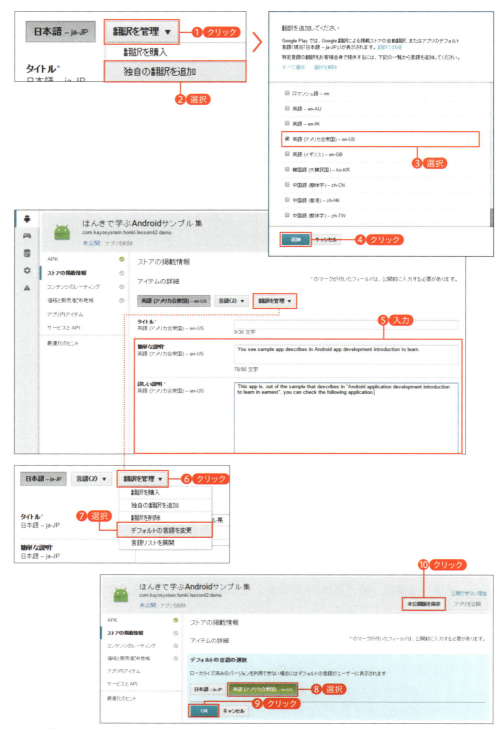

図7 国際化対応

7 コンテンツのレーティングを設定する

Google Playデベロッパーコンソールの左上のメニューから、[コンテンツのレーティング]を選択してください(図8❶)。[コンテンツのレーティング]画面が表示されるので、[次へ]ボタンをクリックします❷。続いて表示される図9の画面でメールアドレスを入力したあと❸、「アプリのカテゴリを選択」から該当するカテゴリをクリックして❹、[暴力・性的コンテンツ・言葉・規制物質・その他]についてアンケートに答えます❺。[アンケートを保存]ボタンをクリックしてから❻[レーティングを算定]ボタンをクリックします❼。レーティングの算出結果が表示されるので[レーティングを適用]ボタンをクリックします❽。

図8 [コンテンツのレーティング]を選択

図9 レーティングを設定

8 価格と販売/配布地域を設定する

Google Playデベロッパーコンソール(図8)の左上のメニューから、[価格と販売/配布地域]を選択してください。[価格と販売/配布地域]画面(図10)が表示されるので、配布する地域＊を選択し❶、無料アプリとして公開するのであれば「アプリの価格の設定」をそのまま❷、有料アプリとして公開するのであれば[有料]を選択し(図11❸)、販売価格を設定してください❹。

＊
配布地域はデフォルトでは日本だけが選択されています。公開したい地域があればここも変更してください。

図10 ［価格と販売/配布地域］画面

図11 販売価格を設定

9 アプリを公開する

ここまでの設定が終了したら、Google Playデベロッパーコンソールの［アプリを公開］ボタンをクリックして（図12❶）、アプリを公開します。エラーが表示された場合は、［公開できない理由］をクリックすると❷、その原因が表示されます（図13❸）。エラーを修正して、再度［アプリを公開］ボタンをクリックします。

図12 ［公開できない理由］をクリック

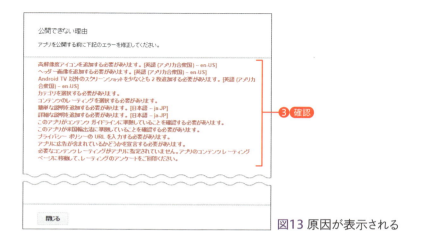

図13 原因が表示される

10 公開状況を確認する

アプリが公開されたら、以下のリンクで公開状況を確認します(図14)。なお、公開されるまでには数時間かかります。

```
https://play.google.com/store/apps/details?id=<アプリケーションID>
```

図14 アプリの公開状況を確認

講義　Google Playストアへのアプリ公開について

» Google Playデベロッパーアカウントの作成

　Androidアプリは開発から実機へのインストール、テストまで特別な登録も必要なく無料ではじめることができます。

　ただし、Google Playストアにアプリを登録するためには、Google Playデベロッパーアカウントを取得しなければなりませんので、初回のみですが登録料($25)を支払う必要があります。

　また、Google Playデベロッパーアカウントの登録時に、「Google Playデベロッパー販売/配布契約書」の内容を確認し、同意を求められます。この販売/配布契約書には、大まかに表1のような内容が書かれています。

表1 販売/配布契約書の内容

項目	説明
支払いについて	Googleが販売する商品に対して税金を含めることができること、最終販売責任者はデベロッパーであること、Googleは販売価格に対して取引手数料を課すことができること、購入者はデベロッパーに対して購入後48時間以内であればいかなる場合でも払い戻しの権利を持っていること、など
ストアの使用について	第三者に対する不正アクセスの禁止、Google Playストア外で販売・配布する商品に関して、Google Playストアをその広告目的とする利用の禁止、販売・配布する商品については、デベロッパープログラムのポリシーに準拠していなければならない、など
対象製品の削除	Googleは商品の監視を義務付けられてはいないが、商品がGoogleの定める規約に違反していると判断された場合は、対象商品の販売・配布の一時停止、または終了する権利があること、など

その他にも、保証や免責事項等が書かれています。詳細については下記のURLを参考にしてください。

保証や免責事項等
URL https://play.google.com/about/developer-distribution-agreement.html

契約に同意したら、Google Playデベロッパーアカウントの詳細を入力します。入力情報のうち、「連絡先メールアドレス」および「住所」はGoogle Playストアのアプリ紹介ページに表示され、利用ユーザーのためのサポート情報になります。

≫ アプリの登録

アプリの登録はGoogle Playデベロッパーコンソール（Webサイト）から行います。登録する際、「デフォルトの言語」とタイトルの入力を求められます。デフォルトの言語は、Google Playストアに表示する情報として、アプリが翻訳されていない地域で表示するデフォルトの言語です。日本のみで公開するのであれば、ここを「日本」としても問題ありませんが、国際的には英語が主流なので、日本以外にも公開するのであれば「英語」とし、詳細情報も英語で説明を入れるべきです。

次に、実習の手順 4 で入力したストア掲載情報（表2）ですが、これはGoogle Playストアに公開される情報です。そのため、Google Playストアで検索されやすい情報を入力するのが望ましいです。

表2 ストアの掲載情報

項目	説明
タイトル（必須）	全角・半角に関係なく最大30文字まで入力できる。アプリが提供する機能に直結する名前がわかりやすいが、覚えやすいということも重要。魅力的な名前を設定する
簡単な説明（必須）	タイトルの下に紹介されるアプリの簡単な説明で、全角・半角に関係なく80文字まで入力できる。タイトルに込めることができなかったアプリの機能的な説明をキャッチフレーズのように設定する

(続き)

項目	説明
詳しい説明 (必須)	全角・半角に関係なく最大4000文字まで入力できる。多くの場合、アプリはここに書かれている情報をもとに検索される。ここにはアプリの詳細な説明が書かれている必要があるが、アプリには関係のない情報を入れたり、ユーザーを別サイトへ誘導するような内容が書かれていると、アプリが公開停止になる恐れがあるので十分に注意すること
スクリーンショット (必須最低2枚)	JPEGまたは24ビットPNG(アルファなし)で作成する。1辺の最小の長さは320pxで、最大の長さは38400pxの画像。Android Studio等でデバイスの画面をキャプチャしたものをそのまま使うことができる。画像に著作権に関わる内容が含まれないように注意すること
高解像度アイコン (必須)	横512px×縦512pxの32ビットPNG(アルファ付き)の画像。この画像はGoogle Playストアのアプリの検索一覧やランキング等に表示される。アプリ用のアイコンと全く同じである必要はなく、各言語でローカライズされた画像を置くことができるので、簡単なバナー的な効果が期待できる
ヘッダー画像 (必須)	横1024px×縦500pxのJPGまたは24ビットPNG(アルファなし)の画像。この画像は、Google Playストアにて「オススメのアプリ」として紹介される時に表示される画像となる
プロモーション画像	横180px×縦120pxの24ビットPNG(アルファなし) Android 4.0以前のプロモーションで使用される
テレビバナー	横1280px×縦720pxの24ビットPNG(アルファなし) Android TV対応アプリの公開に必須となる。Android TVに表示されるアイコン
プロモーション動画	YouTubeのURLを入力すると、プロモーション動画をGoogle Playストアに掲載できる。30秒〜2分が推奨
アプリのタイプ(必須)	ゲームか、それ以外であればアプリを選択する
カテゴリ (必須)	アプリのタイプによって選択できるカテゴリが異なる。このカテゴリはGoogle Playストアに表示されるカテゴリとして利用されるので、アプリの説明として適切なカテゴリを選択する
コンテンツレーティング(必須)	「アプリのレーティングを算定」でいくつかのアンケートに答えることで自動的に設定される
新しいコンテンツレーティング(必須)	レーティングに関する質問に答え、レーティングを設定する
ウェブサイト	アプリのサポート用のウェブサイトを設定する
メール(必須)	アプリのサポート用のメールアドレスを設定する
電話番号	必須ではないが、アプリのサポート用の電話番号を設定できる
プライバシーポリシー	アプリのプライバシーポリシーのURLを設定する。プライバシーポリシーはアプリの動作で知り得るユーザーの情報を、どのように取り扱うか示すためのページ。このページを用意しておくことで、ユーザーが安心感を得ることができる。アプリ用にプライバシーポリシーのページが用意できない場合は、「今回はプライバシーポリシーのURLを送信しない。」にチェックを入れる

まとめ

- アプリを公開するためにはGoogle Playデベロッパーアカウントを取得する必要があります。
- Google Play デベロッパーアカウントは初回のみ$25かかりますが、登録のみで年会費はありません(2016年9月時点)。
- アプリの公開はGoogle Playデベロッパーコンソールから[新しいアプリを追加]ボタンで登録できます。
- 登録したあとの変更もGoogle Playデベロッパーコンソールから行うことができます。

CHAPTER 10　アプリを公開しよう

LESSON 43 アプリをベータ版で公開する

☐ レッスン終了

このLESSONでは、ベータテスト版アプリをGoogle Playストア経由でテスターに配布する方法について解説します。手順の大部分がLESSON 42と共通しているので、重複する項目については解説を省略します。

実習　ベータ版アプリを公開する

1　署名済みAPKを作成する

LESSON 41を参考に、署名済みAPKを用意してください。アプリのパッケージ名はGoogle Playストアで唯一である必要があります。

2　Google Playストアにアプリを追加し、掲載情報を入力する

LESSON 42の手順■1から手順■4を参考にアプリの追加と掲載情報を設定します。

3　APKをアップロードする

Google Playデベロッパーコンソールの左上のメニューから[APK]を選択してください(図1❶)。[APK]画面が表示されるので[ベータ版テスト]をクリックして❷、[ベータ版に最初のAPKをアップロード]ボタンをクリックします❸。続いて表示されるアップロード画面(図2)で[ファイルを選択]ボタンをクリックして❹、APKをアップロードします❺。

図1　[APK]を選択

図2 [ファイルを選択]ボタンをクリックしてAPKをアップロード

4 テスターを追加する

「テスト方法の選択」から[クローズドベータ版テストを設定]ボタンをクリックし(図3 ❶)、[リストを作成]ボタンをクリックします❷。「リスト名」に任意の文字を入力して❸、「テスターのメールアドレス」にテストへ追加したいユーザーのメールアドレスを入力し❹、[保存]ボタンをクリックします❺。テストに参加する前提条件としてGoogleアカウントが必要となります。

図3 テスターを追加する

5 フィードバックチャネルを設定する

「フィードバックチャネル」に、テスターからのフィードバックを受け取るメールアドレスを入力します(図4)。

図4 フィードバックチャネルの設定

6 アプリを公開する

ここまでの設定が終了したら、[アプリを公開]ボタンをクリックしてアプリを公開します(図5 ❶)。[公開できない理由]をクリックすると❷、その理由が表示されるのでエラーを修正して、再度[アプリを公開]ボタンをクリックします。アプリの公開には数時間かかります。

図5 [公開できない理由]をクリック

7 オプトインURLをテスターに通知する

アプリが公開されると、オプトインURLが表示されるようになります(図6)。このURLをメールなどでテスターに通知してください。

図6 オプトインURLの確認

8 テストに参加する(テスター)

ここからは、テスター側の手順となります。

手順7で開発者から通知されたURLを開き、[テスターになる]ボタンをクリックします(図7❶)。ダウンロードページに遷移するので、[Google Playからダウンロード]をクリックします❷。アプリの紹介ページに遷移するので[インストール]ボタンをクリックして❸インストール先の端末を指定すると、ベータ版アプリのインストールがAndroidではじまります。

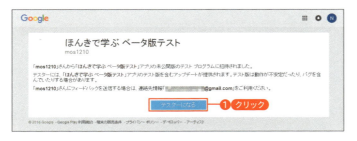

図7 テスト版アプリのインストール

講義　ベータ版アプリ公開について

» アルファ版・ベータ版テストについて

　Google Playストアにアプリをリリースする場合には、細心の注意を払う必要があります。アプリが不安定だったり不具合があったりすると、ユーザーは評価を★1にしてアプリをアンインストールしてしまいます。これは、悪い評価やコメントがいつまでも残ってしまうことを意味します。このような悪いスパイラルに入ってしまうとダウンロード数が停滞して、アプリの成功が困難となってしまいます。これを防ぐためには十分なテストが必要なのですが、決まった環境ではなかなか不具合を発見できない場合があります。

　このような時に便利なのが、Google Playデベロッパーコンソールで使えるベータ版テストです。この機能を使えば公開前アプリの新機能を一部のユーザーにテストしてもらうことができるので、アプリの完成度を高めてから一般ユーザーに製品版を公開できます。テストユーザーは、ベータテスト版のアプリに評価を付けることができないので評判が悪くなることもありません。

　Google Playデベロッパーコンソールでは、アルファ版とベータ版のテストを行うことができます。一般的にアルファ版はアプリのごく初期段階、ベータ版はリリース前の最終段階といった使い分けをします。テスターの指定は3つの方法があるので、目的に応じて選択してください(表1)。

表1 テストのタイプ

タイプ	概要
クローズドテスト	メールアドレスを指定してテスターを指定する
オープンテスト	Google Playストアを経由してテストアプリを公開する。配布人数の上限を指定できる
Googleグループ Google+コミュニティ	開発者が準備したGoogleグループ、Google+コミュニティに参加しているユーザーを対象にテストアプリを公開する

» テスターからのフィードバックを得る

　フィードバックチャネルにメールアドレス、もしくは、フィードバック用のWebページを指定しておくとベータテストの案内ページに表示されます。今回のLESSONではメールアドレスを指定しました。

　また、アプリのクラッシュ情報を得るため、バックエンドサービスFirebaseのCrash Reportingを使うことをおすすめします。

Firebase Crash Reporting
URL https://firebase.google.com/docs/crash/android

Crash Reportingは無料のサービスで、アプリに導入すると不具合が発生した場合に詳細情報を見ることができるようになります。問題となったクラスや行番号などもわかるので、素早く不具合の原因を特定することが可能となります(図8)。

　リスト1は、LESSON 24のリスト1をFirebase Crash Reportingに対応したプログラムの例です。

リスト1 Firebase Crash Reportingの呼び出し例(LESSON 24 のリスト1：MyApplication.java)

```
(中略)
        try {
            //スレッドをランダムにスリープ
            int sleepTime = mRand.nextInt(5) * 1000;
            Log.d(TAG, "sleep " + sleepTime);
            Thread.sleep(sleepTime);
        } catch (InterruptedException e) {
            // Firebaseに例外詳細を送信
            FirebaseCrash.report(e);
        }
(中略)
```

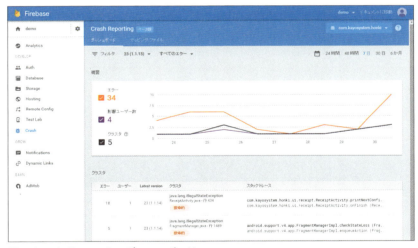

図8 Crash Reportingダッシュボード

まとめ

- Google Playストア経由で、ベータ版アプリをテスターに配布することができます。
- テスターの指定方法は、「クローズドテスト」「オープンテスト」「Googleグループ、Google+コミュニティ」の3つの方法があります。
- アプリのクラッシュ情報を得るために、Firebase Crash Reportingを使うことをお勧めします。

練習問題

練習問題を通じてこのCHAPTERで学んだ内容の確認をしましょう。解答は「kaitou.pdf」（Webからダウンロード）を参照してください。

練習問題 01

アプリの公開に必要なものは、以下のうちどれか？（複数可）

電子証明書 / APKファイル / 署名済みAPK / Google Playデベロッパーアカウント

練習問題 02

APKについて正しければ○を、間違っていれば×をつけなさい。

① APKとはApplication Packageのことである。[　]
② APKとはすべてのモバイル端末向けソフトウェアパッケージのファイルフォーマットである。[　]
③ APKのファイル形式はZIP形式のアーカイブの一種である。[　]
④ APKはAndroid Studioからでないと作成することができない。[　]

練習問題 03

アプリを公開する場合、ポリシー違反になる可能性のある事項は次のうちどれか？

① アプリの説明やタイトルにアプリとは関係のないキーワードや誤解を招くキーワードを多く含めてアプリの検索順位を操作する
② ユーザーの確認行為なしで、他のWebサイト表示やアプリのインストールを行う
③ アプリ内に他のアプリやサービスの広告を表示する
④ アプリのプロモーションをGoogle Playストア外でも行う

INDEX

A～Z

Activity	138, 150	
Activity Name	037	
Activityの宣言	155	
Activityのライフサイクル	151	
addActionメソッド	374	
addItemDecorationメソッド	287	
addRemoteInputメソッド	373	
addToBackStackメソッド	189	
addValueEventListener	348	
addViewメソッド	134	
AIDL	168	
Android Developersサイト	020	
Android Monitor	043, 080	
Android Platforms	031	
Android SDK	031	
Android Studio	029, 030, 052	
Android Tools	031	
Android Virtual Device	040	
AndroidManifest.xml	155	
Androidアプリ	015	
ANR	164	
APIレベル	239	
APK	401	
AppBarLayout	299	
applayout_behavior	262	
application	155	
Application Id	065	
Application name	036	
app:menu	263	
AppWidge	095	
Asset Studio	060, 064	
AsyncTask	239	
AsyncTaskLoader	239	
AVD Manager	038	
background	111	
BaseAdapter	115	
beginTransactionメソッド(mRealm)	325	
Beta channel	033	
bindServiceメソッド	168	
BottomSheet	262
Broadcast Receiver	172,176,227,239
Build Type	066
Build Variants	066
build.gradle	022
Button	097
Calculator	221
Canary channel	033
cancelTransactionメソッド	325
CardView	251, 260
CardView.setRadiusメソッド	260
CENTER	101
CENTER_CROP	101
CENTER_INSIDE	101
Check out project from Version Control	036
CheckBox	097
Clean Project	057
Clear log before launch	045
collapseColumns	108
CollapsingToolbarLayout	299
Collection	117
colorAccent	271
colorPrimary	271
colorPrimaryDark	271
columnCount	109
commitTransctionメソッド(mRealm)	325
Company Domain	036
Configure	036
Context.registerReceiverメソッド	178
ContextCompat.getExternalCacheDirsメソッド	308
ContextCompat.getExternalFilesDirsメソッド	308
CoordinatorLayout	299
Copy Path	057
copyToRealm	324
createObjectメソッド(mRealm)	325
Cursor	115
CursorAdapter	115
Custom Search API	243
Customize the Activity	037
data	179
DEBUG	081
Diffツール	017
dip	100
doCalcメソッド	221
dp	100
EditText	094, 097
Empty Activity	037
endAtメソッド	349
equalToメソッド	349
executeメソッド	335
exported	167
Facebookシェア連携	208
Find	057
findAllメソッド	323
finishメソッド	153
Firebase	338, 346
FIT_CENTER	101
FIT_END	101
FIT_START	101
FIT_XY	101
Flavor	066
FloatingActionButton	299
footer	131
Fragment	181, 187
Fragmentのライフサイクル	190
FragmentManager	187
FragmentTabHost	123
FragmentTransaction	189
FrameLayout	106, 220
Generalタブ	045
generate	275
Generate Signed APK...	057
get	055
getActivityメソッド	190
getBroadcastReceiverメソッド	373
getCacheDirメソッド	308
getCharSequenceメソッド	374
getCountメソッド	059, 117
getDarkMutedColorメソッド	275
getDarkMutedSwatchメソッド	276

getDarkVibrantColorメソッド	275	ImageButton	098, 101	LayoutInflater	134
getDarkVibrantSwatchメソッド	276	ImageView	098, 101	LayoutManager	288
getExternalCacheDirメソッド	309	Import project (Eclipse ADT, Gradle, etc.)	036	limitToFirst	349
getExternalFilesDirメソッド	309	include	131	limitToLast	349
getFilesDirメソッド	308	inflate	134	Line	057
getIdメソッド	056	input	221	LinearLayout	102, 107, 219
getInstanceメソッド	241	intent-filter	178	LinearLayoutManager	291
getItemメソッド	117	IntentService	239	LINE連携	208
getItemCountメソッド	291	Intent連携	208	ListAdapter	115
getItemIdメソッド	117	isInMultiWindowModeメソッド	365	ListView	115, 119
getItemViewTypeメソッド	291	IsInPictureInPictureModeメソッド	365	Loader	239
getLightMutedColorメソッド	275	ItemDecoration	292	logcat	078
getLightMutedSwatchメソッド	276	Javaエディタ	074	Looper	193, 198, 199
getLightVibrantColorメソッド	275	JDKのインストール	026, 028	Material Design	192, 248, 259
getLightVibrantSwatchメソッド	276	JRE	027	MATRIX	101
getMenuInfoメソッド	232	JSON	347	mdpi	065
getMutedColorメソッド	275	launchModeメソッド	156	merge	132
getMutedSwatchメソッド	276	Layout Name	037	Message	199
getNameメソッド	056	layout_above	110	migrateメソッド	327
getServiceメソッド	373	layout_alignBottom	110	Module	045
Getter	055	layout_alignLeft	110	NavigationDrawer	213
getVibrantColorメソッド	275	layout_alignParentLeft	110	NavigationView	263, 299
getVibrantSwatchメソッド	276	layout_alignParentRight	110	New Project	036
getViewメソッド	117	layout_alignParentTop	110	newTabSpecメソッド	123
Git	017	layout_alignRight	110	normalパーミッション	387
GitHub	017	layout_alignTop	110	NotificationManagercompat	374
Google Design	260	layout_below	110	numColumns	119
Google Developer Console	242	layout_centerInParent	110	OkHttp	335
Google Playストア	015	layout_column	108	onActivityCreatedメソッド	190
Google Playデベロッパーアカウント	403	layout_columnSpan	109	onActivityResultメソッド	154
Googleマップ連携	209	layout_gravity	107	onAttachメソッド	190
GridLayout	109, 219	layout_height	100	onBindメソッド	166
GridLayoutManager	291	layout_margin	111	onBindViewHolderメソッド	291
GridView	114, 118	layout_row	109	onContextItemSelected	232
HandlerThread	193, 198	layout_rowSpan	109	onCreateメソッド	152, 157, 165, 229, 327
hdpi	065	layout_span	108	onCreateContextMenuメソッド	231
header	131	layout_toLeftOf	110	onCreateViewメソッド	190
HorizontalScrollView	120	layout_toRightOf	110	onDataChangeメソッド	348
horizontalSpacing	119	layout_weight	107, 111	onDestroyメソッド	152, 166
Image Asset	060	layout_width	100	onDestroyViewメソッド	190

onDetach メソッド	190	Quick Fix	074	setLabel メソッド	373
onItemsAdded メソッド	291	RadioButton	097	setName メソッド	056
onItemsRemoved メソッド	291	RatingBar	098	setOnItemClickListener メソッド	118, 287
onMultiWindowModeChanged メソッド	365	READ_EXTERNAML_STORAGE	309	setOnPageChangeListener メソッド	128
onNewIntent メソッド	158	Realm	312, 321	setRemoteInputHistory メソッド	375
onPause メソッド	152	Realm.getDefaultInstance	321	setResource メソッド	241
onPictureInPictureModeChanged メソッド	366	RecyclerView	287	setResult メソッド	154
onReceive メソッド	177	Redo	057	setScaleType メソッド	101
onRequestPermissionsResult メソッド	311	Reformat Code	057	setStream メソッド	241
onResponse メソッド	336	registerReceive メソッド	179	Setter	055
onRestart メソッド	152	RelativeLayout	103, 109, 220	setValue メソッド (Realm)	350
onRestoreInstanceState メソッド	157	RemoteInput.getResultsFromIntent メソッド	374	shouldShowRequestPermissionRationale	392
onResume メソッド	152	removeValue メソッド	351	showNotification メソッド	169
onSaveInstanceState メソッド	157	Rename…	057	shrinkColumns	108
onStart メソッド	152	requestPermissions メソッド	310, 394	singleInstance	158
onStartCommand メソッド	166	reset メソッド	221	singleTask	158
onStop メソッド	152	rowCount	109	singleTop	158
onUnbind メソッド	166	Run 'app'	057	Snackbar	264, 299
onWIndowFocusChanged メソッド	220	Run/Debug Configurations	044	sort メソッド (Realm)	323
Open an existing Android Studio project	036	runOnUiThread メソッド	335	sp	100
Optimize Import	057	RuntimePermisson	310	Spinner	098
orderByChild	349	scaleType	101	Stable channel	033
orderByKey	349	screenOrientation	156	StaggeredGridLayoutManager	291
orderByValue	349	ScrollView	114, 120	standard	158
orientation	107	Search Everywhere	067	Start a new Android Studio project	036
padding	111	SeekBar	098	START_NOT_STICKY	167
PagerAdapter	125	sendBroadcast メソッド	178	START_REDELIVER_INTENT	167
Palette	273	sendMessage メソッド	201	START_STICKY	167
Palette.Swatch	276	Service	164, 238	startActivity メソッド	153
PermissionChecker.checkSelfPermission	392	Service のライフサイクル	165	startActivityForResult メソッド	153
Play ストアアプリ	015	setArguments メソッド	191	startAt メソッド	349
popBackStack メソッド	189	setBitmap メソッド	241	startService メソッド	165, 167
post メソッド	200	setCount(int) メソッド	059	stopForeground メソッド	170
Preferences…	057	setDefaultConfiguration メソッド	321	stretchColumns	108
ProgressBar	098	setFlag メソッド	157	stretchMode	119
Project location	037	setGroup メソッド	381	strings.xml	063
Project Structure…	057	setGroupSummary メソッド	381	Switch	097
pt	100	setHeaderIcon メソッド	232	TabHost	114, 120
px	100	setHeaderTitle メソッド	231	TabHost.OnTabChangeListener メソッド	124
Query	348	setId メソッド	056	TabLayout	299

INDEX

TableLayout	108, 219	アルファ版	417	ドライバ	047
TableRow	108	ウィジェット	092, 095	内部ストレージ	308
Target	045	エミュレータ	038, 041	難読化	402
Target Android Devices	037	エラーメッセージ	083	バックグラウンド処理	238
TextInputLayout	264, 299	オーバーフローメニュー	211	パレット	071
TextView	094, 097	外部ストレージ	308	バンドル通知	377, 380
theme	156	画像分割モード	360	ピクチャーインピクチャーモード	361
ToggleButton	097	カメラ連携	209	ビルド	093
Toolbar	297	環境変数	027	ビルドエラー	079
Translation Editor	063	キーストアファイル	401	フリーフォームモード	361
UI	218	木構造	070	フリック	124
unbindServiceメソッド	168	均等割付	107	ブレークポイント	084, 086
Undo	057	国際化対応	063, 405, 410	プレビュー	071
unregisterReceiverメソッド	180	コンテキストメニュー	230	プレフィックス	059
updateChildrenメソッド	350	コンテナ	115	ブロードキャスト	172, 176
USBケーブル	047	コンパイル	093	プロジェクトの読み込みエラー	022
USBデバッグ	046	コンポーネントツリー	071	プロジェクトペイン	053
uses-permission	335	サンプルコード	017	プロセス	164
UX	218	実機	046	プロパティ	071
VCS	036	実行環境の構成	044	ベータ版	417
Vector Asset	064	自動インポートの設定	059	編集ペイン	053
VERBOSE	081	ショートカットキー	074	マイグレーション	326
verticalSpacing	119	新規のプロジェクト	034	マルチウィンドウ	354, 359
ViewHolder	289	ストレージ	308	マルチウィンドウのライフサイクル	362
ViewPager	114, 124	スワイプ	124	メニューバー	053
WallpaperManager	241	静的IntentFilterの設定	178	要素	072
WebView	098	静的なFragment配置	188	ランタイムパーミッション	383, 387
Web検索連携	208	属性	073	レイアウト	102
whereメソッド	324	ダイレクトリプライ	368, 372	レイアウトファイル	130
WRITE_EXTERNAL_STORAGE	309	タグ名	072	ローカルストレージ	304
xhdpi	065	ツールバー	053	ログ	077, 080
XML	070	テキストビュー	072	ワーカースレッド	171
XML宣言	073	デザインビュー	071	ワイヤーフレーム	217
XML名前空間の宣言	073	デバッグ	084, 086		
XML要素	070	電子証明書	400		
xxhdpi	065	電子署名	400		
xxxhdpi	065	テンプレート	035		
ア～ワ		統合開発環境ツール	029		
アタッチ	086	動的IntentFilterの設定	178		
アプリのブランディング	297	動的なFragment配置	189		

会社プロフィール
株式会社 Re:Kayo-System（アールイーカヨーシステム）
代表取締役　寺園 聖文（てらぞの・まさふみ）

Android／iOS（スマートフォン）開発や各種ソリューションパッケージの開発／提供、Unity関連の開発などを行う。

執筆者プロフィール

■ 岩崎 雅也（いわさき・まさや）
兵庫県姫路市生まれ。神戸電子専門学校を卒業後、制御系プログラマやブライダル映像編集など紆余曲折し Re:Kayo-System へ入社。
現在は Android 歴 6 年、スマホアプリ開発を担当している。アプリの UI/UX を分析するのが好きで 2010 年から研究のためにインストールしたアプリの数ならけっこう負けない謎の自信がある。

■ 河野 聡（こうの・さとし）
愛媛県松山市生まれ。Android 四国支部に顔を出していたところ、Android つながりの縁あって Re:Kayo-System へ入社。いろんなシステムをつなぐのが好き。そのため Android が得意だが、iOS アプリ開発や JavaScript や PHP を使った Web アプリ開発も担当している。

■ 山本 尚紀（やまもと・なおき）
兵庫県出身。大学卒業後、CG ソフトの営業・サポートを経て、2004 年 Re:Kayo-System へ入社。
プログラム経験ゼロから Web アプリ開発、2010 年から Android アプリ開発も行う。現在は、8x9 で小中学生を相手にプログラミングを教えたりもしている。

ブックデザイン	大下賢一郎
編集	BUCH⁺
DTP	BUCH⁺

ほんきで学ぶAndroid（アンドロイド）アプリ開発入門 第2版
Android Studio（アンドロイド スタジオ）、Android SDK（アンドロイド エスディーケー）7対応

2016年 11月18日　初版第1刷発行

著　者	株式会社 Re:Kayo-System（アールイーカヨーシステム）
発行人	佐々木 幹夫
発行所	株式会社 翔泳社
	(http://www.shoeisha.co.jp/)
印刷・製本	株式会社 シナノ

© 2016 Re:Kayo-System Co., Ltd.

＊本書は著作権法上の保護を受けています。本書の一部または全部について（ソフトウェアおよびプログラムを含む）、株式会社翔泳社から文書による許諾を得ずに、いかなる方法においても無断で複写、複製することを禁じます。
＊落丁・乱丁はお取り替えいたしますので、03-5362-3705までご連絡ください。
＊本書の内容に関するお問い合わせについては、本書002ページ記載のガイドラインに従った方法でお願いします。

ISBN978-4-7981-4812-0 Printed in Japan